山水都市化：区域景观系统上的城市

Mountain-Water Urbanism: City Based on the Regional Landscape System

郑曦 著

中国建筑工业出版社

图书在版编目(CIP)数据

山水都市化：区域景观系统上的城市／郑曦著. —北京：中国建筑工业出版社，2018.9
ISBN 978-7-112-22612-2

Ⅰ.①山… Ⅱ.①郑… Ⅲ. ①城市景观-景观设计-研究 Ⅳ.① TU-856

中国版本图书馆CIP数据核字（2018）第200174号

责任编辑：杜 洁 李玲洁
责任校对：王宇枢

山水都市化：区域景观系统上的城市
郑曦 著
*
中国建筑工业出版社出版、发行（北京海淀三里河路9号）
各地新华书店、建筑书店经销
北京方舟正佳图文设计有限公司制版
北京富诚彩色印刷有限公司印刷
*
开本：880×1230毫米 1/16 印张：13 字数：240千字
2018年11月第一版 2018年11月第一次印刷
定价：149.00元
ISBN 978-7-112-22612-2
(32712)

前言

城市是一个复合系统，是代表人类作用于自然、改造自然的最高物质表现。中国的城市受传统文化的影响，具有典型的中国特质，人们在“天人合一”理念和山水思想的影响下，创造了大量“山—水—城”营建模式下的传统城市。从区域视角分析认为，城市与其所在的地理环境单元是不可分割的整体，这个地理单元并不是完全的天然环境，而是经由人类持久干预而不断向更宜居方向演变的环境，是经过人工介入、人文渗透与自然系统相适应而重塑的人居环境。

“景观是重要的，因为它们是一种最持久的联系（即物质环境和人类社会之间关系）的产物。景观是人类在与其周围世界相互作用的过程中所创造的，……为了正确地理解景观，人们需要在各自的自然和文化历史背景下看待景观”（伊恩·D·怀特）。城市处于“区域景观系统”之上，区域景观系统的演变深刻影响着城市的形态、格局与发展；而城市的营建与人文渗透又促进区域景观系统的不断完善，使之达到动态平衡，最终形成“自然与人文交织，风景与文化并存”的人居生态环境共同体，即“山水城市”。二者相互作用又相互适应的过程，本书称之为“山水都市化”。“山水都市化”强调“区域景观系统”是构建人居生态环境的基础与媒介，表述了适度而持久的人工干预将天然的环境转化为区域景观系统并营建城市的过程。

中国人居环境营建的时空发展脉络极为丰富与复杂，也正因如此，才会有更为多样的特色城市与景观。所以如何在因地制宜、师法自然的基础上做好人居环境建设的传承，维护好区域景观系统，让城市更具特色、更好地发展是需要不断深入研究的课题。

本书以区域景观系统的演变及所支撑的城市发展为主要对象，将“山水思想”进行总结归纳，并把人们在干预自然基础上进行的营建（包括水利设施营建、城市选址与分区营造、风景与园林的营建等）过程与途径进行剖析，形成山水都市化的研究框架，即以区域景观系统审视城市、阅读人居环境的发展过程，以期激发当代研究者和规划建设者们发现更多传统的智慧与文化品格，更好地应用于当代及未来的人居环境建设中。

当代中国的发展更加强调人与自然和谐共生，将生态文明建设放在了一个前所未有的新高度，我们需要做的是汲取古人在传统城市营建过程中的策略，这些人与天调的智慧与精妙需要被延续与传承。另外，在研究传统的基础上，如何进行适应性的传承，以应对城市与区域景观来自全球和地区发展的挑战与机遇，提出继往开来、顺势而行的策略是需要深入探讨的课题。

非常感谢我的两位导师北京林业大学园林学院李雄教授、王向荣教授对我研究与实践工作的指引和支持，能够在学习和工作期间参与两位导师主持的多个实践与科研项目，令我受益匪浅，对于教学以及科研的能力有很大的提升，也促进了对山水都市化研究框架的凝练。特别感谢北京林业大学园林学院孟兆祯院士，有幸多次聆听孟先生的讲座，对我国传统山水思想与园林理法的认知和感悟大有启发，醍醐灌顶。感谢北京林业大学园林学院林箐教授、刘晓明教授、董璁教授、郭巍老师、张晋石老师、钱云老师、薛晓飞老师的帮助。

感谢我的研究生蒋雨婷、徐倩、章婷婷、孙乔昀、景雪瑶、孙佳琪对于书稿中部分文字的贡献，我们基于这一研究框架相继开展了对富春江地区、苏州、绍兴、扬州、南京以及太原等地区的研究，很多成果已发表在学术期刊上，有些已成为他们硕士论文中的一部分。感谢章婷婷对书稿的前期统稿工作。感谢研究生欧小杨、倪永薇、王婧对书中主要插图的绘制工作，绘制过程中我们经过了多次的讨论，她们为此付出了很多努力。感谢研究生刘喆、吴晓彤、胡凯富、施瑶、林俏、梁淑榆、徐凌励、李佳怿、王瑞隆、刘阳、邹天娇、阎姝伊、刘峥、黄思寒、周佳梦、潘家诚等对文中插图的贡献。

最后，本书的出版得到北京林业大学中央高校基本科研业务经费（编号2017ZY08）和中央高校建设一流大学（学科）和特色发展引导专项资金项目——北京林业大学风景园林学的经费支持，感谢中国建筑工业出版社杜洁女士、李玲洁女士为本书出版给予的支持与帮助。因受专业水平的限制，书中不妥之处还请各方的专家同行指正。

郑曦

2018 年 4 月 15 日

于北京林业大学学研大厦 A 座 14 层

郑曦，男，1978 年生，工学博士；现任北京林业大学园林学院教授，博士生导师；《风景园林》期刊副主编。

目录

引言

人类自诞生之日起就开展了对聚居地进行选择的行为，包括工具的使用和对自然的适度干预，对周围环境进行认知、改造和利用，即文明的开始[1]。在漫长的历史中，人类无时不在对适宜的居住环境进行探索与开拓，并形成了传承千年的栖居模式与筑城传统。中国是一个多山的国家，国土面积的70%都是山峦，有山即有水，所以对"山水"具有悠久的认知传统，并从自然的特征逐步渗入文化的基因中，形成"山水有大德而不言"的山水审美文化：从山水形胜的国土文化，到城址的选定、风景名胜的营建、园林的兴造，均与山水环境息息相关，并作为"天人合一"思想的载体。

"山—水—城"空间模式是中国独特的人居环境营建模式[2]。本书即从区域视角审视城市及其所在地理环境的景观，解读人居生态环境的构建过程，这个过程即"山水都市化"。"山水"代表天然环境与人工干预下形成的浅山水网环境的总和，既体现物质层面的形态，又富有人文内涵，是一个复合概念，本书称其载体为"区域景观系统"；"都市"是对人类聚居形式的概括，包含城市以及城市周围的环境，书中的"都市"指代区别于"城"的概念，认为都市是突破"城"作为防御体系即"城墙"内外的界限，联系城与所在城郊地区的同一个地理单元；"都市化"是表述过程的概念，指区域景观系统影响城市发展演变的规律和机制。把"山水"与"都市化"连在一起使用，通过介绍区域景观系统的要素构成与演变过程，以及区域景观系统与城市选址、分区营建之间动态平衡的关系来阐述构建生态人居形成"山水城市"的过程，即"山水都市化"的内涵（图0-1）。

"山水都市化" 的提出是区域视角下审视城市与其所处环境相互适应、相互发展的认知与表述方式，以更好地理解我国传统人居环境的营建过程。"山水都市化"的解释包含了三个方面："山水城市""山水都市化"和"区域景观系统"，这三者之间是目的、过程与载体的关系。"山水城市"的含义是具有我国传统生态思想的山水人居环境；"山水都市化"的含义是表示山水城市的营建与发展过程，"山水都市化"的目的是营建山水城市；"区域景观系统"是山水都市化过程的载体，其演变过程是人工与自然相互调节、相互适应以应对地区发展矛盾的生态与人文的韧性系统。城市在区域景观系统之上生长，二者共同构成人居生态环境，强调了区域整体观与动态过程观。

本书的正文为四个部分，分别为"山水都市化"析要、"山水都市化"传

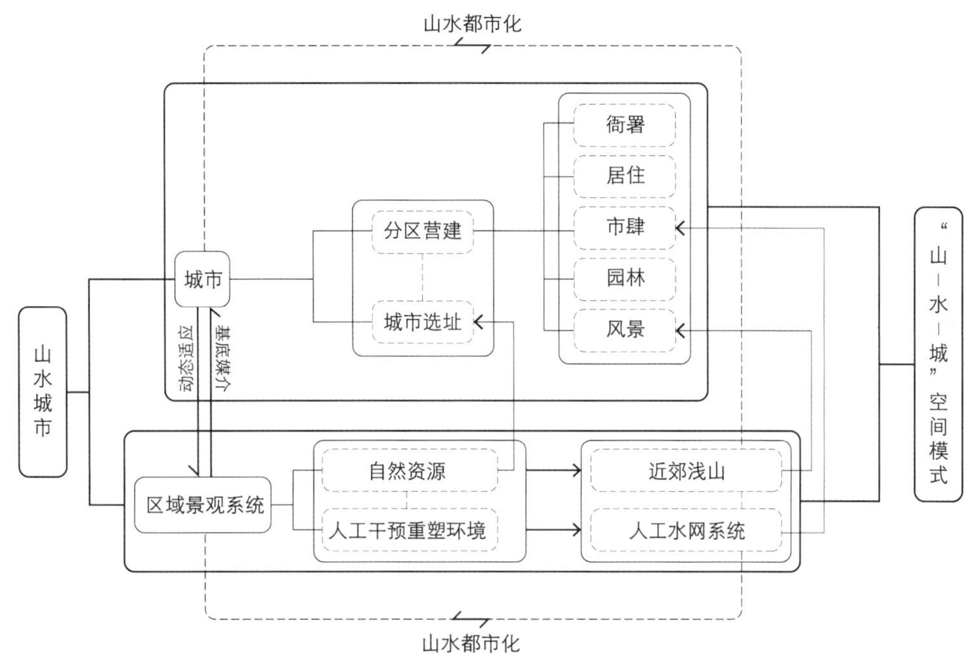

图0-1 山水都市化内涵及过程示意图

统、构成要素与范例解析。

第一部分是对“山水都市化”析要。主要对山水城市、山水都市化、区域景观系统上的城市发展等书中涉及的重要关键词进行解释，并通过五方面对书中用到的研究方法进行说明。

第二部分是对“山水都市化”传统的梳理。古代城市多具有以风景为先导规划聚居环境的传统，所以城市营建史也同时是山水文化史（山水营建基础上的城市与聚落发展）。本书将城市及其周边的山水环境作为整体进行研究与调查，梳理分析都市化过程。从最早的舆图绘制，已经能体现古人在城市营建中对山水环境的高度重视；大禹治水的传说告诉我们改造利用自然之后的聚落建设；先秦著作《管子》中强调城市营建与山水环境的结合；两宋时期坊市制度的瓦解，城市功能区与风景体系有了更好的融合，城—郊趋于一体化发展。历史发展表明，古人对聚居环境的认知过程是从对自然的敬畏到适度干预改造并与之和谐相处的过程，同时在精神与美学意识的双重影响下，“山水”环境逐渐成为我国传统文化内涵的生态直觉，形成了构建人与自然关系的生态伦理基础。山水文化绵延千年至今仍具有现实意义，对其历史传统的解读是现阶段城市与聚居环境营建的迫切任务。“山水都市化”则是对我国以传统营建智慧与生态理念进行营造过程的总结与再利用。

第三部分是对“山水都市化”的构成要素分析。以区域景观系统和依托于该系统发展的城市共同作为“山水都市化”这个过程发生的载体，两者相互影响、动态适应。区域景观系统的认知有别于通过建筑围合空间形成的园林绿地，是从城市腹地的环境（即城市所处的地理单元）视角来审视城市的发展。城市是依托于区域景观系统构建的。人们依据自然地势，观察水情并治理引导，构建宜居山水格局，并依势筑城，城市的功能分区也紧密依托于引入城市的浅山水网，以此为基底，营造衙署、市肆、码头、住宅、广场、寺庙、宝塔等，而城市的营建也促进了城内园林与城外风景的兴造，这样形成了跨越城市内外的水网体系、城内的园林体系、城外浅山地区的风景体系，以及作为制高点遍布在城内外寺观的宝塔体系。以自然环境为依托，经过人工梳理重塑城市构筑，逐步形成了区域景观系统之上的城市。随着城市内外园林与风景的持久经营与营建，丰富了山水格局的人文与文化内涵，形成了“山水城市”（图 0–2）。

因此，“山水都市化”的研究中，区域景观系统的认知与分析是基础，即一定聚居地理范围内自然山水环境与人工水网环境的总和，是由山脉（主要是浅山低丘地区）、水系、植被与一系列水利设施包括陂塘、河渠、湖体、运河等要素组成的山水自然资源综合体。

城市存在于区域景观系统之上，自然资源是城市得以繁衍生长的根源，人工干预环境引导了城市更为宜居化的发展。“山水都市化”为分析和解释我国古代城市的发展提供了一种操作方法与框架，阐明了区域景观系统是孕育城市文化和构建宜居环境的重要媒介。在对古代城市的研究基础上，将城市营建过程中体现出来的“山水都市化”概括为四个方面的一般规律进行总结归纳。

第四部分是具体范例的解析。在上述三个部分的基础上，通过列举不同尺度与不同类型的范例，从区域层面、城市层面、片区层面和流域层面解释“山水都市化”在中国古代城市营建过程中的作用。结合范例阐述在历史的进程中，经过持久人工干预后形成的区域景观系统是城市得以发展的人文底蕴和生态基础，城市所在的区域景观系统与城市化发展是动态适应性的关系，在这一过程中，区域景观系统是城市发展的重要媒介。通过因地制宜改善自然环境创造出了城市独特的形态和“山水”体系，实现跨越千年的韧性发展。

每个城市的形成都不是一蹴而就的，也不是单一因素促成的，而是应对不同时代经济、社会、生态环境变迁等复杂问题下的综合解决方案，包含了山水形胜的辨位选址、礼仪制度的左祖右社等。同时，作为城市发展承载本底的山水环境，对于城市的形态也有更为深远的影响。基于此，从区域景观系统的视角解释城市形态的形成与演变是本书的重点。

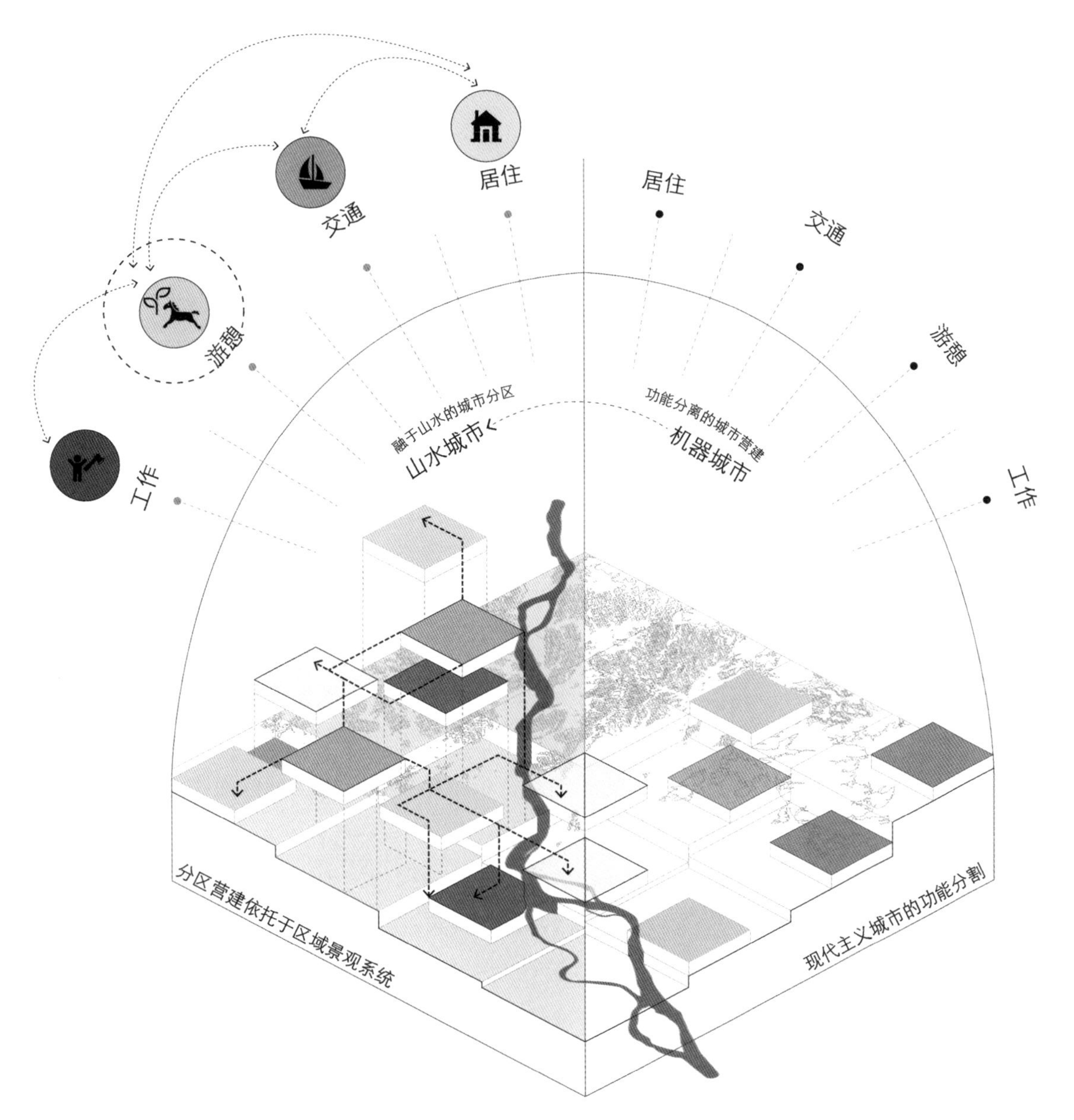

图0-2　以区域景观系统为媒介的山水城市与现代主义影响下的功能城市对比示意图
图左部分显示了以区域景观系统为发展基底，城市功能分区营建（也包括园林与风景体系）在此系统之上发展；
图右部分显示了现代主义影响下城市严格按照居住、交通、游憩和工作四大功能分区建设，带来了分离的问题。

如苏州古城的边界，其近方形城墙的四个角是以弧形设计，主因之一是考虑城市外围的河道，避免河水急流冲毁城墙，同时也利于水流的畅通，可以行船。绍兴古城也具有同样的特征，整个古城的边界呈不规则状，重要因素就是由古城所处山会平原的水网环境所限定。两千年前的规划者们就体现出了高度的生态观、整体观和因地制宜的动态适应思维，运用山水思想、天人合一的生态智慧应对不同时期的城市问题。

随着时代发展，城市的发展模式也随之变化与调整，每个时代找到与之适用的对策方法是动态的适应变化。时代在发展，我们要用发展的眼光去审视我们的城市、我们的生活。通过对古代山水城市营建过程的回溯与解释可知，为城市与人居环境建设发展中全球与地区问题的解决提供“中国方案”是非常必要的。但同时学习历史是探究其中的规律、古人的智慧以及他们应对当时所处时代发展问题所采取的合乎自然法则的措施。每个时间段面对的问题不同，采取的措施也是不同的，这也是动态的过程。比如一千多年前的杭州，因为地下水咸卤，不宜饮用，所以刺史李泌在城内开六井，引西湖蓄积的淡水入城，作为居民的饮用水，西湖成为真正支撑日常居民生活的基础设施，并经过持久的风景营造成为著名的风景与文化名胜，李泌就是在当时的杭州城发展面临问题时，创造性地提出了解决策略，使得西湖作为环境支撑系统解决了城市发展过程中的问题。

文化、生态与宜居是当代城市的主题，文化的传承是文化自信的体现，生态系统是应对全球挑战与地区压力的韧性策略，宜居则是城市生活健康的指标。城市所在地理单元内的区域景观系统应作为基本的载体，这里指的区域景观系统所承载的功能、内涵、价值与意义对于城市而言，已经超越了仅仅作为简单的风景式背景和功能较为单一绿地的理解，通过对城市资源（自然与人工资源）的合理统筹和协调，来应对当代的社会及城市问题，在生态、文化与宜居的时代背景下，城市建设要依山水而行，传承中国古代城市营建的生态智慧与文化基因，构建新时代的山水城市。

注释：

1 李利 . 自然的人化 [D]. 北京：北京林业大学，2011.
2 陈宇琳，基于“山—水—城”理念的历史文化环境保护发展模式探索 [J]. 城市规划，2009（11）：58-642

第一部分

“山水都市化”析要

第一章　释义

一、山水城市

“山水城市”理念最早是由钱学森先生在1990年给吴良镛教授的信中提出的，钱先生从中国传统的山水自然观、天人合一哲学观的基础上提出了对未来城市的构想，希望将城市与园林、文化融合在一起创建山水式聚居空间。之后吴良镛先生也提到，山水城市的最终目的在于建立“人工环境（以城市为代表）”与“自然环境（以山水为代表）”相融合的人类聚居环境[1]。山水城市的特色是使城市的自然风貌与人文景观融为一体，其规划立意来源于尊重自然生态环境，追求与之相契合的山环水绕的形态意境，它继承了中国城市发展数千年的特色和传统。山水有大德而不言，在我国的语境下，“山水”本身就具有自然与人文交织、风景与文化并存的内涵，城市从选址到营造以及对周边自然环境的改造与营建是长期融合发展的过程，也是从自然环境经历“山水化”和“都市化”的过程。

近年来，伴随着“山水城市”理论相关研究的不断深入和完善，“山水城市”当代性已不仅仅是构想，更多的国内外学者纷纷投入其中。从历史的角度来探索总结古代山水城市雏形的形成和发展，将对未来山水城市的建设有重要的指导意义。

二、山水都市化

山水都市化的核心就是建设“山水城市”，山水城市明确突出的是区域景观系统上的城市发展目标和结果，本书使用山水都市化，因为“都市化”体现了城市发展营建的过程内涵，强调的是发展规律、机制以及要素演变过程。

城市的发展过程不仅是建成区内的范围，而是区域的范畴，能够带动整个

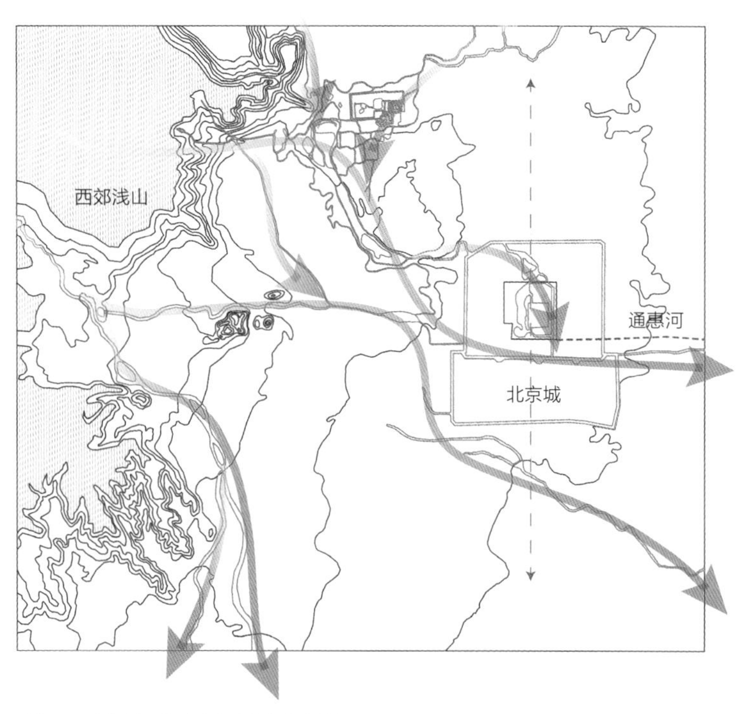

图 1-1　北京城与西郊浅山水系的关系示意图

城址所在地理单元的发展，是都市化的概念，如历史上北京城的发展是与西郊的浅山、水系统以及东郊的大运河休戚相关的（图1-1）。

城市的建设基址并不是完全天然的自然环境，它必然处在一个与周围地理环境相互协调发展的体系中，“城”代表这个地区高度发展的文明集聚。

中国是一个多山多水的国家，山水结构代表了国土风貌的典型性。本书使用“山水”一词，而不是“自然系统”或者“自然环境”，是因为“山水”有文化和“人工干预自然过程”的含义，山水形胜也是中国传统地理与文化传承的特点。选择使用“都市化”一词，是在我国古代的语境下，城的含义较为明确，即为城墙内具有明显防御色彩的范畴，而城的存在、发展离不开城郊一体的区域景观系统的发展，也就是都市的范围，换言之，整个山水环境的发展推动和促进了处于该地区内城市的发展与传承。山水是大的地貌在经过整理和干预的基础上营建聚落、发展都市，促进地区发展，都市化代表着区域景观系统下，城郊一体化的地区发展过程。

三、山水都市化论——区域景观系统上的城市

1. 区域景观系统与都市化的关系

山水城市中的“山水”是超越城市建成区范围的山、水等风景要素的综合概念，本书称为“区域景观系统”，指一定聚居范围内天然山水环境与人工水网环境的总和，是由山脉、水系、植被与一系列水利设施包括陂塘、河渠、运河等要素组成的综合体。

山水都市化是对城市与区域景观系统之间相互作用过程的表述，在这个过程中，区域景观系统作为城市发展的媒介，承载城市功能，引导城市发展。即“山水都市化是对过程的描述，区域景观系统是这个过程发生、发展的基础和载体”。

城市依托于所处的自然环境之上，而天然的环境并不完全适应于人类栖居，人们通过持久的人工干预，形成不断演变和适应的地域景观风貌，构建了区域景观系统，城市存在于这个体系上并不断调适与生长。例如区域水系统的梳理以泄洪疏导、蓄积雨水、灌溉农业、开展漕运等为主要功能，重塑了区域自然环境，展现了人文之美，形成区域景观系统，并以此为基底择址筑城，城市构建于经人工改造后的山水环境中不断生长和发展。城市的分区营建，如衙署区、商业市肆、码头区、里坊住宅区等跨越城—郊界限，并在市内营建园林，城外经营风景，形成“山—水—城”一体的人居环境。促成了城市繁荣的文化、韧性的生态本底、如画的园林、热闹的市肆等的持久发展，展现了璀璨的生命力。

2. “山水都市化”的区域观与动态观

“山水都市化”强调区域的发展观与动态的适应观。一方面，城市依托于自然而存在，自然为人类提供了生存的沃土，这里的自然包括城市内外的大山大水、小山小水构成的区域整体环境，区域性是城市的固有属性；另一方面，区域景观与城市并非一成不变的关系，而是处于动态的适应过程中。人类通过持久的人工干预，以有限的工程化措施介入自然并重塑自然，构建适应性的区域景观系统，城市在该系统上不断调适与生长。

（1）从区域的角度审视城市的发展

任何城市从大的地理范围来看都处在自然中，外部环境对城市的影响全面而又深刻地渗透到政治、经济、军事、社会等领域，城市与周边环境实际结合为一个城郊一体的区域大空间在共同发展[2]。

中国是一个地理环境极其丰富的国家，在幅员辽阔的大地上，不同的山水环境造就了不同的城市形态与城市文化，如山城重庆与水城苏州。通过区域的视角将城市的发展与其所处的自然环境统一考虑，每个区域都有独具特色的山水体系、构成要素和各自发展演变的规律，而城市的建设需要综合全面地考虑不同要素之间的影响与相互作用。从城市选址到分区营建，从城内的园林营造到城外的风景营建，山水环境即区域景观系统一直充当着媒介的作用，这也表明了城市是一个特定区域环境下发展演变而来的综合体。区域性是城市不可忽视的客观属性，站在区域的角度来审视城市的发展，并对区域环境与城市发展互动过程追溯内在的规律。

（2）探索适应性过程中城市与自然的互动关系

自然环境是人类安身立命之所，为人类提供了丰富的山泽水产之利、舟楫灌溉之便。历史上各地最初人居聚落的形成，多是利用浅山地形，建在近水、向阳、避风地段，始终没有避离人类对山水的依存和亲近[3]。人类对自然的选择与利用，事实上也是不断改造自然、适应自然的过程。城市作为人类改造自然的最高物质体现，它的存在从来不是一个静止的状态。人类在利用和改造自然的过程中使自身的需求、智慧、能力凝聚于山水之中，构建了适宜的人居环境，同时在与自然交互作用的过程中，精神生活不断充实，衍生出了独特的地域文化，丰富了山水环境的内涵，两者始终保持相对稳定又动态适应的状态。认识城市与自然之间的互动关系，可以更好地理解地域文化在这个过程中不断沉淀、积累和传承的脉络。一个城市可以传承千年仍保持繁荣的内在驱动力之一就是人与自然能够和谐地相互依存，这个过程需要不断探寻与解析。

（3）区域景观系统作为城市发展的媒介

本书分析城市空间形态演变与其所在区域景观系统的相互干预、相互作用的过程，解释山水都市化是以人工干预自然形成的区域景观系统作为媒介，促进并定义城市空间演变过程的概括。

城市依托区域景观系统而存在，人类活动和干预影响了自然环境的演替过程，使其最大程度地向适宜城市化的方向发展，为满足城市人居环境的需求，人们通过一系列景观干预措施，有效缓解了城市环境与发展问题，依存于区域景观系统上的城市格局也在此过程中不断演变。人工不断介入自然环境重构了新的景观格局与风貌，形成区域景观系统，作为城市生长的媒介，促进塑造人与自然相互适应的最佳城市形态。由此，通过景观介入的方式调和人工和自然，是以一种工程化的手段对环境进行再塑造，对自然进行再适应的过程。对城市形态的构建应超越城区边界的范畴，从区域的视角，以景观作为媒介引导在自然区域中生长的城市不断发展（图1-2）。

注释：

1 鲍世行，顾孟潮．城市学与山水城市：杰出科学家钱学森论 [M]. 北京：中国建筑工业出版社，1996.
2 汪德华．中国山水文化与城市规划 [M]. 南京：东南大学出版社，2002.
3 傅礼铭．山水城市研究 [M]. 武汉：湖北科学技术出版社，2004.

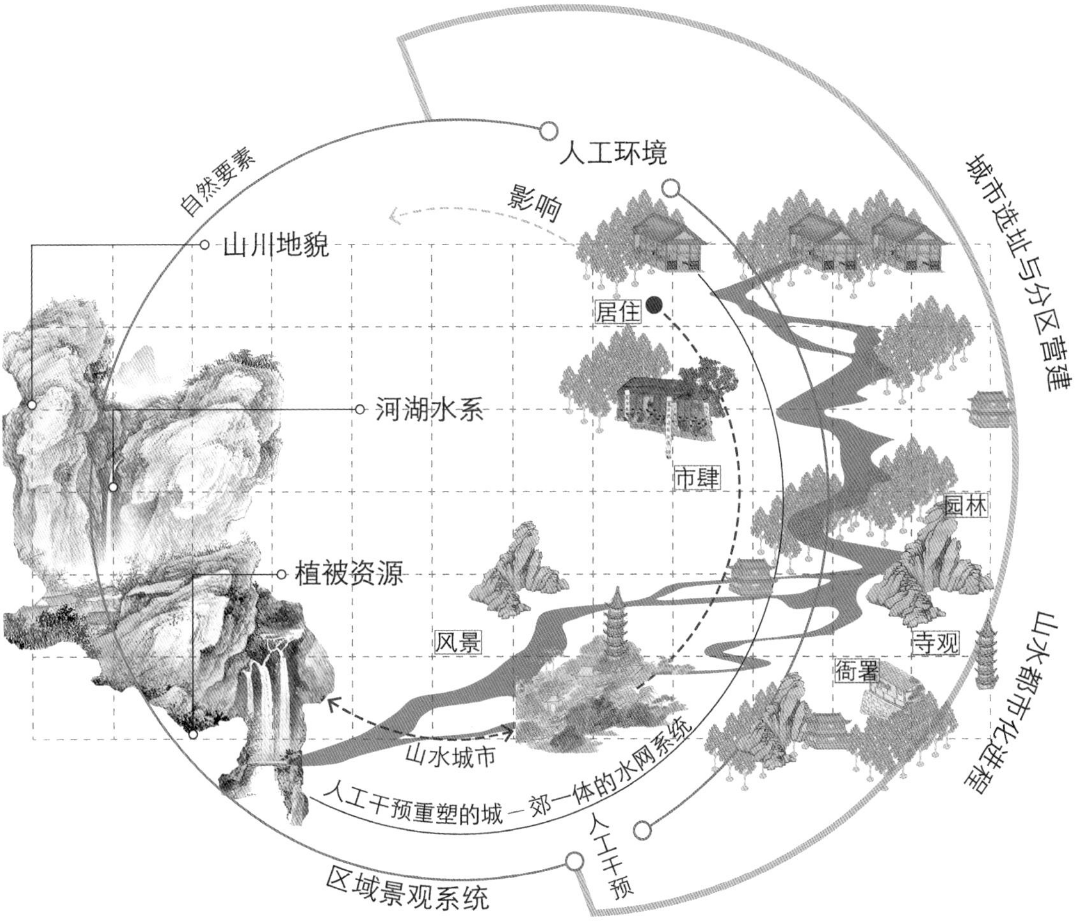

图 1-2　山水都市化、区域景观系统、山水城市之间的相互关系示意图
图片素材来源：（明）仇英，《南都繁绘景物图》

第二章　方法论

“山水都市化”是基于区域景观系统与城市化过程的认知和表述方式。本书采用区域性与动态性分析相结合、理论研究与范例实证相结合的方法，提出基于区域景观系统分析城市发展过程的框架。

首先，将城市选址所在的山水地理环境条件进行梳理，即从区域层面整体把握人居环境营建的基础。其次，建立城市与区域景观系统要素之间的关联，包括景观要素对城市选址、分区营建产生的影响，以及人的活动对区域景观系统演变的促进作用等，是对“山水都市化”理念引导下的过程展开分析。最后，就典型样本进行实际范例的剖析和验证，解释山水都市化。

具体框架展开如图 2-1 所示：

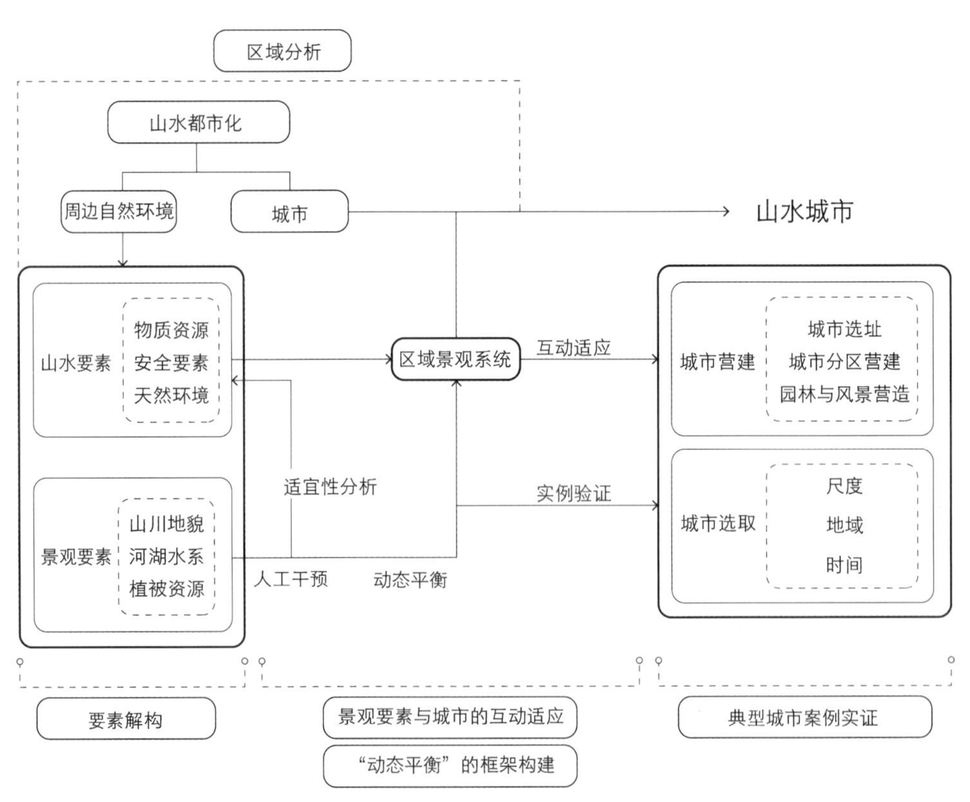

图 2-1 “山水都市化”理念下基于区域景观系统分析城市发展过程的框架示意

一、区域分析：梳理城市营建基底

城市不是一个独立的个体，是建立在自然环境之上的，区域性是城市的固有属性；每个城市所在的自然环境是不同的，不能一概而论，以确定区域是城市及城市周边所包含的自然环境、山水要素等构成的景观系统。

从天然环境逐步分析人工干预下演变为山水环境的过程以及城市营建。天然的环境是人们进行选址构建城市的先决条件，必须具备人类生存所需的物质资源，包括水、食物等，也必须足够安全，规避威胁安全的因素。然而，天然的环境往往并不完全适合人类的栖居，因此诱发人工干预，主要通过水系统的梳理以泄洪疏导洪水、挖塘蓄积雨水、引渠灌溉农业、开河通行航运等，重塑区域水网环境，展现人工之美，并择址构建城市，使城市生长在经过人工改造后的自然环境中。通过对城市近郊山水体系与城—郊区域景观系统发展追根溯源地探究，可知人工介入对区域内大山大水到小山小水的适应和改造过程即作为引导城市发展媒介的形成过程。

二、要素解构：区域景观系统构成展开

对区域景观系统的研究是按要素构成展开分析，使用要素分解的方法，便于建立各要素与城市之间的关系，有利于一般性描述的展开，避免采用单一论证的局限性。

区域景观系统是天然环境与人工干预后的水网体系共同构成的景观综合体。天然环境主要包括山川地貌、河湖水系与植被资源。此外，对天然环境进行适宜性分析，即特定地域环境适宜人类居住的条件以及可能产生的威胁，是城市选址营城的前提条件，也是促进人工干预自然的原因。

人工干预后的水网体系主要分析区域内水网环境在不同时期所呈现的状态，以及不同时期水网景观要素演变的过程，即人对水网改变所采取的措施。各个构成要素分述的同时，也会同时强调要素与要素之间相互联系的整体性，如陂塘与沟渠系统，它们不是独立的，而是共同作用。

三、互动适应：区域景观与城市分区营造

城市营建包括城市的形态确定、分区建设以及园林与风景营建。分析过程是将上述提到的区域景观系统构成要素融入到城市营建的不同阶段，对各个构成要素与城市之间互动过程的探讨，对物质层面城市营建形态特征的描述（包括城市各功能分区的位置关系以及各功能区呈现的风貌），对景观要素与城市分区营建相互促进发展的过程解析。

四、动态平衡：区域景观与城市营建共同作用

本书通过分析区域景观系统与城市发展之间的相互作用，明确区域景观系统与城市发展处于不断适应与相互调适的“动态平衡”过程中，区域景观系统与城市的关系是在时间观、地域观以及过程观中不断发展的。一是因为每个阶段的发展都会面对不同的问题和需要应对的措施，同时在不同的地域条件下，发展所遇到的问题也是不同的；二是因为人工干预自然是个循序渐进的过程，是由区域景观系统与城市的发展相互适应、不断调试的共同作用推动的。

五、典型范例：实证解析山水都市化

典型案例的分析是将研究框架在对城市的分析中进行验证，本书选取了不同尺度、不同时代以及不同地域下的城市、片区和流域作为实证案例。

本书论述的内容从人居环境营建的基底展开，继而讨论区域景观系统与城市发展的互动过程，最后形成宜人的人居环境，并对这一过程进行实例论证。这一过程的总结归纳即为“山水都市化”理念。“山水都市化”是对区域景观系统与城市营建相互调试与动态发展过程规律的概括，这个过程对于今天我们讨论生态文明建设以及韧性的人居环境营造策略有借鉴意义。千年城市传承的重要因素之一就是所处山水环境带来的发展韧性，“山—水—城”模式展示了抵御区域环境压力与发展风险的能量，也促进塑造并形成了传承本土的文化特质，成为宜居的典型（图 2–2）。

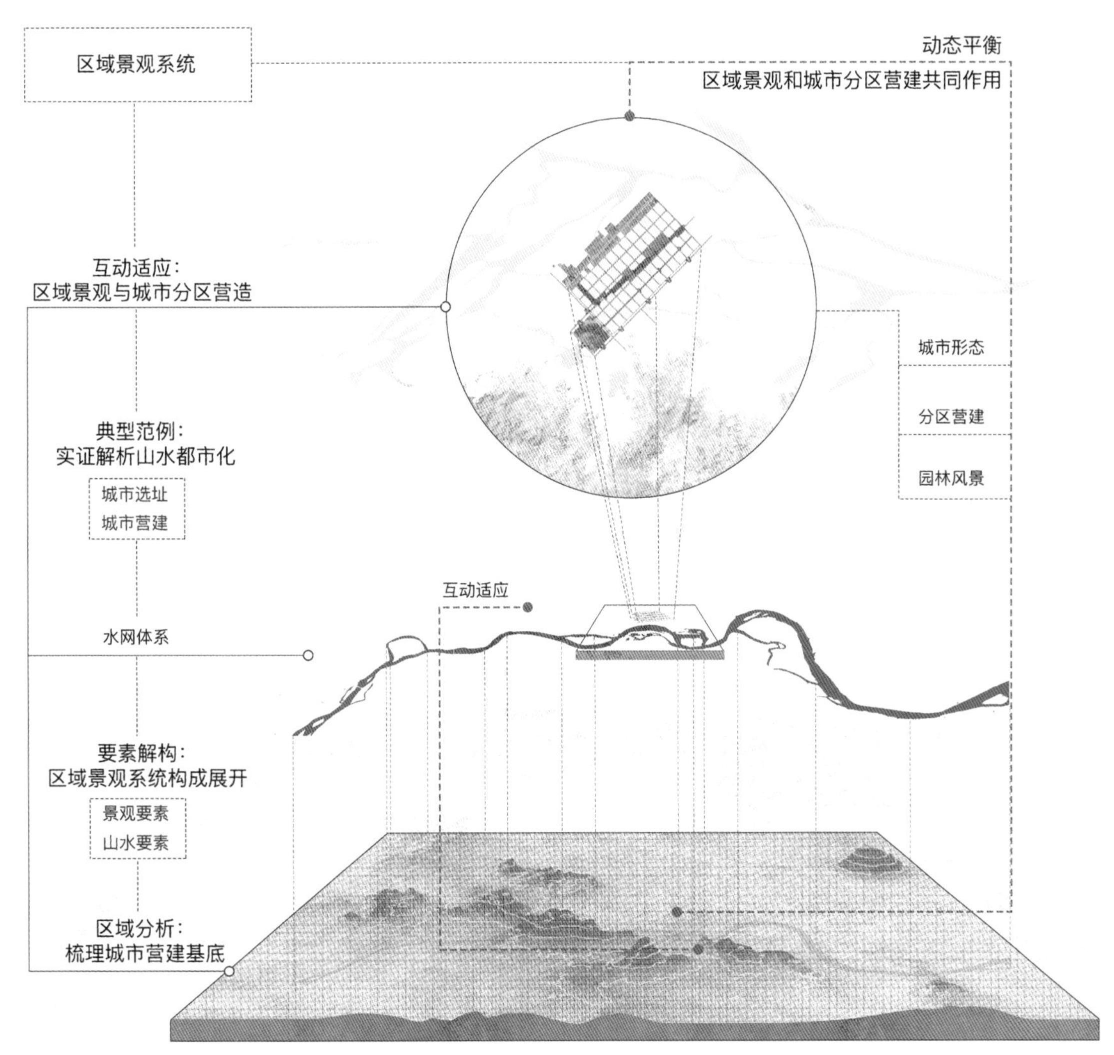

图 2-2 “山水都市化”理念下的区域景观系统分析方法论示意图

第二部分

“山水都市化”传统

第三章　历史上的城市

一、舆图中的城市

古代城市地图（舆图）是古人认知和表达城市的一种方法[1]。在我国，地图也是出现最早的一项实用技术方法。《诗经》、《周礼》等许多先秦文献中都有关于地图的记载[2]。古代舆图是对古代城市空间形态与景观特征记载最直观的资料。尽管舆图在精度上往往不能与现在的城市地图相媲美，更多的是一种意象与观念的传达。但这种无法用科学丈量与解释的视觉信息，也让我们从中获取到更多制图者独到的思想观念与想要突出的关注对象。

中国古代城市拥有结合山水因素的独特设计思想与方法，并据此创造了大量“天人合一”的中国式城市空间[3]。这一点在古代城市地图中得到充分的体现。古代城市地图最典型的特征便是通过各种图示符号来传达城市所在区域的地理信息，包括山川地貌、河湖水系、道路走向和重要地标，也清晰地表达出“山—水—城”的关系。这是朴素的生态意识以及注重与自然巧妙结合观念的体现。朴素的生态意识就是人与自然统一的意识，将人为的构筑与自然的山川水系结合在一起，统一放在一个维度下，突出体现天人合一的和谐状态。古代城市地图是中国“山—水—城”营建模式在图纸上的体现，具有重要的文献价值（图 3–1）。

二、历史的时间轴

1. 山水诱导下的城市形态变化

城市形态是多种因素影响下的城市物质形态体现。《周礼 · 考工记》中记载：“匠人营国，方九里，旁三门。国中九经九纬，经涂九轨。左祖右社，前朝后市。”在传统礼制思想的制约下，城市的形态多以方形出现，如典型的隋

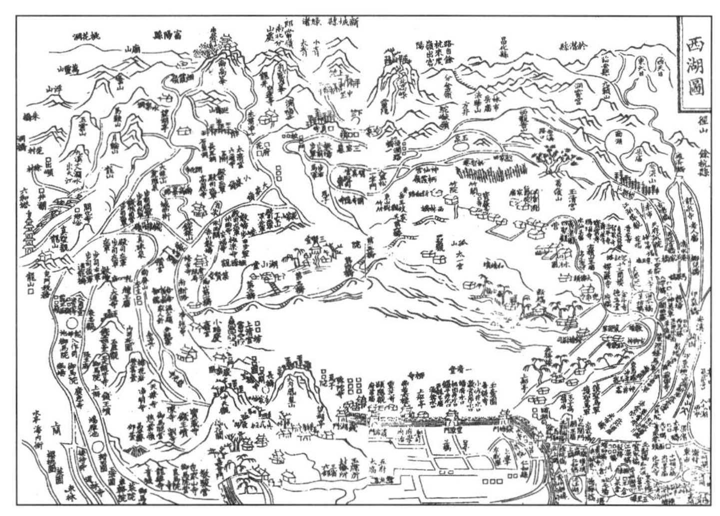

图 3-1《西湖图》中的山水城关系
图片来源：（清）《西湖图》，同治六年（1867 年）

图 3-2《渝城图》中表达城市选址与营建受周围山水环境影响而呈现出的独特形态
图片来源：（清）《渝城图》，1860 ~ 1886 年

唐长安城。而事实上，相当一部分的城市在营建过程中不具备构建完整方形城市的条件，如我们熟知的南京古城、宁波古城、绍兴古城以及著名的山城重庆等。重庆始建于先秦时期，作为巴国首都江州，并没有遵照《周礼》的要求进行修建，而是顺应自然的地势，因地制宜，整个城市呈现不规则状[4]。所以，遵从区域环境因地制宜、师法自然是古代营城的重要方略（图 3–2）。

古代城市的营建从很早开始便体现出规划者们对风景要素的重视程度，“凡立国都，非于大山之下，必于广川之上。高毋近旱而水用足，下毋近水而沟防省”（《管子 · 乘马》），自然的山水环境作为影响城市建设的先决条件，也因此形成“山—水—城”的中国典型城市营建模式。

《中国都市史》在论述都市空间时，首先指出都市对立地条件的思考，其次是都市的外形及设计。在对中国古代城市的研究中不可避免地要将山水环境作为影响城市发展的重要因素，风景引导城市发展的思想自古便有。

2. 最早的水治理实践

圣人治世，其枢在水。大禹治水是人类文明起源的重要标志[5]，也是我国最早关于人工主动治理水环境的实践。

《尚书 · 禹贡》记载：“洪水滔天，浩浩怀山襄陵，下民昏垫。予乘四载，随山刊木，暨益奏庶鲜食。予决九川，距四海，浚畎浍距川；暨稷播，奏庶艰食鲜食。懋迁有无，化居。”说的是大禹通过疏通九州岛河流治理了水患，全面勘测了国土，并播种粮食发展贸易，使民众安定下来。《尚书 · 禹贡》还说：“禹敷土，随山刊木，奠高山大川。”“九河既道，雷夏既泽，雍、沮会同。桑土既蚕，是降丘宅土”，指的是大禹疏通河道之后，使得能种桑的地方都已经养蚕，于是人们从山丘上搬到地势平坦的地方，城镇才开始聚集。春秋时期管子、墨子以及伍子胥等人提出了一系列城市防灾学说，《管子 · 度地》中记载了管仲对于治国必先治理自然灾害的一段论述，他说：“善为国者，必先除其五害。”何谓五害呢？“水，一害也；旱，一害也；风雾雹霜，一害也；厉，一害也；虫，一害也”，并且“五害之属，水为最大”，因此管子重点论述了水患的防治，他从城市选址到堤防、沟渠排水系统的建设、管理、监督等方面，都做了详细论述，形成了完备的古代城市防洪学说[6]。

这些治水营田和防灾避难的理论，印证了人类与自然的关系进入了新时期，人类已经可以主观能动地改造并利用自然山水，来实现自己营建城市的目的。

3. 坊市制瓦解，促进城郊一体化发展

隋唐时期，生产力发展与商品交易的剧增，使得坊市制逐渐瓦解，独立、自发的“市”开始出现，这一制度的变革直接影响了城市的格局。唐以前的历史中，坊市制度一直存在，它创立了一个法治的城市商业空间，却也限制了商业的蓬勃发展。商业的市肆与居住的里坊严格分开，并对“市”进行官设官管，用法律与制度对交易时间与地点进行严格控制。

唐朝中后期，开始打破严格的坊市制度。人们不再局限于只在官设的市集中交易，还会依托街道两侧以及水系运河周边的场地临时搭建买卖场所，例如城中桥头、街道两旁的“街市”，城外运河边的“草市”。正是有了这些集市的存在，“广陵当南北大冲，百货所集”[7]才有依托的场所，加上“江淮俗尚商贾，不事农业”[8]的风俗促使商贸区进一步发展扩大。封闭的里坊制向开放式的街道布局转变的同时，城市的街道及运河水系周边的景观也因为商业活动而发生变化。

坊市制度的瓦解，除了带来城市内部自由集市的出现，市镇也得到长足的发展。《宋代草市镇研究》一书中指出，宋人笔下的草市是非官方设立的市集的统称，主要分布于城郊和乡间。市镇的繁荣是城市活动向郊区延伸的体现，加强了城市内外的联系，是人工环境突破城市界限向自然的延伸。连通的道路、运河等共同组成一个四通八达的交通网络，使得城市所在区域内的自然山水、景观与沿途聚落贯穿发展。

坊市制度的瓦解是城市从封闭向开放发展模式的转变，除了商业的发展，更带来人们思想的转变，带动城郊一体化发展，同时更多的公共活动与公共空间开始出现，在一定意义上也促进了园林的发展与风景的营建。

三、“山水思想”与城市营建

中国历史悠久，城市的建设多强调整体观念，追求人工环境与自然环境的和谐，充满了山水特色，从现存的大多数古都和历史文化名城可以清晰地看到城市与外部环境和谐共生的传统追求，城市建设史其实也是一部山水文化和山水思想的发展史。《商君书 · 徕民篇》中记载了“山水大聚会之所必结为都会，山水中聚会之所必结为市镇，山水小聚会之所必结为村落”的聚会之趣。

1. “因天材，就地利”的规划思想

《管子》是我国古代城市规划的重要著作，其中《管子 · 乘马》中提出：“凡立国都，非于大山之下，必于广川之上，高毋近旱而水用足，下毋勿近水而沟防省。因天材，就地利，故城郭不必中规中矩，道路不必中准绳。” “因天材，就地利”强调了因地制宜的规划思想，都城选址建立要充分考虑山水环境，依据周边山水格局及经济实用性来选址。

《管子 · 度地》中“圣人之处国者，必于不倾之地，而择地形之肥饶者。乡山左右，经水若泽。内为落渠之写，因大川而注焉。乃以其天材、地之所生，利养其人，以育六畜”，指都城的选择要选在地势平坦肥沃之地，靠山近水，并强调城内沟渠排水方便，注入大河，更加详细地讲明了如何处理山、水、城三者之间的关系。

在对水环境的选择和利用上，《管子 · 水地》中说：“水者，地之血气，如筋脉之通流者也，故曰水具材也。”将水比喻为城市的血脉，水既是城市建立不可或缺的因素，又是城市头号自然灾患的来源，所以我国古代早就有治水传统。水环境对城市形态影响很大，上文提到的“乡山左右，经水若泽。内为落渠之写，因大川而注焉”的排水防洪思想对历代城市营建都有较深影响。因此，治水和筑城常常都是联系在一起的，比如苏州、临淄、绍兴等城市的城墙便有防洪堤之用，且城市内部水系和外界的河湖水网连在一起，方便排水。同时，在很多城市营建中也利用人工修筑河道以排水，比如苏州；通过对基址水系的人工干预，疏通开凿了多条水道，如从城西阊门往虎丘方向开凿的山塘河，与大运河枫桥沟通的上塘河等；又如乾隆年间对北京西郊水系的整治过程，对瓮山泊（昆明湖）进行了拓宽并新建西堤，治水的同时完善了近郊风景区。这些例子可以看到城市因水而兴，在处理城市与水环境的过程中，既兴修了水利，又成了著名的水利风景名胜。

在对自然山脉的选择和利用上，山脉走势是城市规划中宏观选址的重要因素，山体特别是浅山与城市的关系是或处于城市近郊，或位于城市内部，也有城市直接建立在山上。山体对于城市，一方面起着功能性的作用，包括林木资源获得，利用山形条件用作军事防御，或避免水浸；另一方面又要使其在城市中或城市外形成一种意象、对景，供人观赏、联想[9]。例如苏州、杭州古城，其西部的丘陵山脉不仅给予城市安全庇护，并且提供了自然和景观资源，是城市得以建立和发展的重要因素。

古代城市选址始终与外部山水环境结合在一起，因天材，就地利，因地制宜地进行总体帷幄。《管子 · 八观》中“凡田野万家之众，可食之地，方五十里，

可以为足矣。万家以下，则就山泽可矣；万家以上，则去山泽可矣”，体现了这种总体统筹思想，这种思想和实践同时也启导了中国古代山水城市的形成与发展。

2. “天人合一”的哲学理念

在人们思想水平不断提升的过程中，精神生活开始指引行动，如《周易》中对宇宙万物的总结：“立天之道曰阴曰阳，立地之道曰柔曰刚”，在城市规划思想中，称水之北、山之南曰阳，水之南、山之北曰阴，山常位于城之北方，水常位于城之南方，山为刚，水为柔，相互结合才能形成山环水抱的区域环境。

中国古代城市建设中始终恪守天人合一的哲学理念，主要的思想内核即：天、地与人是统一的整体，人不能脱离自然，要尊重效法自然，谋求共生并与自然合二为一。追求天、地、人的和谐如一，也是追求山、水、城的和谐统一。古代城市营建对天人合一理念的运用是通过形与数等表达方式将天人相符引申到天地契合，形成我国城市空间布局中的象征主义传统，形成相土、形胜及风水学说等[10]。“相土”观念由来已久，是通过“观物取象”从物到抽象的认识自然的方法，发展出的由抽象到物的效仿自然的方法。“形胜”是《周易》中象天法地思想的深化，强调山川环境，将城市选址与山脉走势上升到宏观的区域角度去考虑，并强调山体形态与意境的契合境界，“形胜”实质上也是一种区域环境的整体规划理论。古代园林设计中所强调的“虽由人作，宛自天开”也同样是天人合一思想的延伸。

3. 寄情山水的审美意境

中国古代山水审美意识自魏晋时期开始觉醒，人们崇尚自然山水，以自然山水为观照对象来审视自身，追求和谐恬淡的内心境界，并以山水为载体衍生了各类文化。灿烂的山水文化也在时间的流逝中深刻地渗透到城市及其区域环境的发展之中。

古代文人雅士对名山大川的歌咏，给山水赋予人的品格，山仁德稳重，水宁静致远，孔子曰：“知者乐水，仁者乐山；知者动，仁者静；知者乐，仁者寿。”孟浩然曾这样形容洞庭湖：“八月湖水平，涵虚混太清。气蒸云梦泽，波撼岳阳城”。将洞庭湖的烟波浩渺描绘得栩栩如生，仿佛整个岳阳城都被撼动，城市在大环境中显得格外渺小。王羲之在《兰亭集序》里对环境的描写：

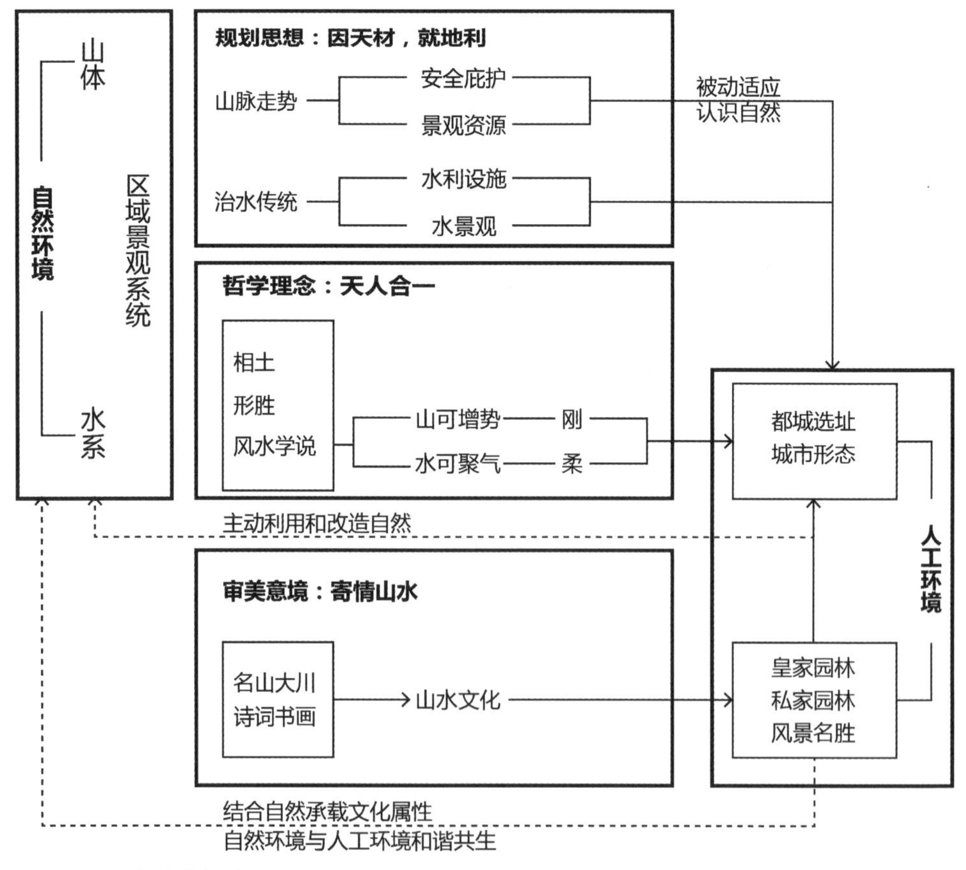

图 3-3　山水思想与城市营建示意图

“此地有崇山峻岭，茂林修竹，又有清流激湍，映带左右，……仰观宇宙之大，俯察品类之盛，所以游目骋怀，足以极视听之娱，信可乐也。”文人将自己的心境寄托于山水之间，追求意境之美，又如王勃所撰《滕王阁序》：“落霞与孤鹜齐飞，秋水共长天一色”，描绘出了一幅宁静致远的千古绝唱。

受这种寄情山水思想的影响，以自然山水为主题的诗词书画在很大程度上促进了人们对自然环境的营建，在有山有水时畅享山水之乐，在山水匮乏时便进行人工叠山理水，来构筑山水园居，园居文化的发展是古代城市营建中浓墨重彩的一笔。陶渊明所谓的“采菊东南下，悠然见南山”便是对这种隐逸思想境界的描述[9]。这种寄情山水的思想随着社会经济、工程技术的发展，在明代达到巅峰，表现为山石花木设置讲究、施工精细，文化内涵与规划设计紧密地联系在一起。

山水与我国古代城市发展的关系即为人类对聚居环境的理解随着社会文明的发展而不断转变，从最初对自然的被动适应，到认识自然之后对自然的主动利用和改造，再发展到结合自然承载文化属性，成为“山水”，这样的认知和干预过程即为区域景观系统的形成过程。

我国历史悠久，自然环境丰富且复杂，因此华夏大地上出现了多种与山水有关的古文明形态，也衍生出了很多与自然山水有关的规划思想：如“因天材，就地利”的因地制宜思想是规划选址的基础，“天人合一”的思想强调人与自然和谐统一是规划的核心，寄情山水的审美意境是对区域环境人文特性的融入。这些表明城市营建与区域景观系统息息相关（图 3-3）。

注释：

1 陈薇 . 历史城市保护方法一探 : 从古代城市地图发见——以南京明城墙保护总体规划的核心问题为例 [J]. 建筑师 , 2013(3):75-85.
2 董卫 . 中国古代图学理论及其现代意义 (一)——从裴秀“制图六体”所想到的 [J]. 建筑师 , 2009(6):29-34.
3 张弓 . 中国古代城市设计山水限定因素考量 [D]. 北京 : 清华大学 , 2006.
4 朱柳慧 . 中国古代城市形态分析 [J]. 城市地理 , 2015(6):275.
5 《完善水治理体制研究》课题组 . 我国水治理及水治理体制的历史演变及经验 [J]. 水利发展研究 , 2015, 15(8):5-8.
6 傅礼铭 . 山水城市研究 [M]. 武汉 : 湖北科学技术出版社 ,2004.
7 王浦 . 唐会要 [M]. 上海：上海古籍出版社，2012:4
8 刘肃 . 大唐新语 [M]. 上海：浙江出版集团数字传媒有限公司，2013:6.
9 汪德华 . 中国山水文化与城市规划 [M]. 南京 : 东南大学出版社 , 2002.
10 陈泳 . 当代苏州城市形态演化研究 [J]. 城市规划学刊 ,2006(3):36-44.

第四章　认知与传承

大到一国都城，小到地方郡县，古代城市的营建都是一个浩大的工程，尤其在科学技术并不发达的年代，面对各种自然灾害、军事战争和人口发展等，城市建设都面临着极大的挑战。古代的城市建设者们在对自然充分认识和分析之后，通过人工干预对区域自然条件进行梳理，形成能够抵御灾害、起到安全防护作用的韧性区域景观系统，成为城市发展的底蕴和生态基础。城市与所在区域的山水环境在动态适应的过程中持续发展，维系千年。在这一过程中，区域景观系统是城市发展的重要媒介，引导并促进独特城市空间形态的产生与发展。

如苏州古城营建：自古以来，水患就一直威胁着这个“水乡泽国”，面对自然的考验，人们兴修水利、开凿水道、引水入城，开始为了顺应自然地理环境而进行适度的人工干预，这种内外互动的建构过程成就了古城发展千年的城市环境支持框架，也形成了古城独特的景观体系，整个城市运行与资源系统调配完全建立在这个体系中，纵横的水道不仅承担着整个古城的引水、排水、行洪、运输、防卫、净污等城市功能，也创造了独特和杰出的地域文化，保证了苏州城的持久繁荣，形成苏州“山—水—城”的共生关系（图 4-1）。

又如颐和园昆明湖营造与北京城水系统完善：北京城建城之初，内城水系源自紫竹院内泉水，而后在西郊修建昆明湖作为水库调蓄西山汇水，消除水患，灌溉农业，并开凿昆玉河、长河与内城水系沟通，向东出城通过开凿通惠河，与通州的京杭大运河北端相贯通。这样大运河漕运到达通州的南方物资，可经通惠河运抵内城。而在昆明湖建成之前，由于北京地势西高东低，且上游水源不稳定，通惠河水位时常无法满足漕运要求，船只经常搁浅。可见，颐和园昆明湖修建的首要任务是调蓄雨洪，灌溉周边农田，为城市用水提供供给，同时为下游漕运提供稳定的水位基础。虽偏于北京西郊，但对于城市发展的意义却很重大（图 4-2、图 4-3）[1]。

中国自古以来的“天人合一”理念与“师法自然”的设计思想，都在强调城市本体与周边自然环境的互动关系，两者是相互统一、不可分割的整体。与城市人文的结合，山水才被赋予了文化与精神层面的价值。因此，通过探索人居环境的历史演进过程、梳理人工干预自然的方式与经验、分析地域特征的形成等需要传承的文化与物质遗产，并在此基础上，深入研究当代城市面临的一系列城市文化、特色与传承等问题至关重要。

当代的中国城市建设处于高速发展的进程中，城市化的加速、世界文化的趋同、外来的冲击及自身发展的局限等一系列因素的影响，使城市与区域景观系统之间的关系出现了偏差，忽视了景观系统的整体性、协调性和对人居环境营建的媒介作用，这在一定程度上反映了现阶段的规划行为对传统山水思想的理解与传承出现了断层。随着时代的发展，许多关于城市的愿景相继提出，如“千年城市”“低碳城市”“绿色城市”等，这些更加人性化、和谐、多元、有机发展的城市主题要求构建可持续的生态系统，以应对全球挑战与地区压力，并随着统筹山水林田湖草的生命共同体构建的提出，以及生态文明、美丽中国建设战略的提出，区域景观系统再一次被提到了规划阶段的重要策略中。城市发

图 4-1 苏州古城以区域景观系统作为媒介的“山—水—城”共生关系示意图
底图摹自：陈泳著，《苏州古城结构形态演化研究》，2006 年 10 月

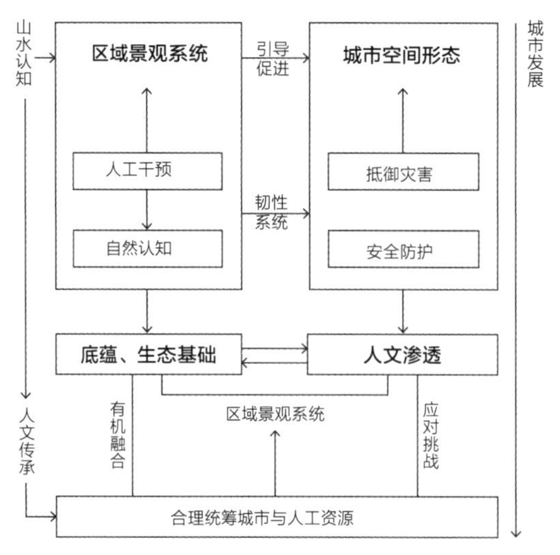

图 4-2　山水认知与人文传承对于区域景观系统与城市空间形态影响

展的千年大计离不开山水等景观要素构成的区域景观系统带来的韧性。区域景观系统对于城市而言，是通过对城市资源（自然与人工资源）的合理统筹和协调，应对当代发展过程中来自全球挑战与地区压力的社会及城市问题，使区域景观系统与城市有机融合，带动整个城市的更新与发展，应对不同的挑战，实现城市的传承与永续发展。

研今必习古，当代区域景观系统的变化和城市化的规模与速度日趋加快，应当充分认知区域与城市景观系统营建的历史准则，这些人与天调的智慧与精妙在今天的景观与城市建设中仍然意义非凡！

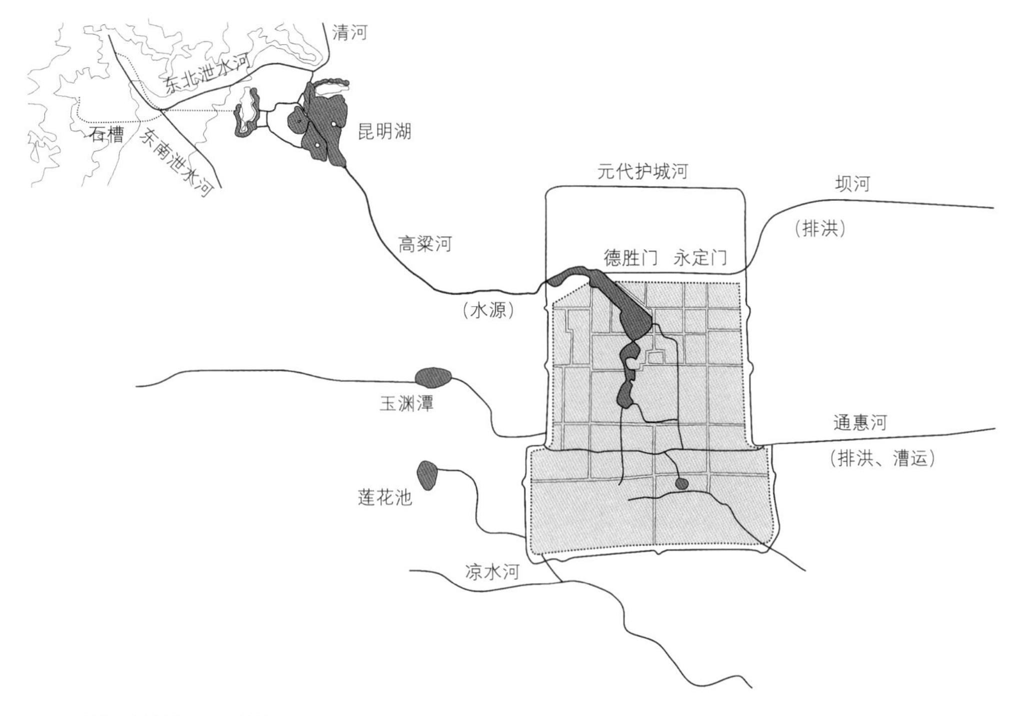

图 4-3 明清北京城重要水系示意图

注释:

1 侯仁之 . 北京城的生命印记 [M]. 北京 : 生活 . 读书 . 新知三联书店 ,2009.

第三部分

“山水都市化”构成要素与研究框架

第五章 “山水”与“都市”的图底关系

“山水都市化”的重点是分析作为促进城市发展媒介的区域景观系统。“构成要素”是体现区域景观系统主要内容的各个要素以及要素之间相互作用、在一定规律引导下的过程集合。对“山水都市化”的构成要素分析主要涵盖两个方面的内容：一方面是对构成城市发展基底——区域景观系统及其要素进行分析；另一方面是总结要素与城市营建之间相互作用的传统法则，探讨传统生态观念影响下的城市营建与发展的一般过程（图 5-1）。“山水都市化”是研究“山水”作为区域景观系统而存在，是城市营建的基底和促进城市发展演变的媒介，两者之间是“图”与“底”的关系。区域景观系统是“底”，城市（包括衙署、市肆、居住、寺观、园林、风景营建等）是 “图”。

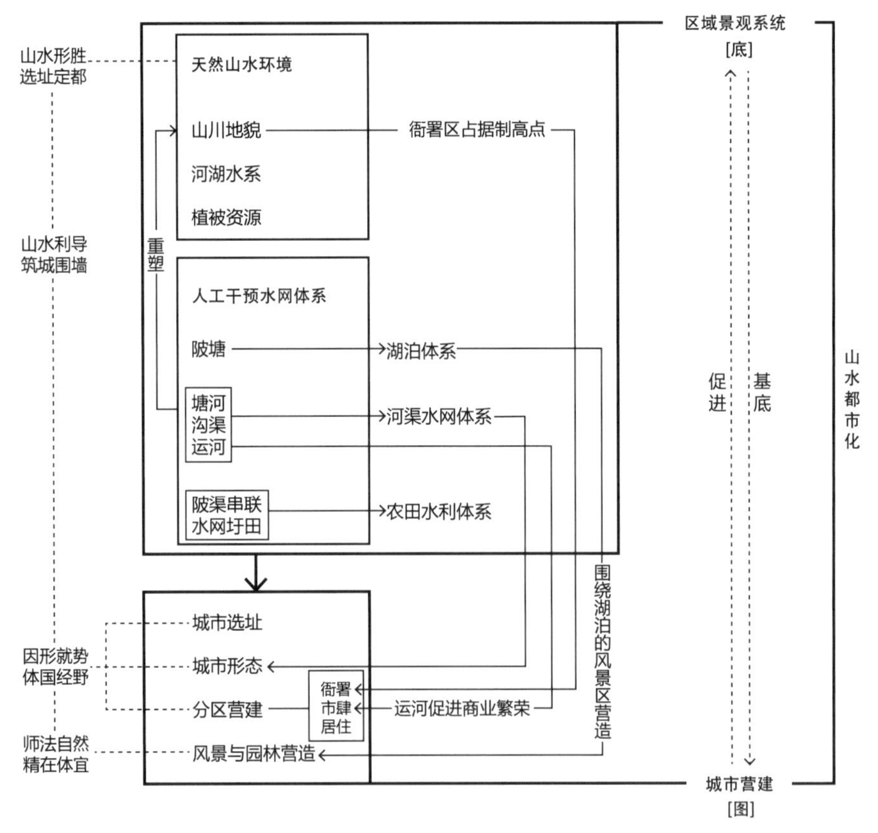

图 5-1 山水都市化的构成要素图
表达区域景观系统的组成以及城市营建各个部分之间的相互关系

一、区域景观系统作为城市营建的基底

区域景观系统是一定聚居范围内自然山水环境与人工水网环境的总和，是由山脉、水系、植被与一系列水利设施包括陂塘、河渠、运河等要素组成的综合体。区域景观系统（山水环境）包含两个方面：一是聚落或城市所在区域及周边，形成人类聚居模式所需的天然山水条件，包括山川地貌、河湖水系、植被资源等；二是人类在追求宜居环境过程中所进行的人工干预而重新塑造的区域水网环境。二者相互融合，共同构成了城市发展的本底，即区域景观系统。

二、区域景观系统的要素展开图

1. 天然环境

天然环境是区域景观系统形成的基底与骨架，是构建区域景观系统重要的组成部分，主要包括山川地貌、河湖水系与植被资源。

（1）山川地貌

中国位于欧亚大陆东部，太平洋西岸，幅员辽阔，拥有广泛独特的自然地理地貌，是人地系统地域差异较大的国家之一。中国地形多样，总体地势西高东低，呈阶梯状。起伏的山脉、雄壮的高原、广阔的平原、连绵的丘陵和富饶的盆地，陆地上这五种基本的地形在中国均有分布，其中山脉、高原和丘陵约占了1/3的陆地面积。广大的山区面积是中国地形的一个显著特征，创造了多样的农业发展条件，提供了丰富的林木矿产和旅游资源，同时也是人类的庇护所。

山川地貌作为地理环境中的重要因素，是地域资源在空间上分布的基底。“有地才成景”[1]，作为风景园林的基底，土地的形态不仅影响着自然生态系统的演变过程，更加影响着人类活动和行为的方式[2]。不同区域的土地单元都有各自独特的地貌特征，人们依据区域的地貌环境进行适应性改造，顺应自然并利用自然，最后呈现出依山势进行城市选址、房屋建设、农田开垦、汇集山体径流引水灌溉等景观风貌。

（2）河湖水系

中国作为世界上河流湖泊最多的国家之一，其中流域面积超过 1000km^2 的河流就有1500 多条，湖泊总数 24800 多个，其中面积在 1km^2 以上的天然湖泊达 2800 多个，水资源总量大，但在地区上呈不均匀分布。河网密度的地区性差异很大。我国的水系按河川径流循环形式大体可以分为注入海洋的外流河和消失于内陆的内流河两种类型。两种类型河流流域大体上可以分为外流区与内流区两大部分。一般来说，外流区大于内流区，总的趋势是由东南向西北逐渐减少。南北方河流的水文特征也有很大差别，表现为南方河流水量丰富，泥沙量小，植被发达，覆盖率高；北方则不然。因此，北方河流比南方河流的交通障碍作用要小。但由于河道淤浅，给航运造成困难，雨季又易泛滥成灾。从远古到西晋期间，中国经济重心之所以在北方，主要是由于北方的黄河流域自然条件较好。西晋之后，经济中心逐渐南移，其中一个重要的原因是江南雨量充沛，土地肥沃，具有较好的农业发展条件，且水运发达，带动了经济的发展。

《管子 · 水地》中说："水者，地之血气，如筋脉之通流者也，故曰：水，具材也。"将水比喻为城市的血脉，是建立城市不可或缺的因素。多数人类聚落的形成都与水有着密不可分的关系，一方面水是生命之源，生活、生产都与水息息相关；另一方面，在古代交通不发达的情况下，水运具有很大的优势，是带动地区经济发展的有利条件。临水而居的传统，在很多城市的名字中都得以体现，如临清、临湘、临潼、江浦等，含有"在河流旁"的意思。桂东、汾西、渭南、渭源、洛阳、河阴、河源等表明相对于河流的位置关系，合江、汉口、上海、双流、三水、河曲、曲江、龙泉、甘泉、江宁以及许多都市则以都市与河流、泉水的关系命名[3]。

除此之外，水系对城市形态的形成与演变也起到重要的作用，尤其自然的河湖水网在城市形成之初能起到很强的导向力。杭州是典型的受水环境影响的城市。杭州地处江南水乡，其城市形态自萌芽起便一直受制于杭州所处的地理环境，其中最主要的自然地理环境因素便是钱塘江与西湖。

（3）植被资源

植被是人类赖以生存和发展的宝贵资源，是全球生命的支持系统，是生物多样性蕴藏的宝库和避难所。中国幅员辽阔、地形复杂、气候多样，为植物的生长提供了得天独厚的自然环境，因此植物种类繁多，构成了宝贵的植物资源基因库。

植被资源具有以下三种功能：生态功能、观赏功能和生物功能。生态功能是指植被具有改善生态环境、调节气候的功能；观赏功能是指植被本身具有可供观赏的属性，是景观中不可或缺的要素；生物功能是指其生物资源性，是可供人类利用的自然资源，几乎所有的植物、动物、微生物都存在于一定的植被系统中。从某种程度上说，植被资源的丰富度是人们最初选址定居的重要依据。我国文明发源于黄河流域，古代的黄河流域自然环境优越，气候温暖湿润，土地肥沃，到处都是青山绿水，植物繁多，为我们祖先的生存提供了有利的条件。

地貌变化多样、水资源充沛、植被种类繁多……总的来说，我国自然山水资源丰富，为古代城市的发展提供了良好的自然基底。然而，自然环境并不完全适宜人类的居住，自古人们就依据山形水势来判断一个区域的宜居性，从风水、安全、军事、经济等各方面考虑，因为自然环境存在宜居性的同时也潜藏着危机性。

1）天然的屏障作用

自然环境作为古代的天然防御系统。从城市的安全性考虑，山脉走势是城市规划中宏观选址的重要依据，山体或位于城市近郊，或位于城市边缘，或将城市直接建于山体之上以作为天然的维护屏障，是自然生成的庇护所。水系作为城市的血脉，在古代城市建设中，同样起到城市安全维护的作用。

2）丰富的物产资源

自然环境也是主要的物产与森林资源产地。“木材、飞禽走兽、矿产、药材、食材”是山林中常见的资源，“随陵陆而耕种，或逐禽鹿而给食”的年代，山居便是依靠山里的森林与物产资源。水资源与人类的起源发展也密切相关，河流是重要的文明发源地。

3）天然的联系纽带

水运的发展极大地带动了区域的经济繁荣。在只能依靠人力畜力的年代，要想进行远距离的大规模运输几乎不可能，而水运则是可以实现这一目的的唯一方法，水系加强了各地区之间的交流，是天然的联系纽带。水资源充沛的地区给漕运的发展提供了有利条件，也带动了地区的繁荣。

4）天然的景观资源

自然环境具备良好的生态功能与观赏功能，是天然的景观资源。山水交融的环境复杂，并在不同地区呈现出明显的地域差异，加之气候条件变幻莫测，为人居环境提供有利条件的同时也带来了挑战。水患、干旱、虫灾、地震、猛兽等灾害是人类无法避免的生存难题。古语云：“风调雨顺，国泰民安；若灾害频繁，则民不聊生，国无宁日。”自然环境是一个宜居性与危机性并存的体系，人类的生存依赖于自然环境，而自然也反作用于人类，人们只能通过不断地采取措施使自身持续稳定地生存下去。随着人类对自然认识的不断深入，人与自然之间的关系不再是简单的依附与被依附、利用与被利用的关系，而是由最初的被动改变发展演变成主动适应，这正是自然本身的内在驱动力诱发人工的适度干预，从而形成人与自然的和谐发展。

2. 人工干预后的水网体系

人对自然的干预，大多体现在对水环境的治理上。马克思在 1930 年指出：东方社会的一个显著特征，就是水利事业一直是国家的公共工程[4]。美国汉学家魏特夫也指出“东西方社会是两个完全不同的社会形态，东方社会的形成和发展与治水是分不开的”[5]。

首先我国自古重农，举凡“水利灌溉、河防疏泛”历代无不列为首要工作；其次水系作为城市的血脉，是城市得以发展的必要条件，世界各地经济文化发达的城市群大多集中在水资源丰富的冲积扇平原和三角洲地区。据学者邓拓在《中国救荒史》中提到，中国在 20 世纪 40 年代之前的“此三千数百余年间，几於无年无灾，从亦无年不荒；西欧学者，甚有称我国为‘饥荒之国度’者，诚非过言”。其中作为我国古代社会三大灾害中的两大灾害——水灾与旱灾，都与水有着密切关系，可想而知，我国在水环境的治理问题上自古便有。“江河无水路，百川无堤防，沼泽无障碍，故遇暴雨，洪水横流，泛滥成灾。”“大禹治水”传说实际上就是人类在一个相当长的历史时期与洪水做斗争的缩影[6]。古训说：“治国先治水，治水即治国。”人们通过水利工程对区域水系统进行持续调节，重塑了多样的河湖水网，与自然的山水共同构建了作为重要生态与文化载体的区域景观系统，城市以此为基底发展。

人工对水环境的治理主要包括以下几种类型：蓄、引、排、灌、疏通航运。其中，以“蓄”水为主的水利措施最终以湖泊水塘的形态呈现；“引、排、航运”为主的水利措施以线型河渠形态呈现；“灌”为主的水利措施与农田开发共同构成农业景观体系。

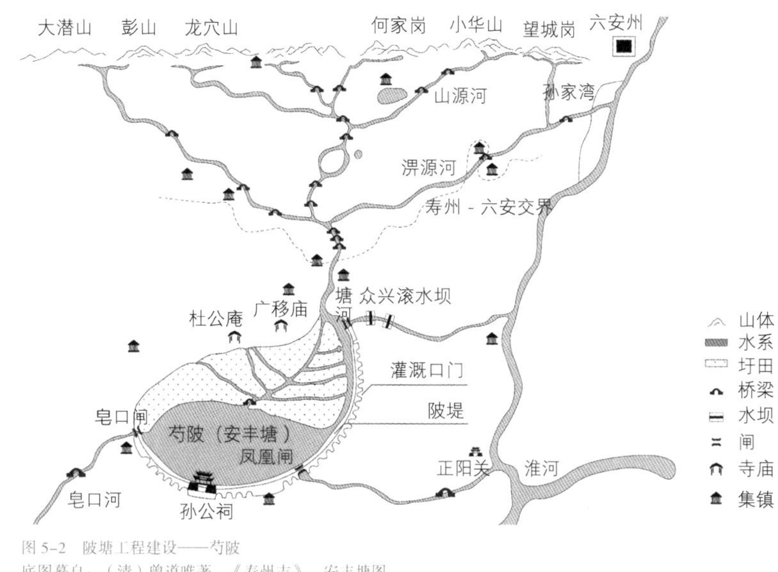

图 5-2　陂塘工程建设——芍陂
底图摹自：（清）曾道唯著，《寿州志》，安丰塘图

（1）人工湖泊体系

《国语·周语下》："陂塘污庳，以钟其美。" 韦昭注："蓄水曰陂，塘也。""蓄水"为主的水利工程以陂塘为主，陂塘是利用低洼之地汇集周边水源而形成的池塘，主要解决水与用水之间在时间分布上和水位高程上的矛盾，用意存蓄水分，更好地利用水资源，主要通过在山沟或河流的峡口处建造拦河坝而形成人工湖泊。

我国最早的陂塘工程建设可追溯到春秋中期，在淮南地区创建的大型工程芍陂。之后，在江汉、江淮及长江以南地区大量兴建。陂塘实际上就是我们今天所说的水库。按照陂塘修建的位置，大致可以分成两类：平原水库与山谷水库。早期修建的如淮南芍陂、汝南鸿隙陂、南阳六门陂、绍兴鉴湖、丹阳练湖等都属于平原水库；河南泌阳马仁陂、江苏扬州陈公塘、句容赤山湖等就是山谷水库的代表[7]。

陂塘的建设因地制宜，巧妙地利用现状地形、水源等条件。充分考虑利用原有的低洼、泽地等易积水区域，或者人工修筑坑塘拦蓄天然河道或山体径流形成蓄水库容，以实现防洪、灌溉等功能。陂塘工程的发展起步早、功效显著，陂塘工程技术也得到长足的发展，有国家和地方政府组织修建的大型水库工程，也有农户利用区域的良好水资源自己修建的规模小、水量多、形式多样的湖泊群，极大地改变了区域的水网环境（图 5-2）。

（2）河渠水网体系

1）**塘河**

塘河指人工河，是堤岸垒成的河流，后泛指人类修筑的河流。不同于运河通航、灌溉、供水、导流功能，主要为抵御洪涝灾害及潮汐。塘河的称呼多出现在东部沿海地区。早期的塘河修筑源于沿海地区的百姓根据海涂地形的不同自己垒土筑塘抵御潮汐。10 世纪以前的慈溪称这种塘为“散塘”，不成规模，而大规模的筑塘工程开始于北宋时期大古塘的修建。旧时的塘河，土堤垒筑，堤上可石板铺面，形成水陆并行的画面，岸上杨柳、香樟等错列成行，水上则舟楫相望。

2）**沟渠**

灌溉、排水而挖的水道的统称。古代城市的护城河就是沟渠的一种。很多城市营建中修筑河道以排水，比如苏州，通过对基址水系的疏通开凿了多条水道，形成了水陆双棋盘格局的体系。城市因水而兴，在处理城市与水环境的过程中，既兴修了水利，又使水景观成了城市景观体系中不可或缺的构成内容。

3）**运河**

古代河流的改进和人工水道的建设，都是为了灌溉，早期都用“沟”“渠”来命名。如果把邗沟的开挖作为中国运河起点的话，距今已有 2000 多年的历史，而运河这一概念的出现最早见于欧阳修编撰的《新唐书》中[8]。春秋时期，吴王夫差为解决军用物资问题自今扬州附近开挖，后发展成长达 1700 ㎞的大运河，由北到南沿线连接了京、津、冀、鲁、苏、浙六省的 20 多个城市和地区。其中较早开凿的大运河无锡段，造就了无锡著名的四大码头——米市、布码头、银钱码头和丝茧码头，至今留下遗产 30 多处。古运河还积淀了无锡独有的吴地民情民俗，有锡剧、吴歌、江南丝竹等民间艺术，惠山泥人、纸马、锡绣等民间工艺，还有河灯、庙会节场、提灯会等民间民俗，产生了一批典型的江南传统历史街坊，如三里桥旁的接官亭弄、人民桥堍的日晖巷、南门吊桥下的陶沙巷等。

运河在加强航运的同时，将地区、水域之间通过人工水道进行连接，加快了物资的运输流通以及人员的交流，并在一定程度上影响了沿线城市、商镇的发展，尤其是对城市的形态以及商业市肆的分布。运河的开通在满足水运航道作用的同时，也用于灌溉、分洪、排涝、给水等。这一系列人工渠、开挖溪流形成的半人工渠和整治后的天然河流，极大地改善了区域内的居住环境，促进了水系网络的形成。

（3）组合式农田水利体系

1）农田水利的发展

中国古代文明灿烂辉煌，人口众多，因而自古重农，“水利灌溉、河防疏泛”为历代的首要工作。从进入农业社会开始，便有了农田灌溉事业。概括地说，农田水利的发展经历了如下几个阶段：奴隶社会时期顺应井田制，农业水利建设以布置在井田上的沟洫为主；战国时期，随着分封制度的确立，农业蓬勃发展，大型的渠系取代了沟洫，水利工程得到迅速发展，如我国最早的大型渠系“漳水十二渠”以及举世闻名的都江堰工程；东汉时期，以陂塘修筑为主，开始发展于淮河水系，之后逐渐蔓延至其他流域，东汉以后，陂塘水利加速发展；唐宋时期，社会安定，经过六朝的经营，江南水利迅速发展，除引水渠系外，主要有蓄水塘堰、拒咸蓄淡工程和滨湖圩田等。其中，最为突出的就是太湖流域的圩田，唐代后期，太湖圩田已经非常发达[9]。

2）主要农田水利模式

①陂渠串联工程

我国的陂渠串联工程最早起源于春秋时期，战国至汉代主要见于淮河、汉水上中游的丘陵盆地和平原地区。这种引水灌溉的工程主要受地形、气候的影响，南北方有明显的差异。华北地区以平原为主，降水量少，河流分布密度小，灌溉多采用渠道形式引水；南方多丘陵，降水丰富，因此多修筑堰坝蓄水以灌溉；淮河、汉水处于二者的过渡地带，农田灌溉水利的类型多以陂塘与渠道串联的方式。

陂塘串联工程也包括两种不同类型的串联方式，形成灌区规模很大的灌溉网络，调节了区域内的水资源分布。其一，结合地形建立水坝，将水位进行分层，同时形成蓄区，与数个陂塘通过渠道相连，形成“长藤结瓜式”的灌溉系统。其二，在水源河流进行多处引水，分别与不同水位的陂塘相连接，而位于上游的渠道也可以对下游的渠道进行水量补给，形成陂渠相接的网状灌溉系统。

②水网圩田工程

圩田是耕地向低处发展与水争田的主要形式，其修筑办法是将低注的土地或河边沙地、陂塘、沼泽、河道、湖泊等用堤围起来，辟为农田。范仲淹曾说：

“江南应有圩田，每一圩方数十里，如大城，中有河渠，外有门闸，旱则开闸引江水之利，潦则闭闸拒江水之害，旱涝不及，为农美利（图 5-3）。”

我国春秋战国时期太湖就有开发浅沼、筑堤围田的迹象，发展至五代吴越时期，太湖平原已经形成水网圩田的系统格局。这是我国在低洼平原地区独创的农业工程技术，极大地促进了地势低平、河道纵横的平原区域水网环境的变化，改善了沮洳之地的生存环境，促进了城市的发展。

绍兴、宁波是位于杭州湾南岸平原上的两大城市，也是城市空间形态发展与农田水利建设相协调的典型。宁绍平原是最古老的圩田开垦地区之一，约两千年的开垦过程中，宁绍平原从一片荒芜的沼泽地演变成富饶的江南水乡栖居地，堤坝、陂塘和闸堰等构成的水利体系是改变这一地区栖居环境的主要原因。水利设施的构建在宁绍平原上形成了水网密布的土地形态，城市在这样的区域水网环境中发展演变成为典型的江南水网城市，名噪一时的鉴湖工程营造的八百里波澜壮阔的湖面成为著名的风景名胜区，历代文人都曾到此游览，并留下诗篇，开创了中国湖泊文化的先河。

引水灌溉、挖渠排洪形成的线形水流通道，拦洪蓄水形成的面域坑塘湖泊，以及水渠、坑塘串联形成的农田灌溉水网与天然的水域相互连通，覆盖整个区域，供给生活、航运、灌溉和景观营造，重新塑造了区域的水网环境。天然的山、天然的水与人工干预的水网共同构成了城市发展的本底，即区域景观系统。在这个本底上，城市的营建也体现了与山水体系相协调的格局。

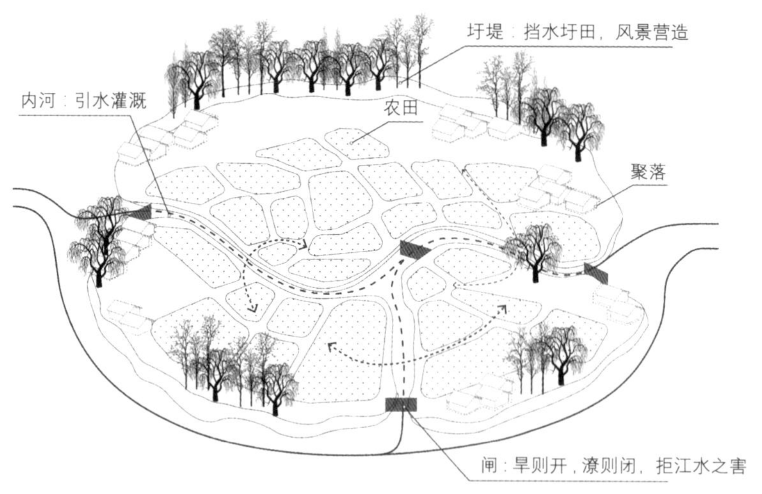

图 5-3　古时圩田工程示意图
底图摹自：朱学西著，《中国古代著名水利工程》第五章，太湖流域农田水利史

注释：

1 王云才 . 景观生态规划原理 [M]. 北京 : 中国建筑工业出版社 , 2014.
2 李利 . 自然的人化 [D]. 北京 : 北京林业大学 ,2011.
3 [日] 斯波义信 . 中国都市史 [M]. 北京 : 北京大学出版社 ,2013:52.
4 马克思 , 恩格斯 . 马克思恩格斯选集：第二卷 [M]. 北京 : 人民出版社 ,1976:64.
5 [美] 卡尔 · 魏特夫 . 东方专制主义——对于集权力量的比较研究 [M]. 北京 : 中国社会科学出版社 ,1989:58.
6 桂慕文 . 中国古代自然灾害史概说 [J]. 农业考古 ,1997(3):230-242.
7 张芳 . 中国古代灌溉工程技术史 [M]. 太原 : 山西教育出版社 ,2009.
8 程玉海 . 中国大运河的形成、发展与繁荣 [J]. 聊城大学学报 (社会科学版),2008(3):1-7.
9 汪家伦 , 张芳 . 中国农田水利史 [M]. 北京 : 中国农业出版社 , 1990.

第六章　“山水都市化”的过程论

古代城市的营建充分利用了天然环境和经人工梳理后的水网体系共同构建的区域景观系统。从选址定都到分区规划、从园林营造到风景营建都体现了与山水环境的依存和融合，城市人工环境与区域景观系统构成了“山—水—城”的韧性结构。通过对区域景观系统与城市营建发展的互动关系探讨，归纳总结出以下几点智慧与经验。

一、山水形胜，选址定都

“地理之道，山水而已”，山水形胜一直都是古人追求的营造法则，综合考虑山水环境进行选址定都，以天然环境作为城市营建的自然本底。上文提到的《管子 · 乘马》：“凡立国都，非于大山之下，必于广川之上。高毋近旱而水用足，下毋近水而沟防省。因天材，就地利，故城郭不必中规矩，道路不必中准绳。”“因天材，就地利”强调了因地制宜的规划思想，都城选址要充分考虑山水环境，依据周边山水格局及经济实用性来选址。《管子 · 度地》：“圣人之处国者，必于不倾之地，而择地形之肥饶者。乡山，左右经水若泽。内为落渠之写，因大川而注焉。乃以其天材、地之所生，利养其人，以育六畜。”都城的择址要选在地势平坦肥沃之地，靠山近水，并强调城内沟渠排水方便，注入大河。这展示出我国古代对城市选址遵循的法则：山环水抱、地势平坦、水运便利等。如：

1. 北京：沧海太行，居庸河济，诚天府之国

北京位于华北大平原西北端，是燕山山脉与太行山脉的交汇之处。两山相交形成一个向东南展开的半圆形大山弯，人们称之为“北京弯”。纵观北京地形，依山面海、龙盘虎踞、形势雄伟。古人云：“幽州之地，左环沧海，右拥太行，

北枕居庸，南襟河济，诚天府之国……”

2. 临安：依山傍水，河运便利，极尽繁华

临安城（今杭州），主要布局特点是依山傍水，有两座较高的山峰：南高峰和北高峰，还有几座小山排列在西湖的四周，北有宝石山和孤山，南有夕照山、凤凰山等，西北还有一座飞来峰。城西紧邻西湖，湖中修建几处小岛，加之堤岸和桥梁，使山体、西湖和城市变成一个整体，城内有中河、东河等几条贯穿全城的河道，连通大运河，方便水上交通。临安城是在因地制宜地利用自然山水条件的基础上，不断改善自然环境而逐步发展建设的[1]。优越的地理环境，对临安的发展起到重要作用，一度极其繁荣。临安城的布局由西向东很好地演示了中国古代独特的“山—水—城”空间营造模式。

3. 扬州：蜀冈东南，沟浍交贯，独占二分明月

扬州处于大运河（隋唐大运河邗沟段）和长江的交汇处，境内地势西高东低，以西北位置的丘陵山区为最高，称之为蜀冈地区，从西向东呈扇形逐渐倾斜。蜀冈之下是由长江冲积形成的冲积平原，而长江位于冲积平原的南侧，形成山环水抱式的自然山水格局。在这个自然山水格局之上，经过长期的开挖运河（城外：邗沟、山阳渎、伊娄河，城内：市河、官河）以及修建水库（陈公塘、勾城塘、上雷塘、下雷塘、小新塘）[2]等人工治理方式，形成了一个完整的区域景观系统，为城市的营建与发展提供了良好的本底。

4. 苏州：西抱太湖，北依长江，城中水网密布

苏州处于长江下游的太湖流域，西依太湖，北靠长江，东临大海，浅山丘陵在西郊围绕，阳澄湖、金鸡湖、独墅湖等浅水湖群在东郊罗列，水网密布，腹地宽广。城市周边的山水地貌，为城市的兴起奠定了坚实的自然与生态基底。

5. 绍兴：九丘为基，五水为脉，沮洳之上巧营城

绍兴古城（越城）建立在会稽山脉和杭州湾之间的过渡地带——山会平原。建城之初，山会平原是一片沼泽，环境恶劣。越地的人民都选择在凸起的山丘

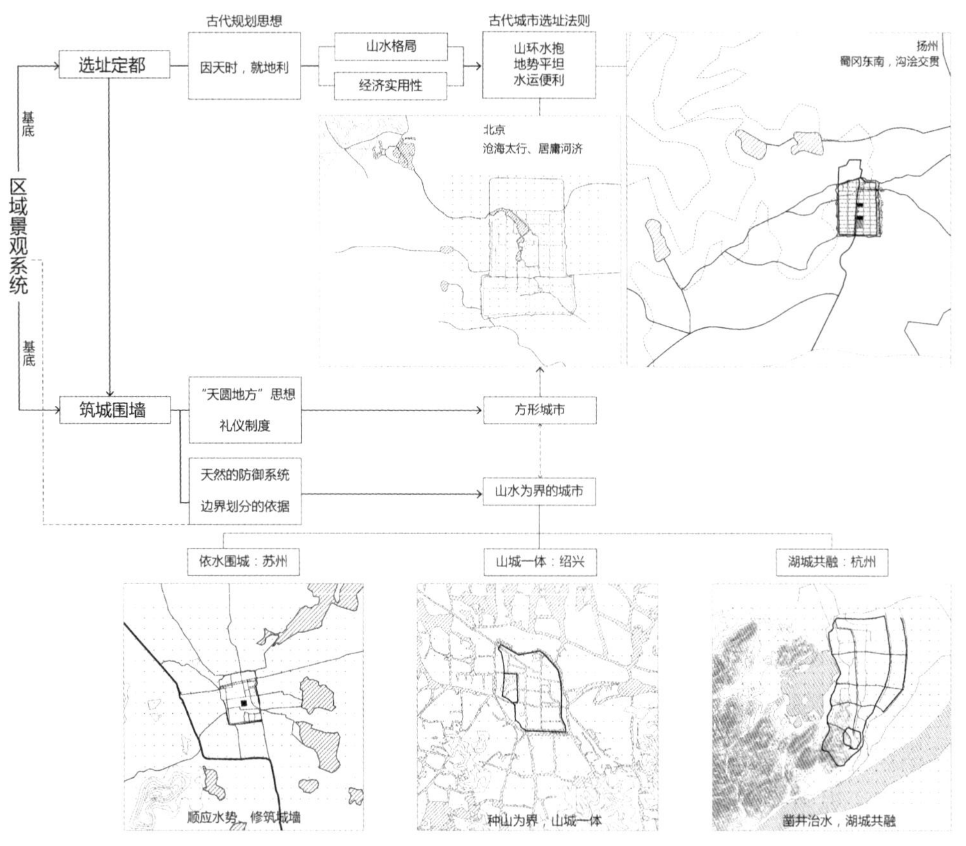

图 6-1 城市选址与山水关系分析

（称孤丘）上进行聚落营建，绍兴古城亦是如此。“种山（又名卧龙山，今称府山），蕺山，彭山，怪山（又名飞来山、龟山、宝林山，今称塔山），白马山，鲍郎山，峨眉山，火珠山，黄琢山”是山会平原水运交通要道若耶溪周边的九座孤丘，范蠡（春秋楚国政治、经济、军事学家）建议将城建于此处，“九丘”便成了城市营建的基础。除了山体的围合，还有五条天然的水系穿城而过，为最终形成水系遍布与河网纵横的水城格局打下基础（图 6-1）。

二、山水利导，筑城围墙

中国古代“城”是由城墙围合的。以四方形或矩形居多，有的城市呈正规的方形，而有的城市却很特殊，呈不规则形制，这是由于中国古代城市的选址多依山水而行，这种情况下，城市的形态势必会受到山水环境的影响。一方面山水作为天然的防御系统符合城墙防御色彩的范畴，另一方面山水一直都是边界划分的依据。建城者们依山傍水选择城址，并因地制宜改善环境，创造出了独特的城市形态和空间，城市或依水势围合，城墙呈现不规则状；或城墙与山体紧密结合，山体作为城墙的一部分，形成“山城一体”的形态；或城市与大面积水域结合，湖城共融……城市的形态与区域景观系统的发展密不可分——在区域景观系统基底之上，综合统筹，山水环境与人工干预共同作用影响了城市的形态发展（图 6–2）。

1. 苏州古城：顺应水势，修筑城墙

苏州古城的城墙拐角处并非按照古代城市形制成直角，而是弧形设计，其中主要的原因是考虑城市外围的河道，避免河水急流冲毁城墙，另一方面也有利于水流的畅通，可以行船。

苏州古城的另一大特色在于城门的修筑，不同于其他规则的城市，城门位置与河道相关，均在主要河道位置，设水陆两门，呈不对称状。

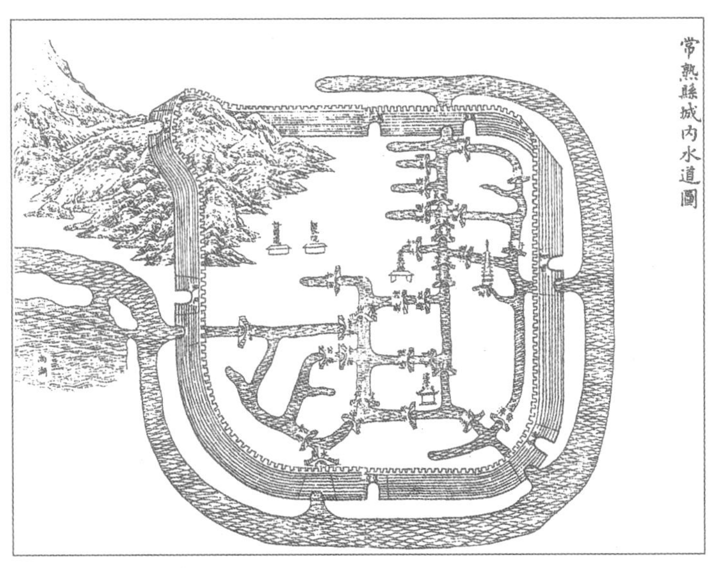

图 6–2　常熟县城内水道图

图中展示了山水环境与城址的关系，城市与所在区域景观系统融合，部分浅山纳入城中，经过人工梳理的水网跨越城墙内外

图片来源：（明）张国维著，史部，地理类，河渠之属，《吴中水利全书》，卷一，常熟县城内水道图说

2. 绍兴古城：种山为界，山城一体

绍兴古城于春秋时期构建于“越中九丘”之上，其中，城西北方向以九丘中最高的种山为边界，不设城墙，形成“一圆三方”的城市边界形态。

城市的边界在构成防御系统的同时也搭建了一个围合的城市内向型空间，将山体作为城市的边界，不设城墙，将自然很好地融入城市中，并且利用山体的景观资源，进行城市衙署园囿的建设，体现了当时的统治者师法自然、以风景为先导的边界空间营建理念。

3. 杭州古城：凿井治水，湖城共融

唐德宗时期，李泌设六井，引西湖水入城，居民从此摆脱咸水之苦；唐长庆二年（822年），白居易疏浚西湖及周边河道，并美化湖体环境；南宋至清时期，又多次对西湖进行疏浚治理，实现城市永续供水，水环境得到改善，城市与湖体共融共生（图6-3）。

4. 南京古城：山水之势，筑城“品”形

南京也是典型的边界不规则的城市。“六朝金粉地，金陵帝王州”的南京位于长江下游的宁镇扬丘陵地区，东接长江三角洲，西靠皖南丘陵，南临太湖水网，北连江淮平原，长江穿越城市西北。明南京城，顺应山水之势，呈现类

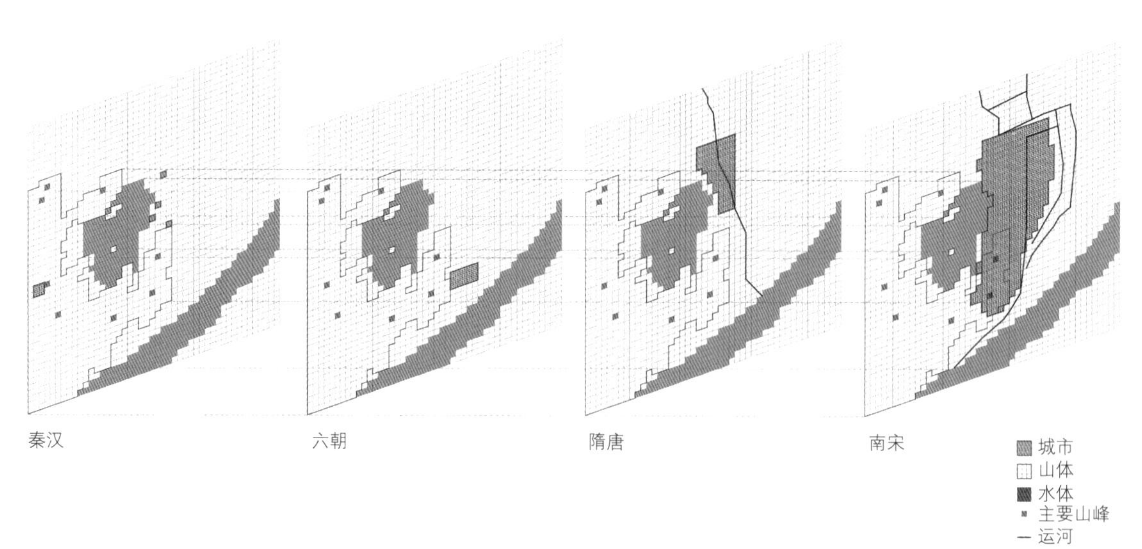

图6-3 杭州城市与西湖关系演变示意图

"品"字状外郭形态。东北以玄武湖为界，靠近钟山西南麓，北边向长江边延伸，直抵卢龙山位置，其中八子山、五台山、石人山、鸡笼山、覆舟山等包入城中，东南包括秦淮河，将南唐金陵和六朝的建康及东府城尽包在内，成为南京历史上规模最大而建筑最坚固的城。这一屈曲多变、颇不规整的形态和格局一直延续至今，很好地体现了中国古代《管子》所倡导的"因天材，就地利，故城郭不必中规矩，道路不必中准绳"的外郭[3]。

三、因形就势，体国经野

古代城市内部主要以衙署、商业市肆与居住三大分区为主，城外则分布着市镇、聚落、农田、庙宇等。各分区营建多会依托天然环境以及经过人工整理的河网体系，并相互影响，城内外的人工环境与自然环境和谐共处。各分区与区域景观系统有机整合，构建城郊一体的山水城市，促进城市的持久繁荣（图 6–4）。

1. 依山就势，营建衙署

中国古代的"楼堂馆所"，以官衙为代表[4]。官衙（《周礼》称官府，汉代称官寺，唐以后称衙署、公署、公廨、衙门）是古代官吏办理公务的场所，是一个城市中级别最高的建筑群，本文称其为官衙或衙署。在古代城市的营建中，官衙倾向于依托山体、山冈等地势高燥处或毗邻湖的场所修建。一方面出于城市防御角度考虑，山、水可作为城市的天然屏障；另一方面山、水拥有良好的景观资源，且山体地势高燥、视线开阔，易于形成控制轴线与控制点，引导城市空间形态的发展。中国历史上的城市，政府办公区大多选址在毗邻湖的场所，如北京的西苑三海；杭州凤凰山山麓毗邻西湖；宁波在月湖水库，融合风景，依水兴城。

1）绍兴古城：占据种山，引导城市空间结构

绍兴古城，其官衙区一直位于西北角的种山区域。因种山形似巨龙盘踞在平原之上，北侧地势险峻，南侧平缓广阔，视为修筑宫殿的最佳选址。范蠡筑小城于山南，在山麓的平缓地带修筑宫殿高台，此后种山一带就成了绍兴历代的郡、州治所在地。

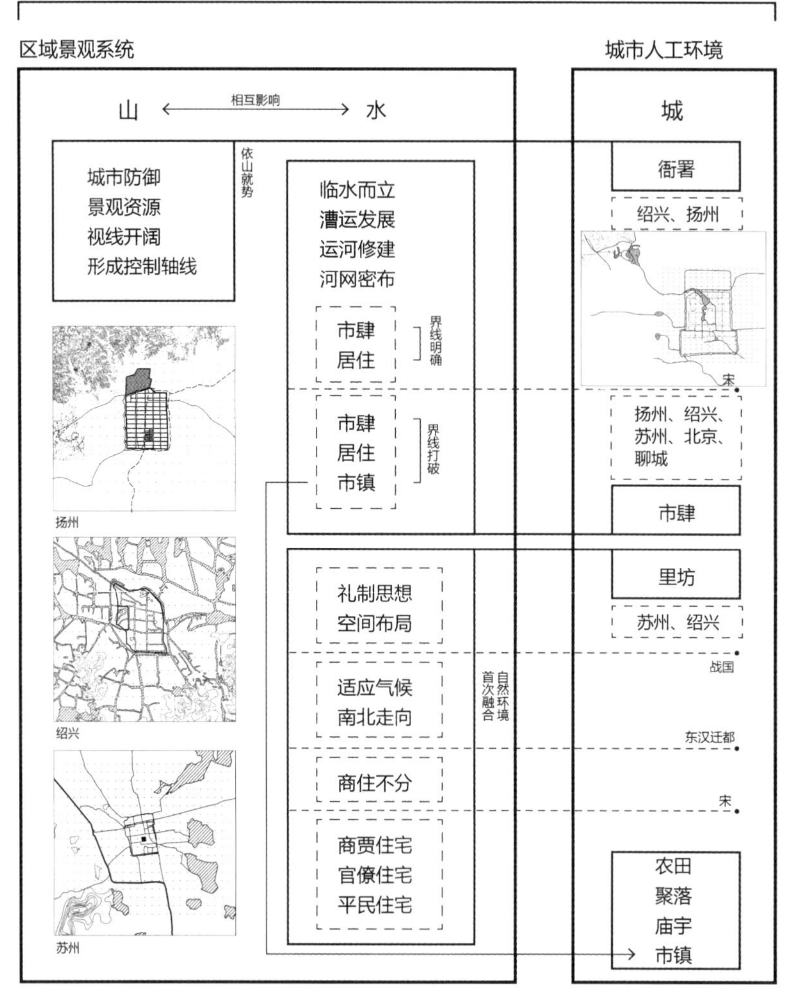

图 6–4　区域景观系统与城市分区营建关系示意图

2）扬州古城：借蜀冈之势，建子城修官衙

从隋炀帝的江都宫修建到唐代扬州大都督府、淮南节度使衙署及州郡官署的设立，扬州的官衙区皆设置在蜀冈之上。隋唐时期扬州子城的形制格局开端是隋开皇十年（590 年），隋炀帝任扬州总管，镇守江都，建江都宫于蜀冈之上，将官衙设置在江都宫；唐初，扬州的治所沿用江都宫的遗址，奠定了此后扬州城的发展基础[5]。

2. 商业市肆，临水而立，坐享水运之便

城市的发展离不开商业经济活动，商业的发展离不开漕运的发达，漕运的发展也带动了城市的繁荣。我国古代市肆的发展大致可以以宋朝为分界线，宋以前，市与民居是严格分开的，有固定的交易场所；宋朝时期，市与民居的界限被打破，可以沿街形成开放的交易场所，“草市”也开始普及，随之而来的还有市镇的兴起，这其中大运河的修建与经济重心的南移有着重要的关系。河流水网遍布的城市，市肆的分布多集中在河道两侧，如隋唐时期的洛阳城、扬州城，南宋时期的绍兴城等。

1）扬州：运河改道，市肆变迁

隋唐时期的扬州城内设置大市和小市，分别位于罗城中心位置，沿城中的市河设立。水网体系的重塑促使第二类商业形式的产生，人们依托水系运河周边的场地临时搭建买卖场所，例如城中桥头、街道两旁的“街市”，城外运河边的“草市”。

宝历二年（826年），王播担任盐铁转运使时，因“扬州城内官河水浅，遇旱即滞漕船”，于是在城南閶门西七里港开凿运河向东蜿蜒，在禅智寺桥与旧官河相连，开凿较深，航运便利，于是舟楫渐盛。从此，城内的官河渐渐失去航运功能，绕罗城东南、东侧的运河变成主航道，城东的运河边逐渐形成“草市”。

2）绍兴：府河与运河交汇，商业繁盛

绍兴作为水网都市，漕运市肆的发展十分繁荣，曾多次作为经济、政治中心存在。南宋时期，据记载绍兴城内已分布着市肆十多处，商业达到空前繁荣的状态。众多的市肆形成城内的商业网络，而这些市肆主要都分布于府河及浙东运河沿线。

漕运、市肆的兴盛极大地带动了周边景观的发展。起初有“筑御道，树以柳”，沿河道两侧出现陆路交通和道路绿化，而后甚至出现了由私人建造但是服务大众的园林，这就是以商业为目的的茶肆酒家园林。

这一系列围绕运河水网进行的绿化提升[6]，促使运河周边环境更加宜居，城内各功能区块的联系愈加紧密。运河沿线城市通过设置码头沟通内外，作为货物装卸、乘客上下、商贸交易、给养补充之用，并沿河进行风景营造，也成为吸引游人约会集合的场所。同时码头地区配备游憩、商业、服务、仓储等设施，形成古代以水体为中心的功能完善的城市枢纽。

3）苏州阊门：临近运河，打造“盛世阊门”

苏州自古是水乡泽国，水运交通是必需的交通方式。南北大运河开通后，引运河之水入城，阊门成为运河出入城的重要节点。阊门是苏州古城的西城门，凭借近傍运河、交通便利的有利条件，阊门片区一度成为全国最繁华的商业区，有“盛世阊门”之说。

明清之时，重新疏浚贯通的大运河成为水运交通的主要通道，大运河从苏州古城西部流过，西北部的阊门在五水相汇的要势之地，水陆交通便捷，从苏州出入的货物大多都集结在阊门外南濠码头，万商停靠，促成了阊门区域及整个苏州的繁华。

4）北京什刹海：连通运河，漕运、商业皆繁荣

什刹海区域是永定河改道后留下的一连串湖泊，元代在郭守敬的带领下进行了长达 30 年的水利建设，连通了大运河并形成了现今北京城市河流体系和滨水风貌的雏形，也使得积水潭成为大运河在大都城的内陆港。在元大都大城规划时，根据《周礼 · 考工记》中“前朝后市”的说法，将什刹海片区功能定为商业中心。什刹海片区因此成为漕运和商业的双枢纽[7]。

这一时期，河运和海运并举，积水潭作为重要的大都港，全国各地的粮船和商船在什刹海漕运码头集散，同时其东北岸的斜街市场以及钟鼓楼前是全城最繁华的商业闹市，商贾云集，一时间，什刹海片区盛况空前。

5）聊城：运河绕城，成就“江北一都会”

聊城位于山东西部平原地区，其古城也称东昌古城。由于黄河决堤洪水泛滥，古人挖土为河，形成湖水绕城的独特模式。隋朝时，永济渠从古城西部流经，元代重新开凿疏浚大运河后，会通河一段从聊城古城东部南北向流过，运河流通后与绕城的湖水相连，形成了古城周边的水体系。

明清时期，大运河是南北水上交通的动脉，当时东昌府城曾为古运河沿线九大商埠之一。城外的运河码头大小不一，连成长长一带，其中大、小码头是城市货物集散最重要的地方，船只往来，帆樯林立，商贾似潮，停港待卸的商船来往穿梭，绵延数里，呈现一派繁荣昌盛的景象，也因为商贸繁荣而形成依附于运河的城市外部新闹市区（图 6-5）。

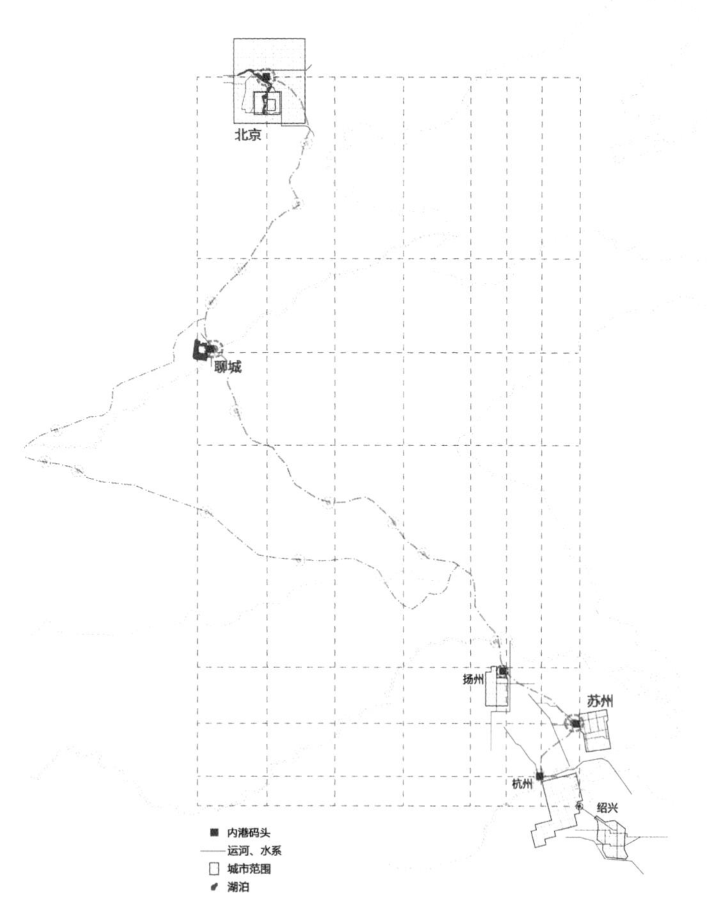

图 6-5　城市商业区与运河水网的关系示意图

3. 逐水而居，构建居住新模式

我国古代城市中市民居住区首次出现是在战国时期秦咸阳城，礼制思想深刻影响着居住空间的分布。城市中的居住空间首次体现出与自然环境的关系是东汉时期迁都洛阳，居住空间为了适应北方的气候，呈现出南北走向的空间布局形式，可有效抵挡冬季的西北风，又有利于取暖。宋朝，城市的空间布局发生了一次突破性的变革，商住不再严格分开，出现更为开放的局面，城市文明也空前繁荣。人们开始追求更为适宜的居住环境，山水环境逐渐成为影响居住空间布局的要素。

一般城区内的地势高燥区域，交通便利，环境优美，以官僚士绅的私家宅院为主，运河及重要水运沿线多以商贾为主，而寻常人家的住所则散布于城市之中。在水网纵横的平原地带，更能体现出水网对城市的街道分区、住宅的厢房界限所起的作用。

1）苏州古城：人家尽枕河，水港小桥多

唐宋时期，“水陆相邻，河路平行”的双棋盘格局，使水网骨架得到进一步完善，定型成为“三横四直一环”的水道体系，呈现出了“人家尽枕河，水港小桥多”的独特江南水乡面貌（图 6-6）[8]。

2）绍兴古城：有寺山皆遍，无家水不通

南宋时期的绍兴呈现“一河一街、一河两街、有河无街”的水网格局。水网的遍布，使得几乎家家临水、户户有船，“有寺山皆遍，无家水不通。”[9]的居住模式成为绍兴民居的一大特色。“小桥、流水、人家”的画面便是绍兴民居所呈现的画面。

四、师法自然，精在体宜

园林与风景的营建不是独立存在的，而是与山水环境、城市功能发生着密切联系。城市的繁荣给园林的营建提供了经济与文化基础，而山水环境则是园林形成的物质基底。

图 6-6　苏州居住形式与水网关系
图片来源：（清）徐扬，《姑苏繁华图》第十一段，山塘街

1. 以城市功能为载体的园林营造

早期的园林营造更多是与某一特定城市功能分区的景观营造有关，它们服务的对象不同，呈现的景观风貌不同。如衙署区内为办公、办案等严肃氛围烘托而形成的官署园林，寺庙道观内有寺观园林，漕运、市肆附近有供人休憩、娱乐的茶肆酒家园林，以及文人雅士、民居住宅里的私家宅院园林等。它们或依托自然山体，或借助水系丰富景观层次，园林建设活动与自然山水体现出高度的互动关系。

扬州：三分明月，二分扬州

“杭州以湖山胜，苏州以市肆胜，扬州以园亭胜。”扬州园林初兴于汉，复盛于唐，鼎盛于明清，素有“扬州园林之胜，甲于天下”的赞誉[10]。如同诗词中描写的明月都偏爱扬州一样，繁盛时期，扬州城内的私家园林达200多处，由于扬州盐商富甲天下，有足够的财力物力建造园林。其中包括盐商富甲的私家宅院园林、以休闲娱乐为主的茶肆酒家园林、以读书教学为主的书院园林等。茅屋水榭、香影长廊，茶肆沿河而筑，朝南一面吊脚悬于河上，绝胜烟柳夹岸。

2. 以浅山为主的风景名胜营造

中国古代的文人雅士多崇尚自然山水。因此，自然的佳山佳水处总是兴建风景与园林的最佳选址，浅山区域的景观资源、物产资源以及人工开发的难易程度决定了浅山区域作为早期人类庇护所的首选，也因此创造了早期的聚落文明，人工的建设开发与景观的融合可视为最早城市风景名胜区营造的雏形。也因此这些浅山丘陵地区很多成为历史上著名离宫别苑的所在地，甚至成为国家的治事中心[11]。

1）苏州：西出古城，风景这边独好

苏州近郊地区山水资源丰富，不同的地质条件，塑造了姿态各异的山水地貌，尤其是西出古城外至太湖的低山丘陵地区，虽山体海拔不高，但植被覆盖良好，且多接近水体，具有很好的视线景观效果。城市西部浅山丘陵地区的虎丘、何山、狮子山、横山、上方山、灵岩山、天平山等在城市西部形成了“拱围”状，将城市西侧环绕起来，并均结合人工开发而形成著名的山岳风景名胜，植入了深厚的苏州人文特征，构成了风景与文化融合的近郊风景名胜。而环东太湖一带的穹窿山、洞庭东山、洞庭西山等则构成了城市与前景山的绿色宏大背景。

虎丘是苏州近郊风景开发的典型，位于苏州古城西北部，被誉为吴中第一

名胜，占地仅三百余亩，山高仅三十多米，却有“江左丘壑之表”的风范，绝岩耸壑，气象万千，苏东坡曾说：“到苏州不游虎丘乃憾事也”[12]。虎丘对于古代苏州区域的山水环境来说意义非凡，它既是近郊风景名胜开发的典型，也是沟通城市与外部环境的重要媒介，加深了城郊一体的区域联系。

2）北京：西郊浅山的园林群

三山五园是北京西郊一带皇家行宫苑囿的总称，是从康熙朝至乾隆朝陆续修建起来的。自辽、金以来，北京西郊即为风景名胜之区，西山以东层峦叠嶂、湖泊罗列、泉水充沛、山水衬映，具有江南水乡的山水自然景观。三山分别指香山、玉泉山和万寿山，其中玉泉山、万寿山都属北京西山的支脉，山上分布着静宜园、静明园、颐和园以及周边的畅春园和圆明园，构成了北京西郊的风景名胜区。三山五园已经兼具作为城市功能的同等重要角色。其魅力也不仅仅在于奇峰怪石、崇山峻岭，更在于自然资源在时光流转中与历史文化的相互交融中所形成的人文景观。

3．围绕湖泊的风景营造

中国历史上的城市，多在汇水区上游设置湖泊水库，如北京昆明湖、杭州西湖、宁波月湖等。湖泊在城市中承担着重要的生活水资源与环境载体的作用，不仅是人类生存与城市发展的重要依托，也是传统园林与风景中极为重要的造景要素。以湖体为中心融合风景（依水兴城）传承传统城市格局，构建风景与文化交织的城市景观（图 6-7）。

我国自古便有围绕湖泊进行景观营造的举措，最早见于史书记载的园林内开凿大型水体的工程是先秦时期，“水东入离湖，……湖侧有章华台”[13]。章华台环山抱水，临水成景[14]。之后的汉代建章宫太液池、唐代芙蓉园曲江池、清代清漪园昆明湖等在湖泊景观营造历史上都具有“里程碑”的作用。

其中，多个城市的湖泊称为“西湖”。西湖作为城市风景符号的普遍性出现，是中国生态智慧演进和城市文明演变的综合结晶，体现着“山—川—物—人”的整体环境观[15]。历史上出现的关于西湖的记载多达 80 个，就城市与湖泊的位置关系以及其形成的动因与过程的相似性分析，代表了中国特色的水利社会时期“湖—城”共融的典型城市空间模式。重庆大学毛华松老师[15]对西湖文化的研究细致深刻，此处借用毛老师已有的研究成果来丰富本书对围绕湖泊的风景营造论述。

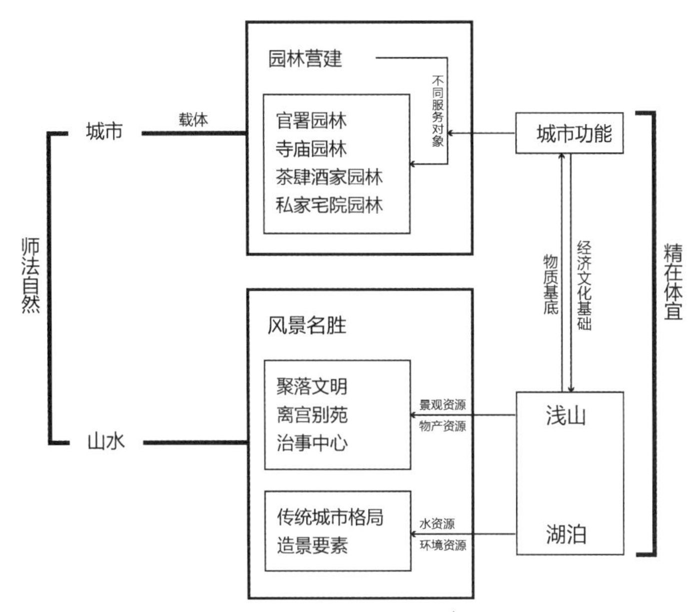

图 6-7 依托区域景观系统的人工环境与自然环境相互利用、动态适应示意图

西湖的普遍存在开始于魏晋时期，出于湖体的防护作用，以城市安全防御为前提而修建；唐以后，水利设施的建设成为西湖修建的重点，期间逐渐出现风景营建的现象；宋代开始，西湖的建设动因转向以城市形胜的风景营建为主，并一直延续到清代[16]，如漳浦西湖、宝庆西湖、大名府西湖、福州西湖、杭州西湖十景、十八景的形成等。西湖文化自魏晋到两宋的发展定型过程中，在多元建设目标、城市水系组织、风景园林要素等方面形成了较为普遍的定式，体现了人与自然、人与社会、人与风景等共融的生态智慧经验，从而形成了中国历史上典型的城市风景范式[15]。

杭州西湖是“西湖文化”中的代表，位于钱塘江入海口旁的一处浅口，早期是个海湾，今杭州市区所在地还是浅海滩，早期的聚落在湖西山麓地带。由于钱塘江的洪涝，使得这个入口变成湖泊。又因为洪水和淤积作用，到了东汉，西湖与江海已经隔绝，成为一个泻湖，且逐渐由咸水过渡到淡水。淤积成陆的区域即是后来的杭州城基址。唐代杭州刺史李泌在城内开凿六井，用竹筒和瓦管引西湖水入城，作为供水基础设施，解决了居民饮水需求[17]。长庆年间，白居易在孤山与城市之间搭建桥堤，不仅对城市水利起到重要作用，也促进了西湖形态的最终形成。隋唐时期宗教兴盛，西湖周边宗教活动频繁，因此建造了多处以宗教文化为主的园林、建筑，西湖逐渐向风景式游赏性质转变。到了宋朝，由于政治、思想的变革，城市文明日渐发达，公共园林开始普遍修建，推动了西湖风景区的景观营造。元至明清，杭州西湖一直作为消遣娱乐的游览胜地，几次疏浚，用疏浚的淤泥搭建堤道，西湖的风景区建设更加完善。清朝，康熙与乾隆皇帝多次到西湖游览，无论是对西湖的整治，还是园林的建设，都起到极大的促进作用，并题词写诗，丰富了西湖景观的文化内涵（图 6–8）。

宁波月湖，又称西湖，位于宁波市城区的西南，开凿于唐贞观年间，至太和七年（833 年），鄮县令王元暐兴修水利，“导它山之水，作堰江溪”，并引流入城，为日、月两湖，民得其利。至两宋时期，宁波渐成繁华都市和京畿重镇，城中水利相继修浚，形成以月湖为核心的城市水网系统。围绕湖体广筑亭台楼阁，遍植四时花树，形成月湖上十洲胜景。宋元以来，月湖也是浙东学术中心，是文人墨客荟萃之地。在它的汀州岛屿及周边土地上，沉淀着深厚的文化积层，构成了众多璀璨的传统文化（图 6–9）。

自古以来，我国城市的营建以其独特的方式表达了对山水环境的高度尊重，在尊重自然、改变自然、适应自然的状态下永续发展。从区域的视角研究城市的营建，自然山水与人工干预后的水网体系共同构建了城市赖以发展的区域景观系统，在这个系统之上，人工环境与自然环境相互渗透、融合，不同城市功能的分区营建与人工干预后的区域自然要素相互利用、动态适应，城市形态与山水格局相互影响，塑造了具有地方特色的宜居环境。

城市的构建离不开它所依托的区域景观系统（山水环境），因此，城市建设应考虑城市功能与区域景观系统的关系，通过合理分区，让城市高效运行的同时与自然环境和谐共融。在城市扩张的过程中，需要保证城郊一体的区域景观系统的完整性，以实现韧性的可持续发展。

图 6–8　西湖全景
图片来源：（清）董邦达，《西湖十景图卷》

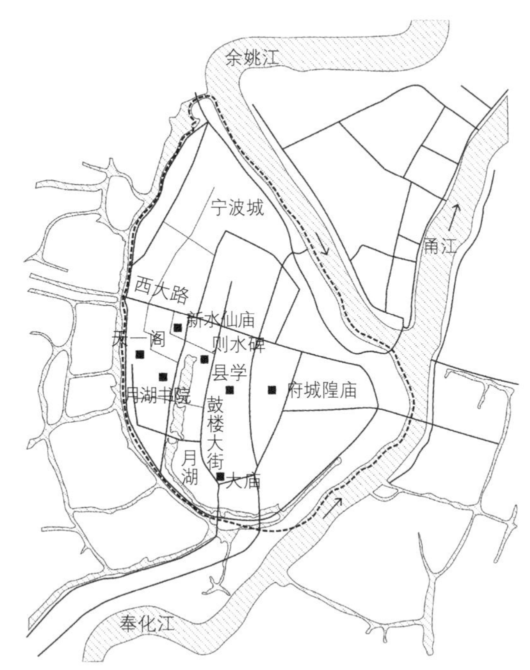

图 6-9　宁波以水利发展营建的月湖作为城市水网系统的中心，商业、衙署、书院等遍布周围，并不断进行园林营造，成为城市最繁华的地区
底图摹自：斯波义信著・布和译，《中国都市史》，北京大学出版社，2014 年版

注释：

1　汪德华 . 中国山水文化与城市规划 [M]. 南京 : 东南大学出版社 ,2002.
2　王虎华 . 扬州运河世界遗产 [M]. 南京 : 南京师范大学出版社 ,2016.
3　阳建强 . 南京古城格局的独特魅力与保护延续 [J]. 城市规划 , 2004(12): 41-46.
4　郭建 . 明清官场流行"官不修衙"[J]. 晚报文萃 , 2013(23).
5　李廷先 . 唐代扬州史考 [M]. 南京 : 江苏古籍出版社 ,2002:10.
6　都铭 . 扬州园林变迁：人群与风景 [M]. 上海：同济大学出版社，2014.
7　侯仁之 . 试论元大都城的规划设计 [J]. 城市规划 ,1997(3):10-13.
8　徐叔鹰 , 雷秋生 , 朱建刚 . 苏州地理 [M]. 苏州 : 古吴轩出版社 ,2010:11.
9　(唐) 张籍 . 送朱庆馀及第归越 : 全唐诗 . 卷三百八十四 .
10　李斗 . 扬州画舫录 [M]. 北京 : 中国画报出版社 ,2014,
11　朱改 . 苏州旧城区城市叙事空间研究 [D]. 长沙 : 中南大学 ,2009.
12　黄伟 . 吴中第一胜——虎丘 [J]. 中国地名 ,2010(1):26-27.
13　(北魏) 郦道元 . 水经注 [M]. 陈桥驿校正 . 北京 : 中华书局 ,2013.
14　柴诗瑶 . 浙江传统湖泊造景艺术研究 [D]. 临安 : 浙江农林大学 , 2016.
15　毛华松 , 杜春兰 , 陈心怡 . "西湖文化"的生态智慧及其现实意义探索 [J]. 风景园林 , 2014(6):59-63.
16　伍夏 . "西湖"文化的历史发展及美学解读 [D]. 重庆 : 重庆大学 ,2014.
17　吕以春 . 杭州历史沿革考略 [J]. 杭州大学学报 ,1987,17(4):10-18.

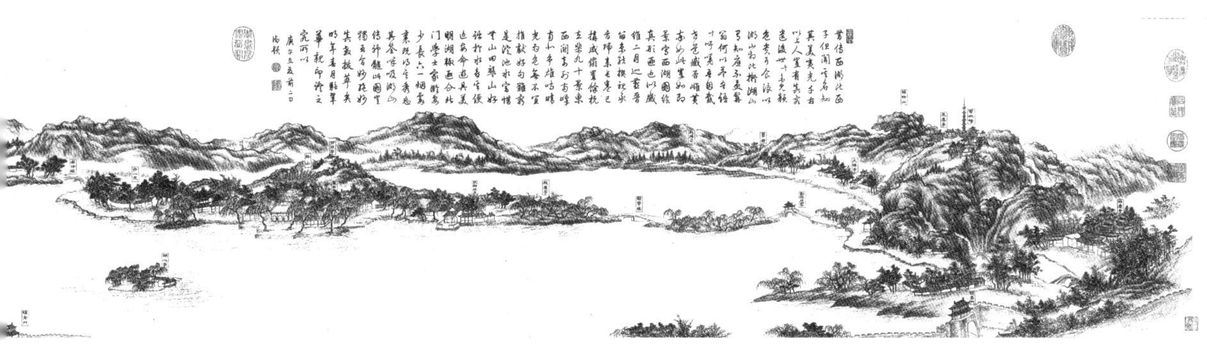

第四部分

“区域景观系统”上的城市与地区发展

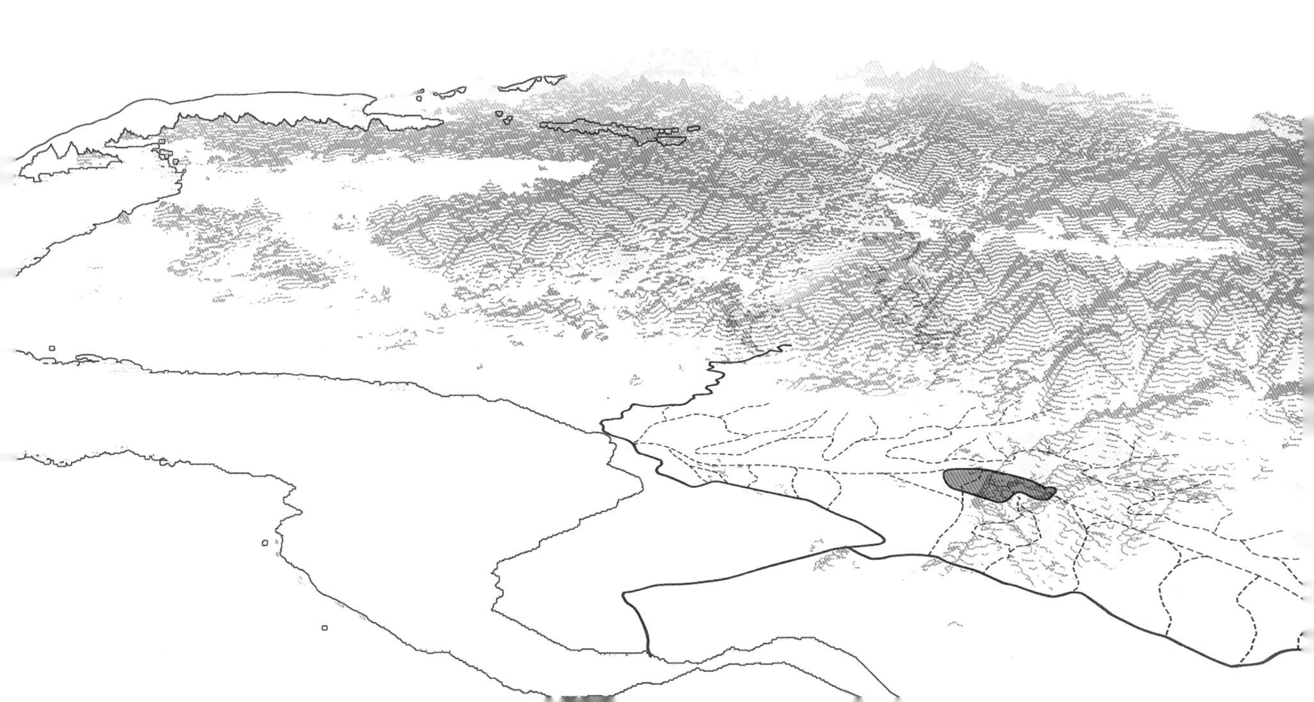

第七章　区域：湖城共融——钱塘江下游三大湖泊景观演变与城市发展

钱塘江下游地区历史上三大著名湖泊——鉴湖、西湖、湘湖的景观演变，分别与绍兴、杭州、萧山三个城市的形态塑造有密切的关联性。通过对三大湖与三个城市的动态发展过程进行共同性与差异性分析，以验证历史上水利基础设施干预的自然过程，改变和重塑区域景观系统，从而推进城市发展的规律。

三大湖的修建具有同样的造湖原因，皆为应对生存环境的挑战，同时都属于政府主导的大型水利工程，且都与城市形成了山—湖—城绝佳的景观格局；然而后期各自的发展演变又不尽相同，这其中的原因是湖体本身具有不同的类型且营造方式不同，城市与湖体之间尺度与依存关系的把握也不同，是影响城—湖共存体系的关键。三大湖的景观演变与城市发展解释了适度与适宜的人工干预形成的区域景观系统，具有整合生态、自然与人文要素的作用，能够作为城市构建的主要媒介促进地区城市化及可持续发展。

一、人与天调——钱塘江下游地区的水利基础设施与湖泊景观演变

浙江省钱塘江下游冲积扇即为浙东北平原（包括北岸的杭嘉湖平原和南岸的宁绍平原），是全国著名的江南水乡和鱼米之乡，历来经济富庶、文化发达、城市繁荣、景致迷人。这个地区历史上曾经广布河流湖泊，其中的三大湖泊因风景、文化、诗句与传说，以及与所在城市紧密依存而全国闻名，即绍兴鉴湖、杭州西湖和萧山湘湖（图 7–1）。

明代张岱所撰的《西湖梦寻》开篇对三大湖有极为形象的比喻，也说明了其在历史上具有的广泛知名度与影响力：

“自马臻开鉴湖，而由汉及唐，得名最早。后至北宋，西湖起而夺之，人皆奔走西湖，而鉴湖之淡远，自不及西湖之冶艳矣。至于湘湖则僻处萧然，舟车罕至，故韵士高人无有齿及之者。”

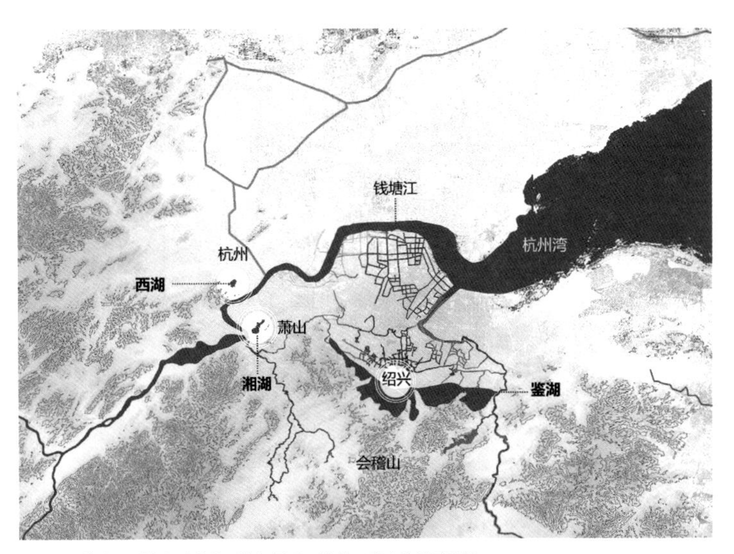

图 7-1 钱塘江下游地区地理环境与绍兴、杭州、萧山位置示意图

“余弟毅孺常比西湖为美人，湘湖为隐士，鉴湖为神仙。余不谓然。余以湘湖为处子，眠娗羞涩，犹及见其未嫁之时；而鉴湖为名门闺淑，可钦而不可狎；若西湖则为曲中名妓，声色俱丽，然倚门献笑，人人得而媟亵之矣。人人得而媟亵，故人人得而艳羡；人人得而艳羡，故人人得而轻慢。”

淡远的神仙、冶艳的美人、萧然的隐士，或是处子、闺淑和名妓，对三大湖拟人化的比喻均惟妙惟肖、非常传神、生动至极。也从侧面反映了湖泊的历史形成年代、地理位置条件，以及社会各阶层赏湖的偏爱度。

三大湖在吸引了众多文人墨客留下著名诗篇的同时，其形成和演变过程与地区发展紧密结合。湖泊并非全然天成，而是通过持续不断的人工筑堤、修坝、设闸、架桥、疏浚清淤，并沿湖添置亭台楼阁、花草树木以进行风景营造而逐步完善而成，是人工干预与自然过程相互协调、长久经营的结果。

同时，鉴湖、西湖、湘湖作为重要的水利基础设施，使该地区至少在一千年前就拥有了完善发达的农业系统，保持了水稻高产区以供养城市，孕育了绍兴市、杭州市和位于两市畿辅地带的萧山县（区），创造了惊人而持久的区域繁荣，深刻反映了人类改造自然、利用自然以改善人居环境的伟大工程与智慧，是突出体现“山水都市化”理念的典型代表。

二、依水而变——三大著名湖泊的景观演变与城市发展轨迹溯源

三大湖能够从历史的发展中脱颖而出，重要原因是它们的构建与存在超越了仅仅作为风景名胜的意义，湖体演变与地区发展（包括农业系统与城市生长）形成了共生的依存关系，三大湖抚育的三座城市至今仍繁荣发达。

1. 鉴湖与绍兴

绍兴是中国最古老的城市之一，在12世纪之前都是区域中心，鉴湖建成也最早（140年），唐宋时盛极一时，随后开始逐渐淤塞。杭州从唐以后逐渐发展，西湖开始繁华，南宋取代绍兴成为区域中心，称为“杭绍易位”。萧山处于两市的郊区，湘湖建于北宋，与鉴湖同属会稽山大地理环境，历来被称为西湖的姊妹湖。

绍兴南靠会稽山，北对山会平原，直到钱塘江下游的杭州湾。鉴湖（唐称镜湖，宋称鉴湖）始建于东汉年间，位于会稽山与山会平原过渡带上，历晋、隋、唐、宋，至明清，鉴湖一带都是全国著名的风景名胜，历代文人都曾游览，并留下诗篇，其中唐朝的很多名士都赏过鉴（镜）湖，开创了中国城市湖泊的文化先河，如李白“我欲因之梦吴越，一夜飞度镜湖月”等。而那时西湖的影响力还比不上鉴湖，“六朝以上人，不闻西湖好”（袁宏道《山阴道上》）。

鉴湖的演变过程大体如下：

（1）海水入侵、拒咸蓄淡、孤丘筑城（图7-2）。

远古时代的山会平原被北面杭州湾涌入的海水和南面会稽山的洪水所淹没，不适宜居住，早期聚落多在会稽山北麓。通过在入海口修筑海塘阻挡海水入侵，平原地区水质逐步变淡。

春秋时期，越国在临近会稽山北麓的山脚地带，以平原上四座孤立的小山（称为孤丘）为骨架筑大小城邑，即为绍兴古城。

（2）鉴湖八百里、波澜壮阔、城市繁荣

东汉永和五年（140年），会稽郡太守马臻将山阴和会稽两地来水汇集成湖，修筑700多里（1里=500m）的大堤，湖堤以绍兴古城为中心，分为东、西两段，形成了水位高于平原的巨大人工湖，总面积约200km^2，与峰峦叠翠的会稽山相

映成辉，有“鉴湖八百里”之称（图 7–3）。

围堤后相继在堤防上设置了斗门、闸、堰、阴沟等水利设施，并继续修筑海塘[1]。鉴湖的形成使得绍兴城和山会平原免受会稽山水患的危害，重构了区域水网体系，为绍兴城提供了安全稳定的生活用水和平原地区农业灌溉用水。山会平原从汪洋一片转变为沃野千里，成为发达的农业区，进一步促进了绍兴水城经济的繁荣发展（图 7–4）。

（3）逐渐湮废，杭绍易位

鉴湖的建成促使绍兴成为区域经济中心，但随着城市发展、人口膨胀，亟须新垦田地供养大量新增人口，人地关系紧张。而鉴湖在城市近郊占地近 200km^2，在这个时期成为城市扩张与农业垦田的阻碍。唐中叶之后，填湖垦田之风渐盛，而会稽山雨洪冲刷的泥沙也不断淤塞湖体。由于缺少大规模的整体疏浚，鉴湖明显陆地化，逐步成为湖田。到了宋末尚残留若干小湖，到了明代残留的湖沼也几乎湮废[2]。

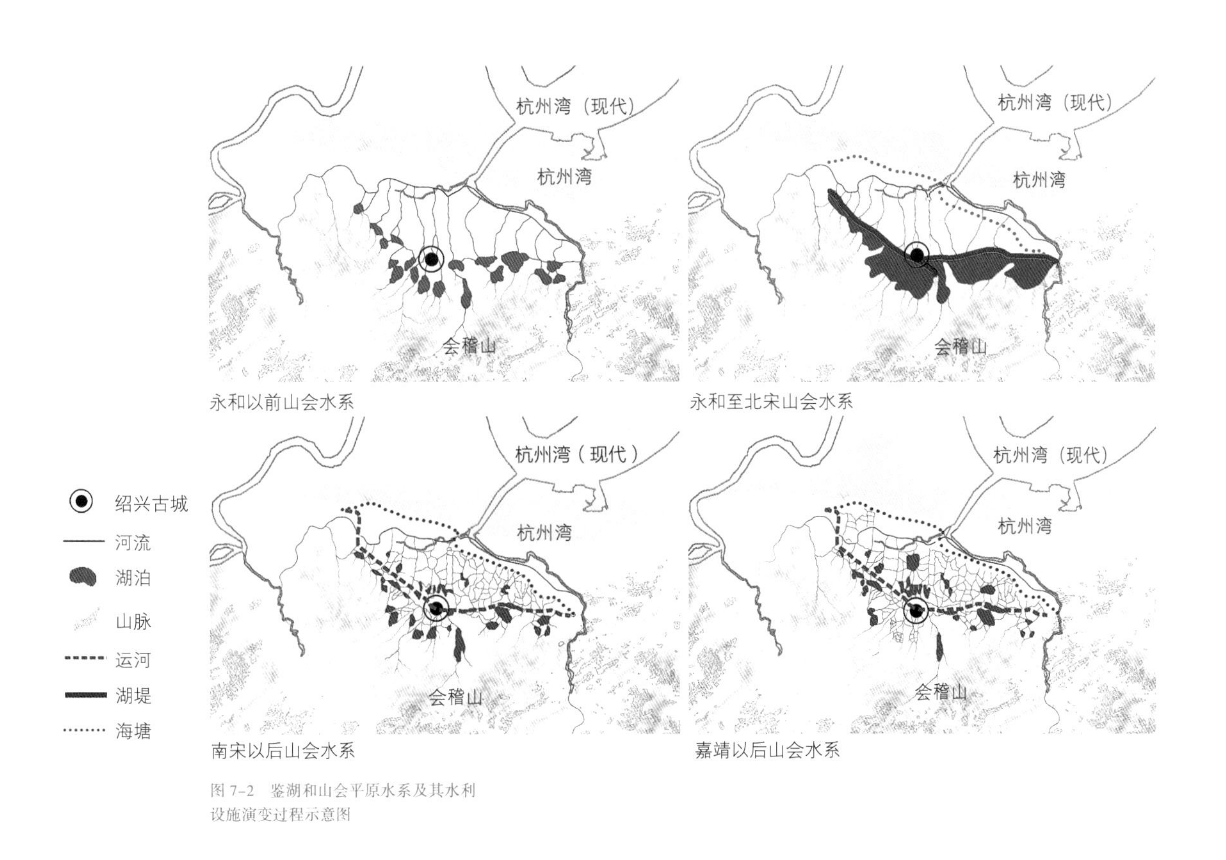

图 7–2 鉴湖和山会平原水系及其水利设施演变过程示意图

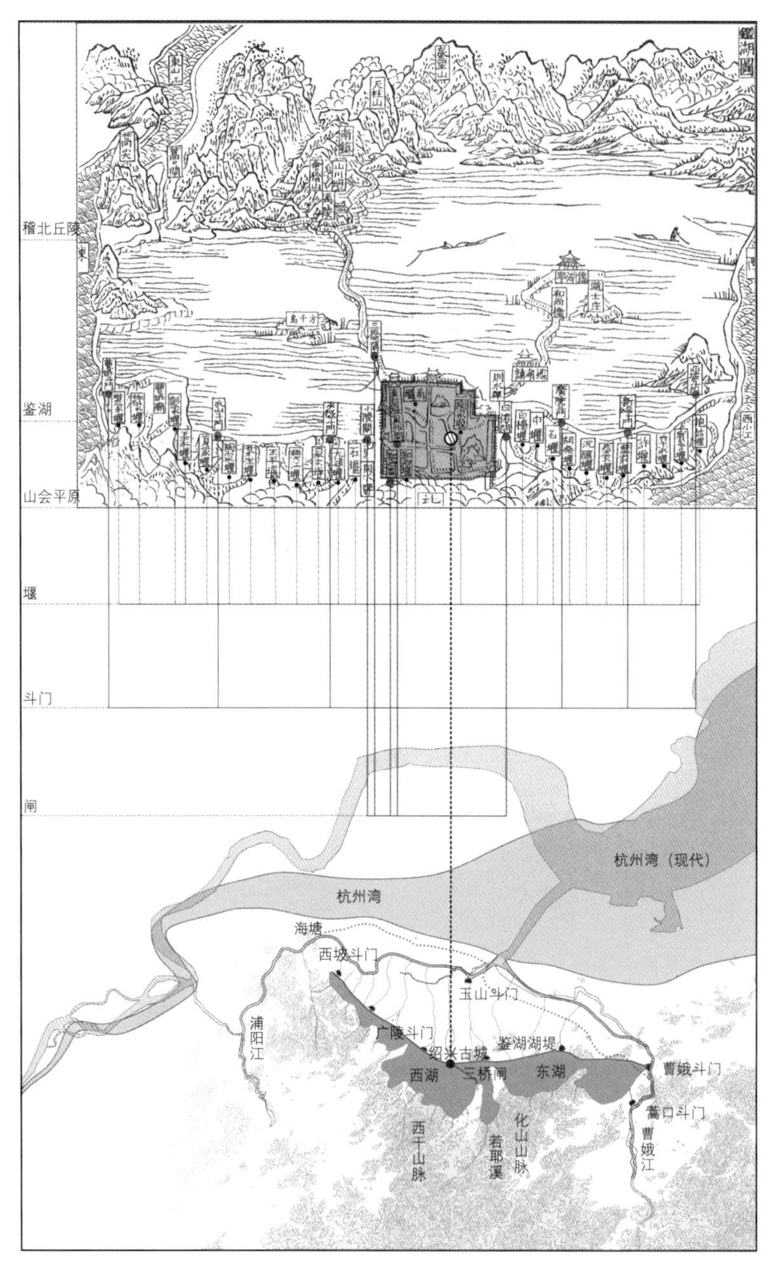

图 7-3　永和时期的鉴湖及其水利设施示意图
东汉永和年间，筑堤蓄水形成巨大的人工湖——鉴湖，沿湖堤设置斗门、闸、堰、阴沟等水利设施，重构了区域水网体系，使绍兴城和山会平原免受会稽山水患的危害
图片来源：（明）《万历绍兴府志》，鉴湖图

鉴湖的知名度在唐宋时期达到顶峰，随着宋末淤塞，而西湖声名鹊起，杭州作为南宋的都城，逐渐取代绍兴成为区域中心大都会，这个影响持续至今。虽然“杭绍易位”原因非常复杂，但鉴湖的湮废是其重要因素。

今绍兴城西南尚有一段较宽的河道称为柯岩—鉴湖风景区。

（4）淤塞为田，水网重构，城市向平原扩张

鉴湖淤塞后，会稽山的汇水直接流向山会平原，平原地区出现了几个大的蓄水湖，重构了区域水网体系，城市向北部平原扩张。今天，以平原地区的狭猱（sang）湖（现称为镜湖）为绿心，整合了包括绍兴古城在内的三个城市组团，构筑了大绍兴都市圈。

2. 西湖与杭州

杭州位于钱塘江北岸，杭嘉湖平原西侧，自南北朝以来逐步发展，特别是作为五代吴越国和南宋的首都时期发展迅速。在鉴湖和湘湖等众多湖泊相继消失后，杭州西湖通过不断疏浚治理保持至今。

西湖的演变过程大体如下：

（1）天然泻湖与浅海滩

西湖位于钱塘江入海口旁的一处浅口，早期是个海湾，今杭州市区所在地还是浅海滩，早期的聚落在湖西山麓地带。

由于钱塘江的洪涝，使得这个入口变成湖泊。又因为洪水和淤积作用，到了东汉，西湖与江海已经隔绝，成为一个泻湖[3]，且逐渐由咸水过渡到淡水，占地约 5.6km^2。淤积成陆的区域即是后来的杭州城基址。

（2）引水入城，湖城共生

杭州城址因曾是“江海故地、土地斥卤、水泉咸苦”，缺少饮用水，限制了城市发展。唐代杭州刺史李泌在城内开凿六井，用竹筒和瓦管引西湖水入城，作为供水基础设施，解决了居民饮水需求[4]。西湖作为城市的饮用水源，同时调蓄西山的洪水，灌溉农业，为杭州城的繁盛提供了物质保障。

（3）持久而伟大的疏浚与风景营造史

随着杭州经济和人口的发展，人地关系加剧，西湖同样受到填湖为田、泥

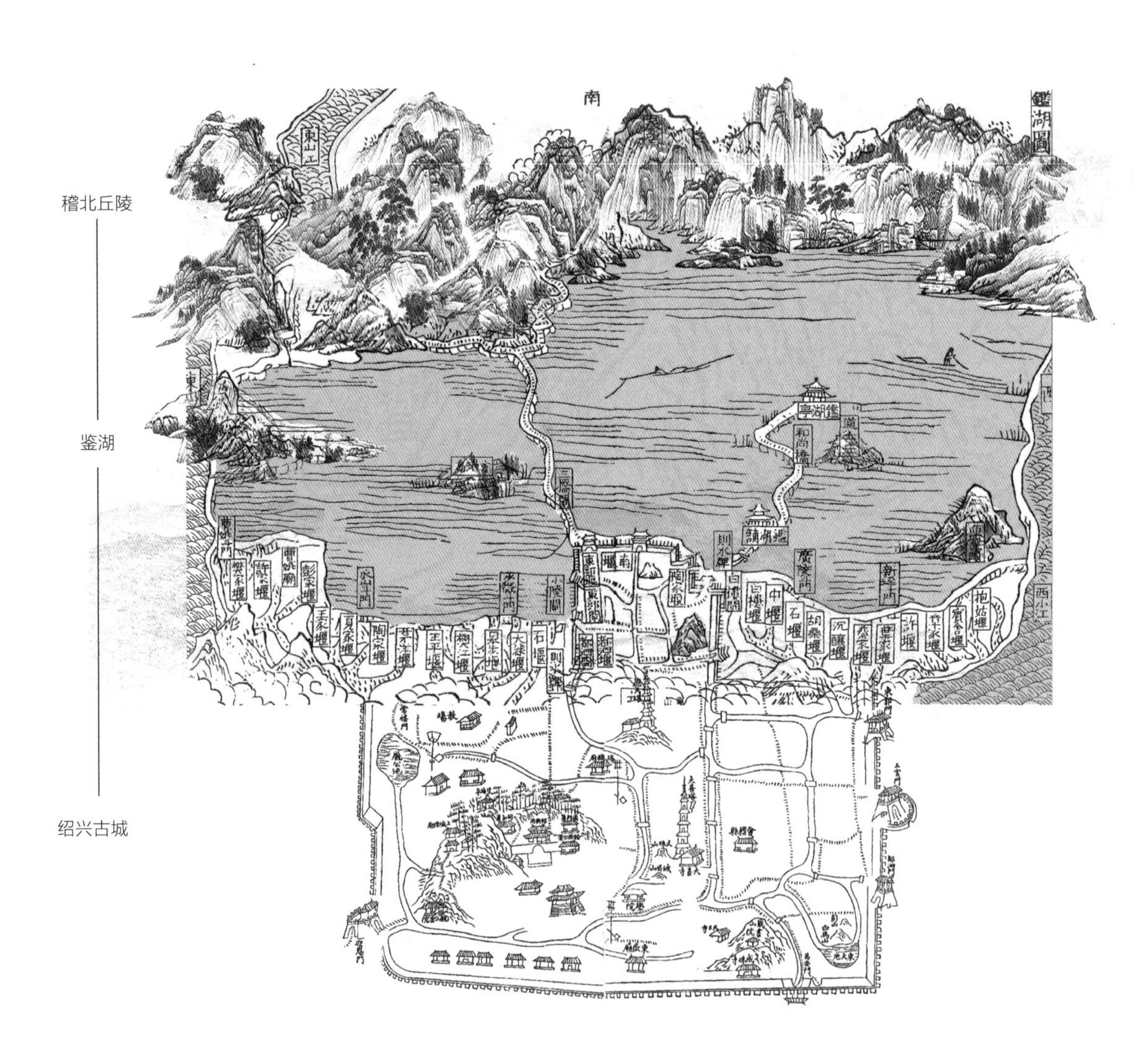

图 7-4　鉴湖与古代绍兴城的关系
上部为会稽山系，中部为鉴湖，下部为绍兴城
图片来源：（明）《万历绍兴府志》，鉴湖图，（清）《嘉庆山阴县志》卷五，今城分治图，成文出版社，1983.3

沙淤积等威胁。历代地方长官深知西湖之于杭州的意义，非常重视对湖体的疏浚治理，利用疏浚的淤泥加固海塘和湖堤以防治钱塘江洪水，增加西湖蓄水量，保证增加的城市人口饮用水需求，并筑堤建岛，进行风景营造，加之大运河的修建纳入全国的重要交通物流主干线中，杭州终于后来居上，成为繁荣的江南大都会（图 7–5）。

不断的疏浚是干预自然过程、保持西湖发展的重要人工手段。北京林业大学园林学院王向荣教授提出杭州的特色文化之一就是西湖疏浚的历史，反映了人与自然持久的相互适应、相互协调的最本质关系，也是城市文化得以长久发展的基础。

3. 湘湖与萧山

萧山位于绍兴和杭州之间，湘湖位于萧山城西南钱塘江南岸。前身为 4000 多年前由海湾而成的泻湖，称西城湖，后经沼泽化及人为影响而湮废，直到北宋时期经过人工营建复湖，称湘湖。

湘湖的发展阶段大体如下：

（1）古湘湖湮废，成为农田

西城湖（古湘湖）因萧山人口增加，对耕地的需求增大而成为垦殖的对象，加上江河洪水和山地汇水携带的泥沙而逐渐淤积，最终成为一片低洼的农田。

（2）人工复湖，消除水患

在宋代以前，每到汛期，山洪巨水凭借南高北低的地势迅猛涌入萧山城内，加上钱塘江潮水猛涨，常常决堤为患，饱受内涝灾害。湘湖一带更是经常受洪水和旱灾袭击的不稳定地区。为抵御涝旱灾害，保证全年的农业用水，湘湖原址复湖以调洪蓄水是解决这一矛盾的最好方式[5]。

当地居民经过多次奏请还湖，终在北宋政和二年（1112 年），在县令杨时的主持下成功兴造了湘湖，湖面三倍于西湖[6]。人工湖利用西南、东北走向的两条山地作为天然堤防。在南、北向筑堤蓄水，四周筑闸，蓄集环山的汇水。旱季开闸灌溉，汛期调蓄洪水，保证萧山城免受水患，同时进行风景营造，使湘湖远近闻名（图 7–6）。

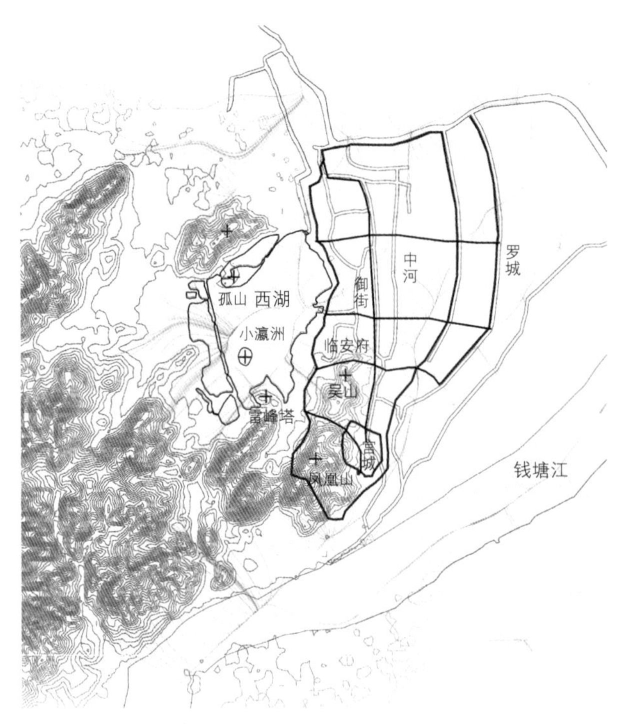

图 7-5　南宋时期的西湖与杭州（临安）城内主要水系示意图

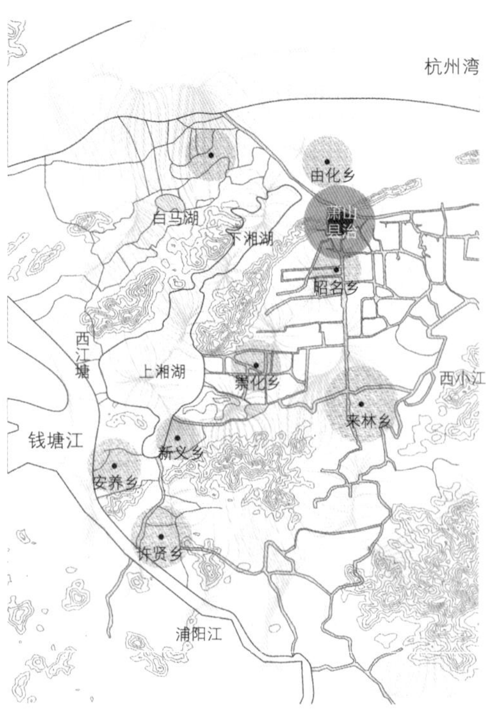

图 7-6　湘湖水利与萧山示意图
湘湖利用了西南、东北走向的两条山地作为天然堤防，蓄积环山的汇水。旱季开闸灌溉，汛期调蓄洪水，保证萧山城免受水患
图片来源：作者根据注释 6 改绘

（3）八百年的存废之争

造湖淹没了大片原有稻田、鱼池和莲藕池，虽是屡受洪旱灾害的荒芜田，但为私利，在复湖后的八百多年中，湘湖存废，即主禁（保湖）和主垦（废湖）的斗争一直存在。实际上反映了地方政府和热心公益的乡绅与企图占湖的官僚豪绅反复对抗的利害冲突史。

清末增筑的堤坝把湘湖分成了上湘湖和下湘湖水位不同的两部分。湖堤的横亘阻碍了湖水的循环，加速了淤塞，逐渐垦为农田[7]。这是自然淤塞与人类围垦共同作用的结果，而人为的因素成为改变区域景观的主导作用。作为杭州 2006 年世界休闲博览会举办地，从 2004 年至今湘湖开始逐步复湖。

4. 共同性与差异性

（1）共同性

1）造湖是为应对生存环境挑战的精明策略

湖泊营造是人们为了应对水患、调蓄雨洪、灌溉农业、为城市提供水资源等生存需求的挑战，通过人类工程干预自然水文的进程，形成新的区域景观格局。农业得到迅速发展，并解决了水患，塑造了宜居的人居环境。由于充足的食物供给提供的物质保障，促进商业、手工业等城市经济发展，吸引大量周边地区人口涌入，城市商业繁荣，进而促进了地区灿烂文化的形成与持久健康的发展。

2）政府主导的大型水利工程

三大湖均是尺度巨大的湖体，造湖需要集中动用大量人力、物力以修筑堤坝，都是由政府组织实施的大型水利工程，创造了古代人类工程的奇迹。在后续对湖体的维护与存废争议中，地方政府也扮演着协调者和组织者的角色。在人工干预自然的过程中，“人工”既体现出人类社会层面的发展水平，也体现了人类工程技术层面的发展水平。这对当代城市大型工程的建设仍有借鉴意义。

3）山—湖—城绝佳的景观格局

三大湖均位于城市的近郊地区，在建湖之前，其所在区域最初都是海水和山体汇水淹没的地带，导致水患长期威胁着城市与当地居民的生存。通过人工筑堤和蓄水成湖，都从受到洪水泛滥的威胁地区转变为沃野千里的宜居地区，湖体整合山、水、城，形成“湖山相映，城湖一体”的绝佳景观格局，也是自然与人文交织、风景与文化并存的综合体。

西湖“三面云山一面城”；鉴湖南靠会稽山，北面大平原，东西大堤以城为起点，“城堤一体，山、湖、城、原渐次展开”；湘湖“两山夹一湖”。形成了“人工之美入天然故能奇，清幽之趣药浓丽故能雅”（朱启钤语）的意境，并发展成为风景秀丽、人文底蕴深厚、城市繁荣的地区。

（2）差异性

然而，三大湖演变的结果却是不同的，鉴湖逐渐湮废而衰落，西湖多次疏浚得以与城市共生，湘湖一直处于存废之争中而最终淤塞。

1）湖体类型和营造方式的不同

西湖和湘湖是天然形成的泻湖。西湖经过不断的疏浚，克服了人工垦田、泥沙淤积和城市扩张的威胁，人工干预的关键在于持续的疏浚。天然而成的古湘湖（西城湖）由于淤积和垦田已经完全湮废了，后来在原址通过人工手段进行了复湖。而鉴湖则完全是通过兴修水利、筑堤蓄水而成的人工湖体，人工干预主要在造湖阶段。

由此，人工干预自然过程的改造是一个持续经营的过程，其目的就是随着城市在社会、经济、人口等方面的发展，需要不断地协调人工与自然之间的关系，达到相互适应的动态平衡，以实现可持续发展。

2）湖体尺度的利与弊

三大湖泊建成初期促进了地区农业和城市的发展，而后，随着人口迅速增加，且均位于城市近郊，湖泊面临着填湖复垦、泥沙淤塞和城市进一步发展的挑战。

三大湖均烟波浩渺、湖面广阔，西湖面积近 6km^2，而湘湖三倍于西湖，鉴湖面积约 200km^2，更近十倍于湘湖。湖体占地越多，越易受到城市发展的侵占，填湖为田，泥沙淤积也越多。同时，由于湖面过于辽阔，也增加了组织整体清淤和统一管理的难度。西湖在三大湖中是面积最小的湖泊，湖—城的比例也相对合适，而鉴湖与湘湖占地面积远大于所在城市的面积。尺度或许成为西湖能够保留，而另两个湖泊湮废的重要因素之一。

3）湖—城依存度的相关性

湘湖与萧山的依存度并不高，主要承担蓄洪以使城市更安全的功能。作用更多地体现在对其周围地区农业发展的促进上。当代湘湖已经开始逐步复湖，但沉淀的历史与文化，以及往日知名度的恢复过程仍然漫长。

鉴湖与绍兴的依存度较高。湖堤是以绍兴古城为界分东、西两段，城本身即是湖堤的一部分，直接介入到改变并完善区域水系统的过程中。鉴湖随后的湮废，使得平原区形成了多处大的湖体，城市也开始向平原地区发展。

西湖与杭州的依存度最高，是持续不断的疏浚和历代精心营建的结果，深刻反映了人工与自然的相互协调适应的历史。西湖的存在促进定义了杭州的城市形态。这种城市与湖泊的紧密共生关系发展到今天甚至愈发紧密，是成功的城市发展模式，也是风景园林发展的典范（图 7–7 ~图 7–9）。

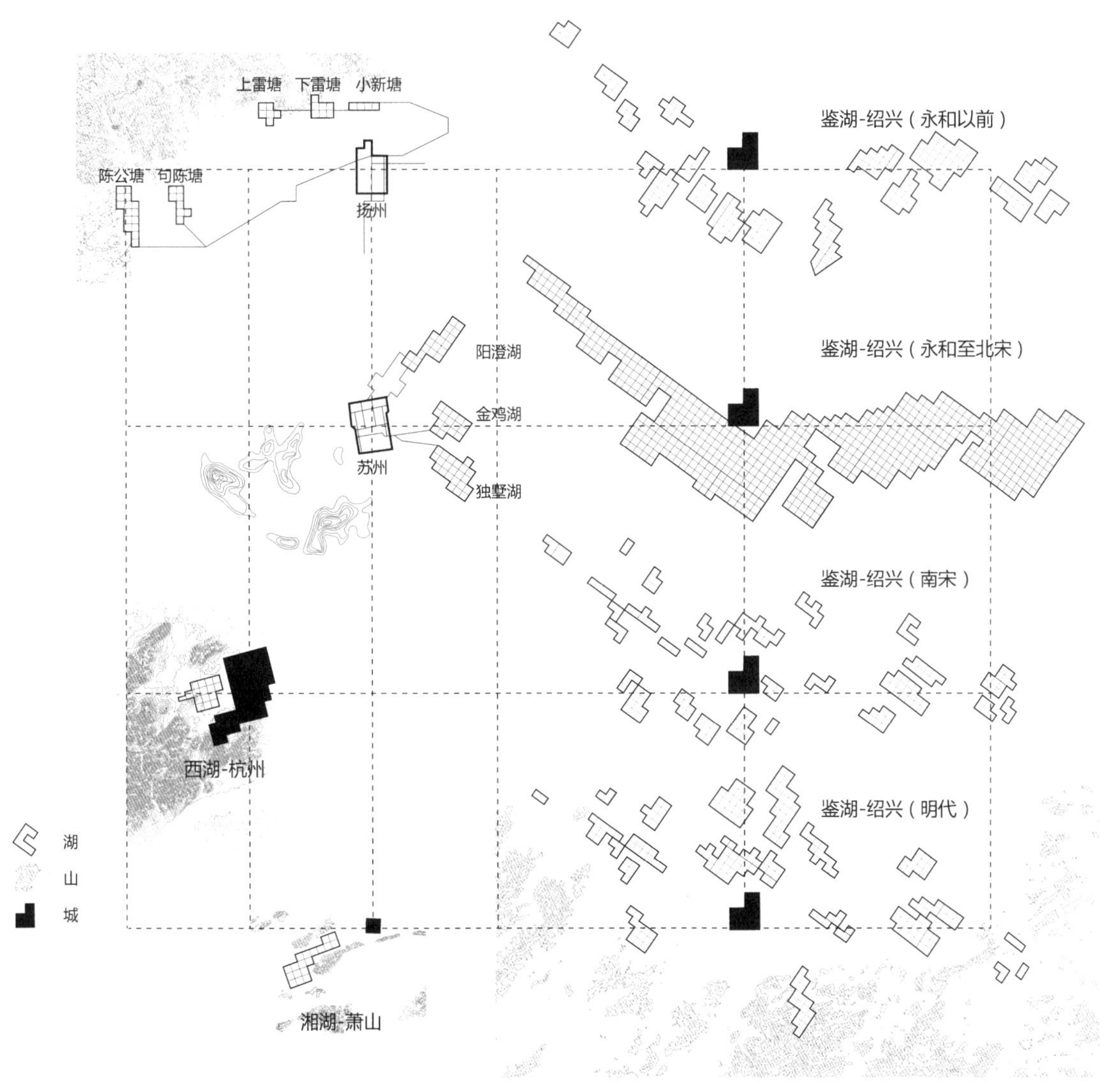

图 7-7　鉴湖、西湖、湘湖的湖—城尺度对比图

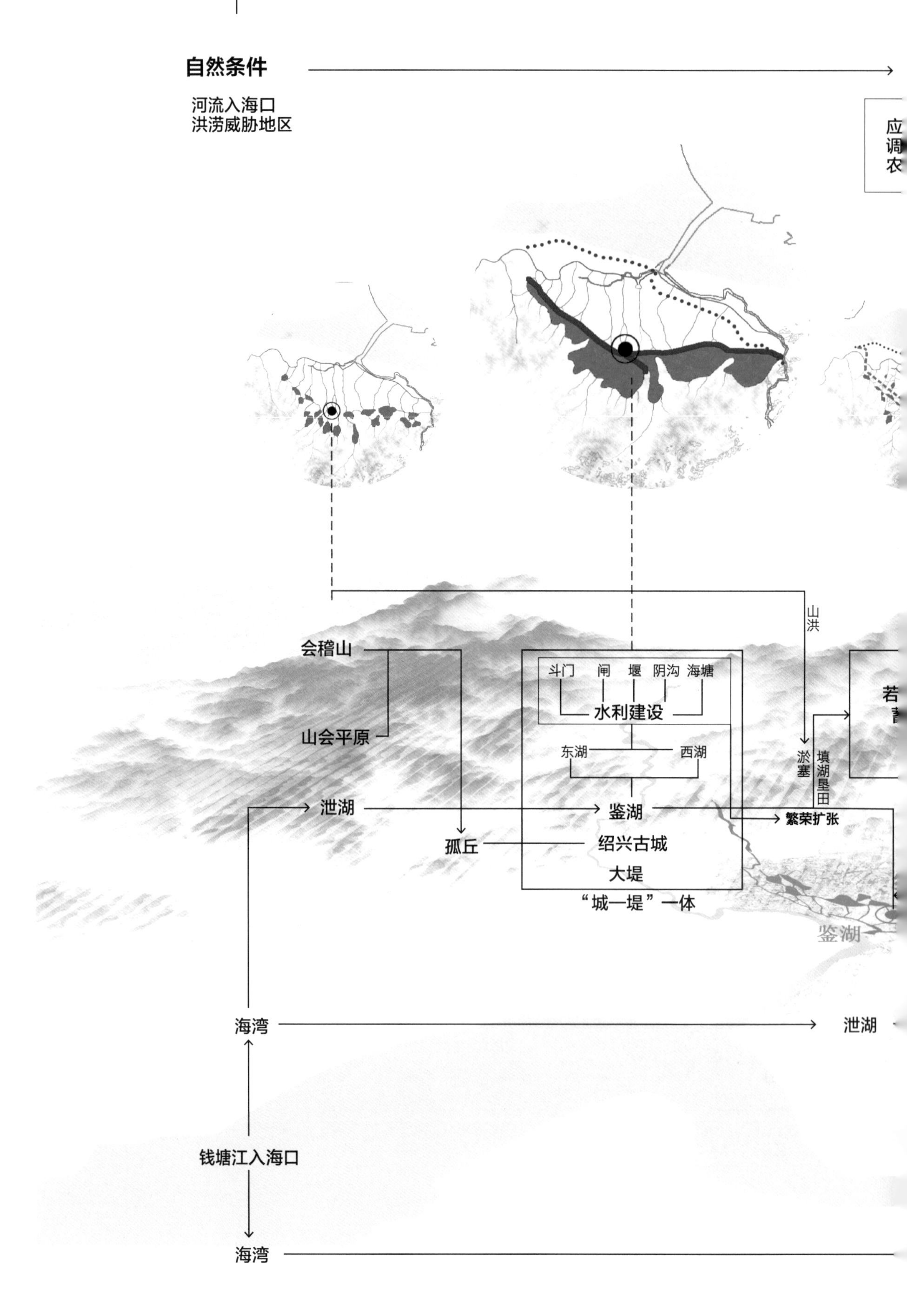

图 7-8　三大湖区域景观演变过程，体现人工与自然之间相互适应的动态平衡

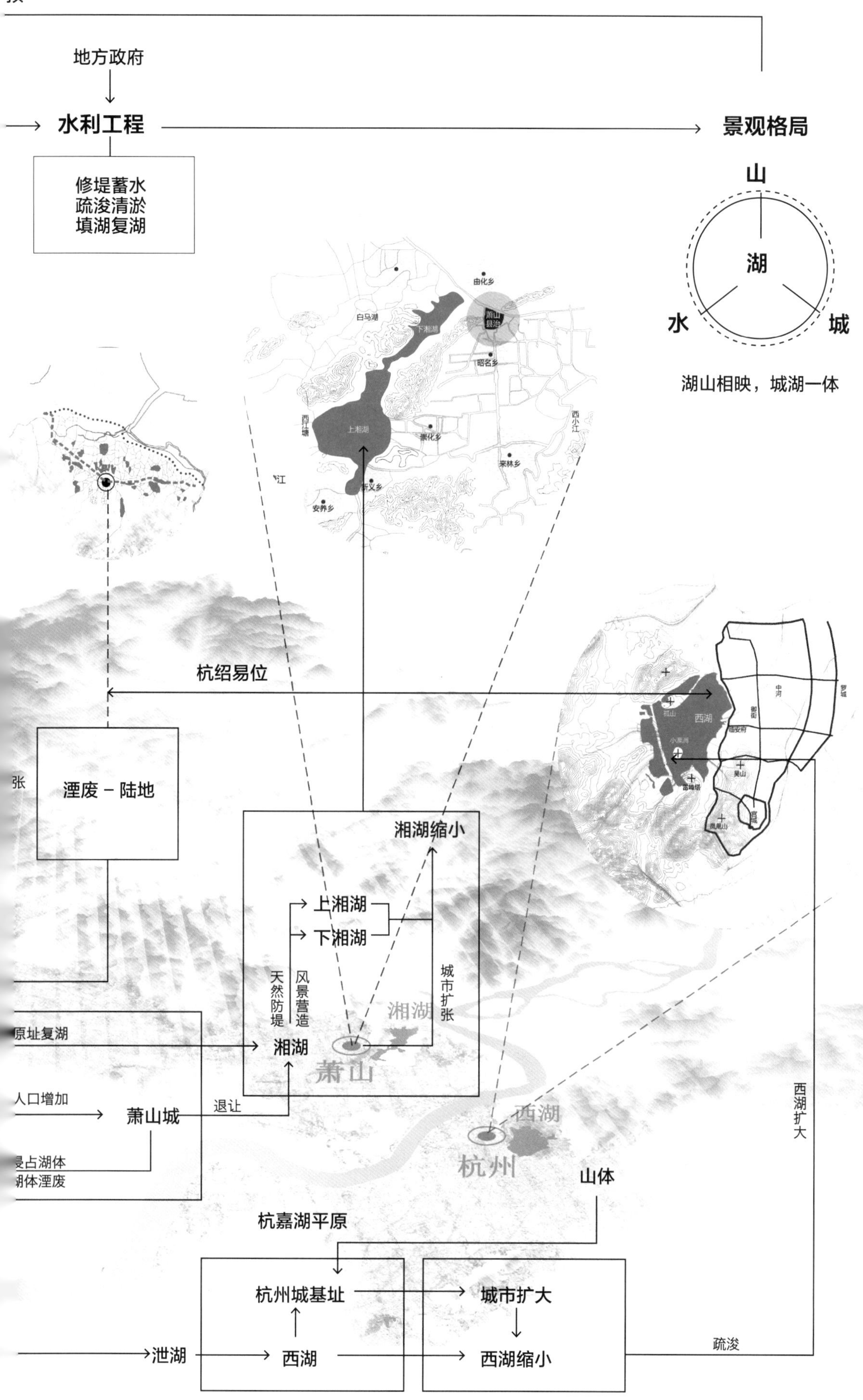
预
地方政府
水利工程
修堤蓄水
疏浚清淤
填湖复湖
景观格局
山
湖
水
城
湖山相映，城湖一体
由化乡
白马湖
下湘湖
萧山县治
昭名乡
西江塘
上湘湖
崇化乡
来林乡
西小江
新义乡
安养乡
杭绍易位
湮废 – 陆地
张
孤山
西湖
小瀛洲
雷峰塔
中河
御街
临安府
吴山
凤凰山
罗城
湘湖缩小
上湘湖
下湘湖
天然防堤
风景营造
城市扩张
湘湖
萧山
原址复湖
湘湖
人口增加
萧山城
退让
侵占湖体
湖体湮废
西湖
杭州
西湖扩大
山体
杭嘉湖平原
杭州城基址
城市扩大
泄湖
西湖
西湖缩小
疏浚

在地方政府保护和恢复湖泊的政策支持下，当代西湖、湘湖和鉴湖的发展都有了新变化。北京林业大学园林学院王向荣教授相继于 2000 年主持完成了杭州西湖西进可行性研究与前期规划，基本恢复了西湖湖西地区昔日的水体；2004 年以来主持完成的湘湖规划设计 I、II 期工程已经完成，致力于恢复湘湖的往日景致，正在进行 III 期的规划设计工作；杭州园林设计院对西湖西进和湘湖复湖进行了具体设计工作。绍兴古鉴湖已经湮废，无法复湖，但是王向荣教授也对平原地区的狭猕湖（镜湖）发展进行了前期的概念性规划研究，对今天的三大湖发展做了卓有成效的工作。

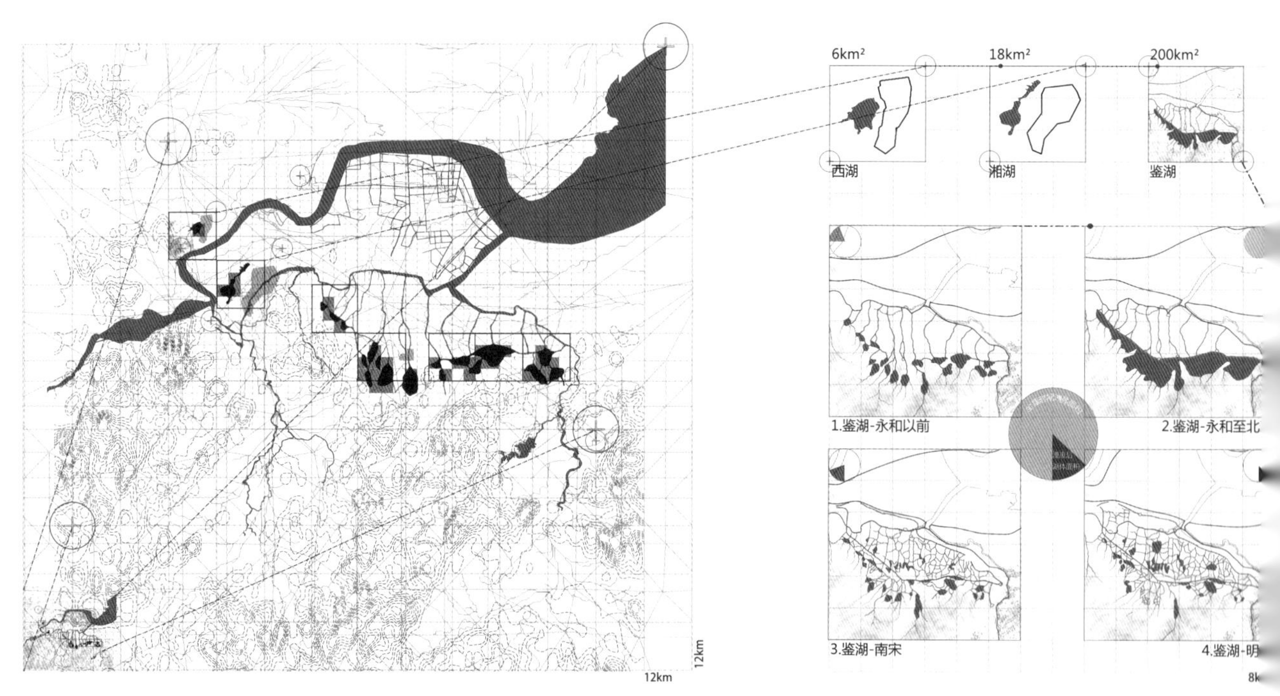

图 7-9　三大湖尺度对比及面积变化示意图
右上角网格反映鉴湖、西湖、湘湖的面积比例关系，右下反映鉴湖从造湖到逐渐湮废的过程中的面积变化

三、和谐共生——人工干预自然过程，塑造区域景观，促进地区发展

历经千百年的发展，三大湖的形成与演变不断重塑着区域景观，是人工与自然的天作之合，是推动地区城市化发展的典范。

在世界范围内的地区发展中，类似的营造方式一直具有显著性地位。可归纳出相似的规律：

1）城市存在于区域景观系统中，自然资源是城市得以繁衍生长的根源；

2）人们为了应对生存环境的挑战，通过持续的人工干预自然过程的方式，深刻促进了区域景观的改变，这些人工项目在工程方面达到了惊人的成就，例如农业灌溉系统、输水渠、运河、水坝、公路网等；

3）区域景观的改变又显著地影响和引导了该地区的农业发展与城市化。人工与自然的相互作用形成的独特地域景观促进定义了城市的特性；

4）随着时间的推移，人和自然逐渐形成了一种清晰的合作关系，区域景观的演变和城市的发展产生了动态的平[8]。

人工干预自然过程在改善人居环境的同时，也会相应地产生城市问题，而城市景观系统的介入有助于调和这种干预下衍生的矛盾，为城市营造提供一种有效的操作方法与发展框架，成为构建宜居环境和孕育城市文化的重要媒介。

注释：

1 车越乔，陈桥驿．绍兴历史地理 [M]. 上海：上海书店出版社，2001.

2 陈桥驿．古代鉴湖兴废与山会平原农田水利 [J]. 地理学报，1962,28(3):178-202.

3 泻湖形成：从山地入海的河川，携带大量的泥沙淤积在古海湾内，于是，海湾口出现沙嘴，沙嘴不断地扩大延伸，终于阻塞了海湾和湾外浅海的流通，湾内变成了一个泻湖，泻湖再进一步发展，即湾口沙嘴相连封闭，湖泊和海洋完全隔绝，湖泊渐渐退居内陆，湖水也慢慢淡化而成淡水湖，与大量泻湖出现的同时，杭嘉湖、宁绍平原也因海面下降和泥沙沉积逐渐形成地势平衍、湖沼密集的平原 (参考自：侯慧粦．湘湖的自然地理及其兴废过程 [J]. 杭州大学学报，1989,16(1): 89-95.

4 吕以春．杭州历史沿革考略 [J]. 杭州大学学报，1987,17(4):10-18.

5 候慧粦．湘湖的自然地理及其兴废过程 [J]. 杭州大学学报，1989,16(1):89-95.

6 斯波义信．《湘湖水利志》和《湘湖考略》——浙江省萧山县湘湖水利始末 [J]. 中国历史地理论丛，1985,2:220-248.

7 王松富．考究湘湖史实 重塑湘湖"明珠" [J]. 农业图书情报学刊，2006,18(6):13-14.

8 Steiner F. Conservation as Catalyst: Lady Bird's Urbanism[J].*Topos: The International Review of Landscape Architecture and Urban Design*, 2010,71:74-79.

第八章　城市："山—水—城"一体——苏州西郊浅山水网与古城发展

苏州是我国重要的历史文化名城，也是吴文化的发祥地，其古典园林是享誉中外的世界文化遗产。苏州位于长江三角洲腹地，地理位置"东际大海，西控震泽，山川衍沃，水陆所凑"，古城建立在东部湖荡平原和西郊低山丘陵的交界处，城市近郊自然山水旅游资源丰富，丘陵、河流、湖泊、农田、古城的合理布局，加之四季分明的风霜雨露的滋润调节，城市与自然相互交融，形成了一个既源于自然又融于自然的区域景观系统（山水环境）。得益于良好的山水，造就城市独特的人居环境模式和文化底蕴，进而物丰民富，文采风流为天下冠，可以说苏州"天堂"的美誉，既谋于人，更成于天。

苏州城市与区域景观系统的关系是典型"山—水—城"的传统城市营建模式，得天独厚的山水具备孕育城市的自然底蕴，持久的人工干预（防洪、灌溉农田、漕运等）重塑了近郊的山水体系，浅山、水网构成了区域景观系统，形成适宜的人居环境，促进城市发展。在这个过程中，城市西郊浅山区在景观和人文上与城内的景观体系相互融合，浅山地区成为构建城—郊区域景观系统的关键连接体。

将古代苏州区域景观系统作为研究对象，以古城及近郊自然山水为主要研究区域，重点从自然基底、河湖水网、农田水利、人文景观四要素的发展来探讨区域景观系统的构建，解读其空间布局，并分析区域景观系统演变与城市发展之间的影响关系。

苏州位于长江三角洲腹地，古城建立在东部湖荡平原和西郊低山丘陵的交界处，其西部环太湖区域连绵起伏的低山丘陵及太湖平原丰富的水资源所构成的城市近郊山水体系，对城市建设和发展的影响全面而又深刻。

对于苏州来说，其选址的基础是周边自然的大山大水格局，经过对水系的梳理，城市构建基于人工干预后的区域景观系统，由此衍生出城市独特的水陆双棋盘格局和城市园林与城郊风景体系，并与近郊山水体系相结合形成了完整的区域景观系统，在经济、文化、景观等多方面组成了共同发展的城–郊综合体，成为山水城市的范本。

对苏州城市的研究是从苏州园林的研究入手，景致高雅及园林大成者的苏州庭院园林绝对不是孤立于高墙深巷内的孤本，而必然是依存于所在的城市。城市的生长与发展，依存在所处的土地之上，这个土地是天然的环境，并经过人工的梳理，而形成的区域景观系统，不同于建筑完全由人工构筑而成。从园林到城市再进而扩大到城市所在的土地之上，研究区域景观系统的要素、形成及其与城市、园林的相互关系与联系。

以苏州“山—水—城”的历史演变为蓝本，从区域的视角来探讨山水城市构建中“自然环境（即山水）”与“人工环境（即城市）”之间相互适应与融合形成区域景观系统的过程[1]。再从这个系统来审视城市的发展，对“山—水—城”模式聚居环境的形成进行探索。

苏州地区从春秋到明清，依次经历了初始发展（春秋战国）、停滞修整（秦汉六朝）、恢复（隋唐五代）、稳定上升（宋元）、极盛（明清）的发展阶段，虽在多次战争割据中经历了毁灭性的打击，但都在原址上得到了修缮恢复，总体发展趋势是逐步向前的。

一、得天独厚的区域自然格局

苏州处于长江下游的太湖流域，西依太湖，北靠长江，东临大海，浅山丘陵在西郊围绕，阳澄湖、金鸡湖、独墅湖等浅水湖群在东郊罗列，水网密布，腹地宽广。城市周边的山水地貌，为城市的兴起奠定了坚实的自然与生态基底（图 8-1）。

1. 原始自然“水”的印记

太湖地区，地沃而物夥，但在上古时期，只是地势卑湿、土质较差、农业生产力低下的地方，即《尚书 · 禹贡》所形容的“厥土惟涂泥，厥田惟下下”。吴地原始先民在与低湿自然环境斗争的过程中，治水营田，发展渔业和稻作，在农业生产中形成了原始的引、灌、排技术[2]。苏州城址作为西部上游来水向东汇入江海的必经之地，自古以来，吴地人民便通过对自然的改造，既与水斗争，又依水而生。依托着星罗棋布的湖荡和纵横交织的河网，丰富的水资源为世世代代苏州人的生产生活打上了水的印记。

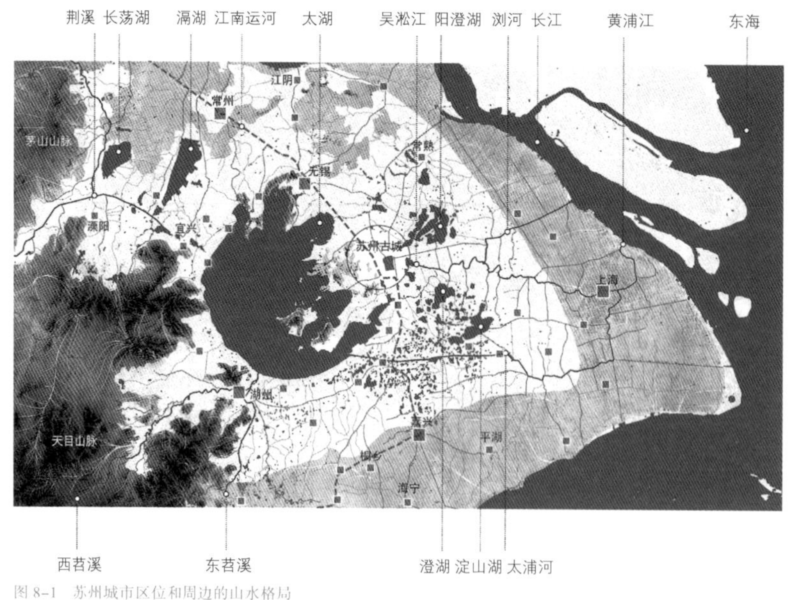

图 8-1　苏州城市区位和周边的山水格局
底图摹自：张修桂．太湖演变的历史过程 [J]. 中国地理历史论丛 ,2009,24(1):5-12、图 1 太湖流域地形图

2. 太湖水系与城市西部山体

苏州自古便水乡泽国，苏州水系是在太湖平原的形成开发过程中，由自然湖泊、河道及人工河道组合而成，以太湖、石湖、阳澄湖、金鸡湖、独墅湖、澄湖等为主要湖泊，京杭大运河从古城西部擦身而过，苏州段在古城北部，大小河流两万余条，总长 1457km，构成一个完整的河网湖荡系统，为城市兴起提供丰富的水资源。

太湖是苏州河网水系的中心，吞吐上游来水，再向东经过位于山水之间的苏州城址，汇入湖荡平原，最终纳入江海，形成区域湖泊水网系统。《尚书 · 禹贡》记载，“三江既入，震泽底定”，三江被认为是太湖向东入海的三条出口，而震泽即为太湖古称，说明早在夏代便有太湖洪水循吴淞江等自然水道由西至东越过苏州城址东流入海的历史。

苏州的地表自然形态是漫长地质历史时期演化的产物，从总体上说，苏州地区属太湖平原，地势西北高、东南低、沿江高、腹部低，在一个大的碟形盆地中又分布着许多小片碟形盆地。

古城基址以平原为主，仅西部有低山丘陵百余座，系浙西天目山向东北延伸的余脉。共有大小山体100余座，面积约221km^2。主要山体沿太湖呈北东—南西走向，构成：①七子山—东洞庭山，②穹窿山—渔洋山—长沙岛—西洞庭山，③邓尉山—潭山—漫山岛，④东渚—镇湖一带葛舍山、邢舍山、西洋山等残丘，共四组山丘、岛鸭群。穹窿山、阳山和七子诸山之间，有灵岩、天平、天池等组成的花岗岩山丘，沿江有香山等低丘，另有虞山、玉山等孤丘矗立于江湖之间的平原上。

低山丘陵一般海拔在10～200m之间，少数山峰可凸起在300m以上，其中以穹窿山为海拔最高341.7m，其他较著名的还有西洞庭山缥缈峰（336m）、东洞庭山莫里峰（293m）、阳山（338m）、七子山（294m）、天平山（201m）、上方山（92.6m）、灵岩山（182m）、虞山（261m）、潭山（252m）、渔洋山（170m）等。

苏州古城本身标高在4.0～4.5m，而北部和东部的平原地区标高多在4m以下，即区域总体平坦而古城地势略高于其周边地区。

从地势上来说，自西郊至太湖沿岸延伸的这些低山丘陵群，将太湖和苏州市区隔离开来，使得苏州城既能依靠西部太湖的丰富资源，又能有效避开太湖水的洪涝威胁，也形成了天然的山体军事防御屏障。与此同时，苏州古城“平夷如掌”，而其地势略高于北部和东部的平原地区，不仅有利于疏解洪涝，平坦的地形以及西部丘陵山地丰富的林木资源也对城市营建极其有利[4]。

依靠这些丘陵山脉作为屏障，以太湖平原作为基底，坐拥江、河、湖、海之利，苏州城址已经具备了城市构建的潜在基础。之后通过水利工程梳理自然山水体系，增强农业灌溉与防洪优势，经过人工不断地干预自然，天然的环境逐步演变形成区域景观系统，城市坐落在这个系统上，逐渐兴起发展成为美丽而又富饶的天堂之城。

二、人工干预自然山水塑造适宜的人居环境

苏州古城基址周边良好的自然资源虽具备潜在宜居性，但在原始的自然状态之下，基址区域地势低湿的特征使其并不适宜居住。

《水经注》中记载了建城者伍子胥这样一段话：“吴越之地，三江环之，民无所移矣。但东南地卑，万流所凑，涛湖泛决，触地成川，枝津交渠，世家分伙，故川旧渎，难以取悉。”这一段话很贴切地突出了苏州古城所处的东太湖地区的一个地势特点，即东南部地势较低，西来之水都顺势往东汇集，江湖

决口，四处渠道纵横交错，河网泛滥。这表明建城之前，这一区域实为沼泽之地，生存困难。

春秋时期主持筑城的吴国大夫伍子胥充分考虑了基址的优势和劣势，最终周边得天独厚的自然山水屏障和自然资源，使得此地仍是城市选址的绝佳之地，所以他尝土相水，象天法地，因地制宜，开始了对自然山水的梳理与重塑，在太湖东的这片沼泽地上筑起了大城。

1. 浅山地区早期聚落文明

苏州地区的古文明历史悠久，最早的人类活动遗迹，是在城西浅山地区的太湖三山岛发现的距今一万年前的旧石器时代人类遗址。当时太湖尚未形成，三山岛及周边浅山一带是一片丘陵点缀的沿海疏林草原，低山丘陵树木蓊郁，山岭上的岩洞和林木成为古人类的庇护所[4]。三山一带有利于人类生存的条件，为这片土地奠定创造了早期的聚落文明，跨出了生息繁衍的早期历史步伐。

2. 区域河湖水网体系重塑

苏州所处东太湖之地，西高东低地势的最低处在城东部和昆山、吴江一带，西部汇水顺地势东流使得河网泛滥、江湖决口，所以需要对区域内的水道进行人工疏导，来削减城市洪水灾患。首先，区域内无论是城外的水道还是城内的水系，都需要保证西来之水能顺畅地流向地势偏低的东南方；其次，保证防洪的同时，水系梳理也需要结合城郊农业灌溉和城市发展中的水运，以及在城内生活用水中发挥积极作用[5]。

（1）城内水陆双棋盘格局

伍子胥初建阖闾大城（即苏州古城）时，每面城垣设两门，水陆城门各八个，利用西高东低的地势，引入八条河流贯通全城，开始了内城水网的营建，《越绝书·吴地传》对此描述为："吴大城，周四十七里二百一十步二尺。陆门八，其二有楼。水门八。"至周赧王五十四年（公元前 261 年），楚国春申君统治吴地时，城内形成了"四纵五横"的城内河网系统。城内宽广的街道和密集的河道系统几经变迁，至唐宋时期，形成了"水陆相邻，河路平行"的双棋盘格局，水网骨架得到进一步完善，定型成为"三横四直一环"的水道体系，呈现出了"人家尽枕河，水港小桥多"的独特江南水乡面貌（图 8-2）[3]。

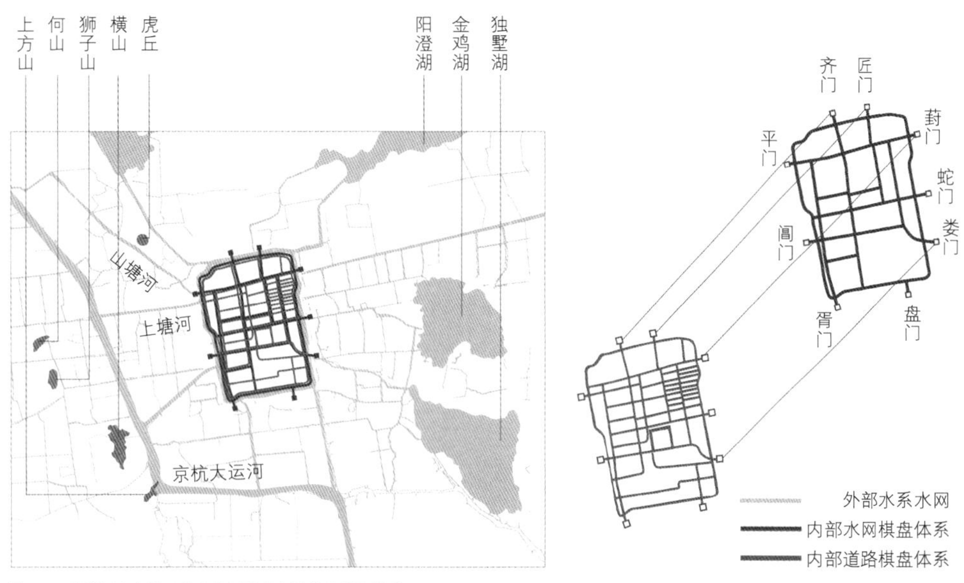

图 8-2 苏州城内水陆双棋盘格局及其与城外水系的联系

（2）城外水路与漕运开发

内城水系统发展的同时，城市周边优渥的水资源、纵横交错的港汊，具有发展航运的有利条件，水运的发展是大势所趋的必然之举。春秋时，为了争霸中原，吴国开凿了沟通江淮的邗沟和沟通黄淮的荷水运河等著名航道，使吴国的水路交通触及大半个中国，所谓“不能一日而废舟楫之用”[6]。

至隋炀帝时期，京杭大运河南北贯通，苏州成为江南运河航运中心。大运河从苏州古城西部流过，到明清时期大运河疏浚重开之后，苏州水运发展更是达到巅峰。大运河流经是苏州城市发展过程中极为重要的一环，对苏州城市各方面的繁荣发展起到关键的推动作用。

漕运开发尤其带动了苏州古城西部阊门片区内港码头一带的发展，城市在航运的刺激下突破城墙的界限向西部扩张，阊门外南濠码头一带万商停靠，这一片区甚至成了苏州城市新兴的商业中心，有“阊门盛世”之说。从阊门通往西郊虎丘和枫桥的山塘河及上塘河，各路会馆云集，商铺鳞次栉比，不仅起着通航和引运河水入城的作用，也同时形成了从城市西部到西郊浅山虎丘和枫桥地区的景观轴线，在一定程度上推动了西郊旅游资源的发展。

这些利用现有资源、人工干预重塑后形成的水网，构成了一个完整的河网湖荡系统，既具水利意义，又有交通价值。苏州古城通过水道，东西和长江相联系，南北和京杭大运河相贯通，也就形成了“闽浙衿喉、江淮要冲”，成为东南地区的交通枢纽，也成了全国商品经济最发达的地方，为城市持续繁荣奠定了深厚的物质基础[5]。

3. 区域农田水利体系发展

吴地稻作文化源远流长，自春秋时期的吴国即积极推行“实仓廪”主张，鼓励开垦荒地，重视兴修水利。同时，由于苏州低湿易涝的立地环境，水利建设也成为保障吴地人民农业生产和日常生活极为重要的措施。通过开挖河道、修筑驳岸，与农地形成体系，使水系从自然状态转变至人为控制，充分发挥灌溉、排涝、航运等功效，吴地的农业生产有了较大的发展[3]。后随着北方移民南迁，带来了技术与人力，发展到唐五代时期，吴地的土地开发已经占有绝对优势，全国的经济重心南移到长江流域。

宋代苏州境内的农业发展明显加快，首先是水利建设取得了明显成效，诸如范仲淹大规模治理太湖水患，他主持开浚了吴淞江，以及常熟、昆山之间的茜泾、下张、七鸦、白茆和浒浦五河，并在沿江诸浦设置闸门，用以拒沙挡潮、排泄积潦，为数州之利[7]。同时，经过数百年的开发，至宋代，苏州境内的平原大多已经成为良田沃土。在这种背景下，苏州人民对土地开发的目光开始转向广阔的水域和丘陵山地，与山争地，与水争田。

首先是圩田水利的开发，这种筑堤挡水护田的土地利用方式在春秋时代已有记载。中唐到五代的吴越国，疏浚了太湖入海港浦，形成了七里一纵浦、十里一横塘的河网化塘浦圩田体系，至宋代，圩田已成为农业生产中稳产高产的良田，是吴地农田水利建设的重要成就。据宋代郏亶的调查，苏州一地即有塘浦圩田水利二百六十多处。

其次是葑田，蔡宽夫《诗话》云：“吴中陂湖间，茭蒲所积，岁久，根为水冲荡，不复与土相著，遂浮水面，动辄数十丈，厚亦数尺，遂可施种植耕凿，人据其上，如木筏然，可撑以往来，所谓葑田是也。”苏州东南边的葑门即因为城门外大片的葑田而得名。

三是梯田，即在丘陵缓坡地带逐级筑坝平土营田，开发利用山地资源。与此同时，通过改进生产工具和水稻种植技术，形成一套比较成熟的农业技术体系，苏州所在的长三角地区逐渐成为全国最重要的农业区和粮食供应地（图 8–3）[7]。

总的来说，通过改造区域自然环境而形成的农田水利体系中，水利建设是保障农业建设及生产生活极为重要的措施，而农业的发展繁荣则带动整个地区的繁荣。

三、自然山水与城市景观体系的融合：区域景观系统的构建

通过对自然山水进行因地制宜的人工干预塑造，苏州城市及周边形成了良好的区域农业体系及水网脉络，最终城郊浅山与城内景观在区域景观演变和城

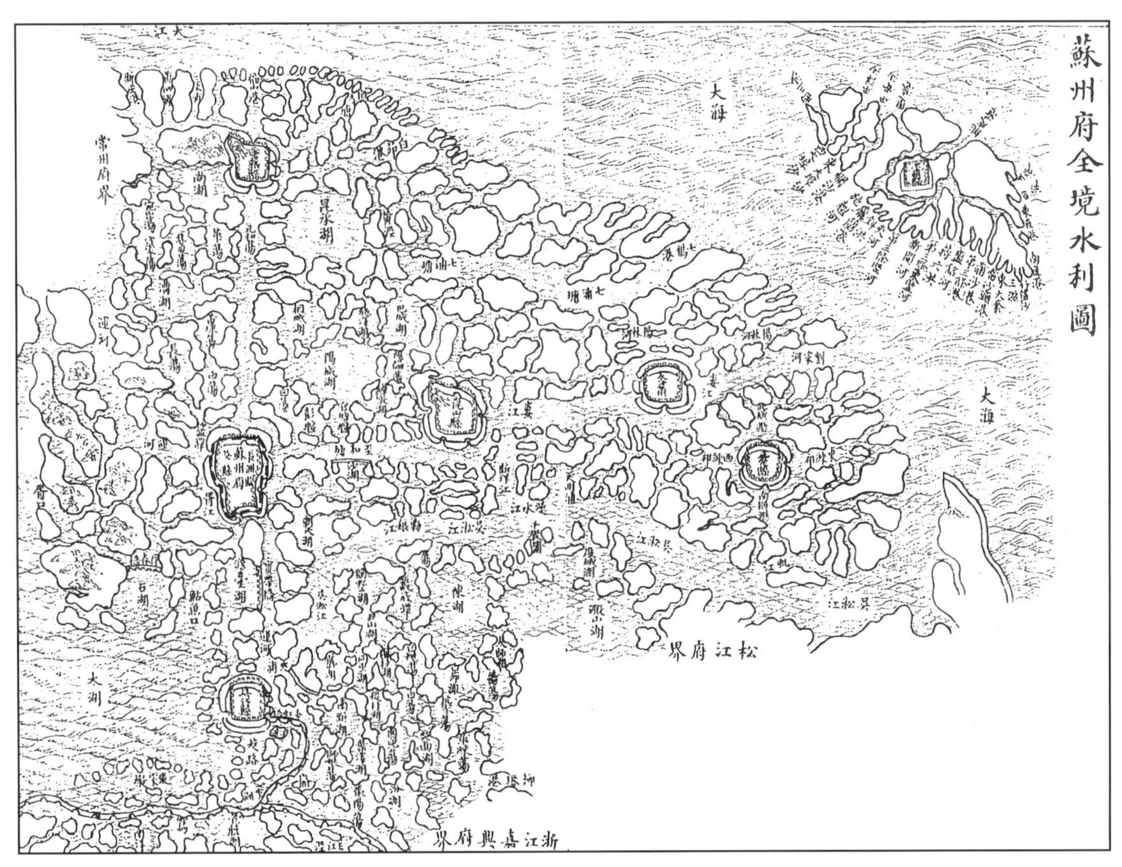

图 8–3　苏州府全境水利图
图片来源：（明）张国维著．史部．地理类．河渠之属．《吴中水利全书》．卷一

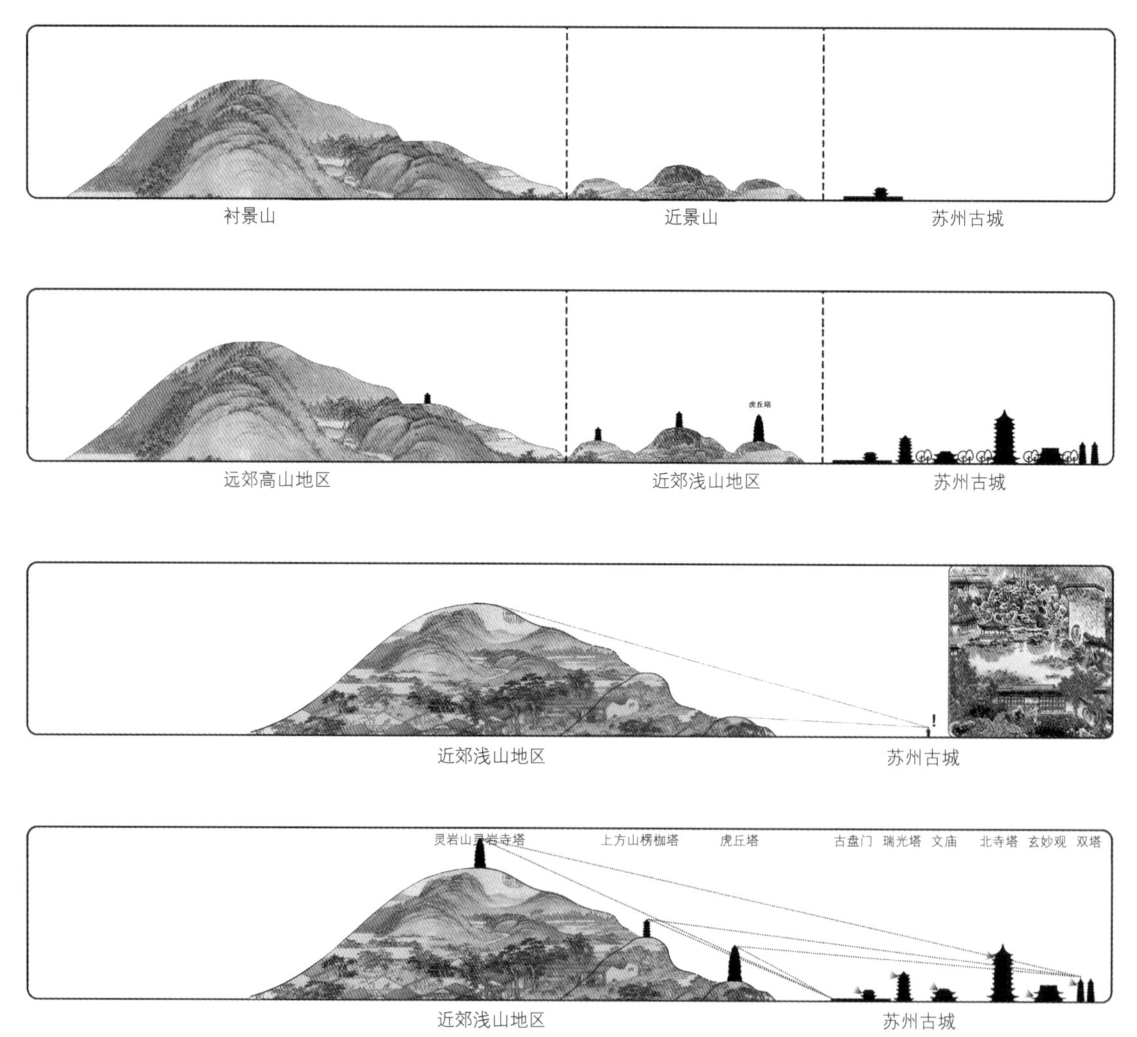

图 8-4　苏州城郊浅山与城内景观标志物视线分析示意图

市发展与人文塑造过程中相互渗透，再通过共同的水网体系及历史文脉等融合在一起，形成了跨越城市界限的由浅山、水网、植被、园林、寺观宝塔、人文历史等要素构成的区域性景观综合体（图 8-4）。

1. 城郊浅山地区的风景与文化经营

对于苏州来说，其西郊浅山丘陵地区的横山、上方山、何山、灵岩山、狮子山、虎丘等，在城市西侧形成了“拱围”状。作为城市近景，并均结合人工开发而形成著名的近郊浅山风景名胜，植入了深厚的苏州人文特征，构成了风景与文化融合的近郊风景体系。而洞庭东山、洞庭西山、邓尉山、穹窿山等构成了城市与前景山的绿色宏大背景，即为衬景山[8]。在这种层级与景深关系中，浅山余脉既作为城市景观与风景文化的延伸，也是城市景观的外部衬景，供人观赏，产生崇敬之感，其景观资源作为媒介，双向沟通了山水与城市，将外部自然纳入了整个城市风景和文化体系中（图 8-5）。

苏州西出城外至太湖的浅山地区山水资源丰富，地域组合良好，不同的地质条件塑造了姿态各异的山体地貌。然而，浅山余脉地区景观的魅力不只在于奇峰怪石、崇山峻岭，更在于自然资源在时光流转中和历史文化的相互交融所形成的文化景观。其中最为典型的当属虎丘风景区，《吴地记》载：“虎丘山绝岩纵壑，茂林深篁，为江左丘壑之表。”绝岩耸壑，气象万千，人文景观丰富，有三绝九宜十八景之胜，其中的云岩寺塔，立于虎丘山巅，质朴优美，早已成为苏州古城的标志性建筑（图 8-6）。

近郊风景名胜发展的同时，随着城市的扩张，古城西环太湖山丘陵区也出现了东山、金庭、木渎、枫桥、光福等村镇聚落的分布，与自然山水浑为一体，其建筑风格、布局模式、造景风格都满含厚重的历史文化积淀（图 8-7）。

2. 城内景观体系发展与园林营造

六朝时期，苏州开始出现了许多寺观庙宇等宗教建筑，如报恩寺、西晋真元道观（今玄妙观），与此同时，私家园林也逐渐开始发展，以辟疆园为首次记载的私家园林[3]。

至宋元时期，全城庙宇寺观达 50 多座，与城市中的阁楼、城墙、官署、园林、宫殿以及大片民居街坊和星罗棋布的石桥，还有纵横交织的水道系统，构成了丰富而有意境的城市风景体系，这个时期的造园达到一个高潮，沧浪亭和狮子

图 8-5 从胥门远眺洞庭二山
图片来源：王瑞隆摄

图 8-6 阊门西望虎丘及天平山

林便是宋元时期的珍贵历史遗存。之后随着古城逐步园林化，加之明清时期苏州的富庶和繁华，官宦人士模仿自然叠山理水，买地造园，苏州可谓半城亭园，体系发展至巅峰，现存的苏州传统园林中大部分也是这个时期的产物[3]。

苏州能够成为以自然山水园为特色的江南私家园林胜地，近郊的山水环境为造园活动提供了充足的自然资源与创作源泉，奠定了物质基础与造园原型来源。

首先，苏州园林“无水不园，园因水活”，水作为造园的主体要素，亭台楼阁依水而建，大多景观景点也都围绕水而展开。河网湖泊为造园提供了资源，园林体系在城市水网脉络的基础上建立，城市的水环境是苏州园林发展兴盛的核心因素。

其次，城市周边的浅山丘陵群为园林景观提供了良好的背景，园林本身自成一体，在视线上又与外部山体融合，如登沧浪亭看山楼，凭栏远眺即可将上方、天平、灵岩诸山景致收入眼底。

最后，周围的大山大水赋予了造园者创作的源泉，文人雅士希望把山水收之眼前，于是叠山理水，通过各种造景手法，以小见大，将大山大水转化为眼前富有深远意境的小山小水，形成充满诗情画意的文人写意山水园。

3. 浅山地区的风景营造与城市景观融为一体

苏州西郊浅山地区一方面与外部的大山大水属同一个自然系统，另一方面处于城市近郊，虽在城外却与城市内部通过城郊风景资源的开发、水陆交通的开凿、历史文脉的渗透、标志性宝塔等景观建筑网络的串联而融为一体，形成了西郊的风景体系（图 8–8）。

西郊浅山余脉地区虽海拔不高，但植被覆盖良好，且多接近水体，具有很好的景观效果，因此这些丘陵山区大多成了历史上著名的郊游地或离宫别苑的所在地[9]。环城一带虎丘、枫桥、石湖、何山、狮子山等的城郊旅游有很长的历史和丰富的旅游价值。

基于对这些浅山地区风景资源的需求，人工干预开凿了城市通往西郊虎丘和枫桥方向的水路和陆路，城郊与城内通过水网联系在一起。枫桥是京杭大运河入城处，作为外来粮船来往于运河与苏州城之间的粮卡，历代诗人多有吟咏，使其全国闻名，虎丘更是环城浅山历史风景典范，随着运河漕运和阊门片区商

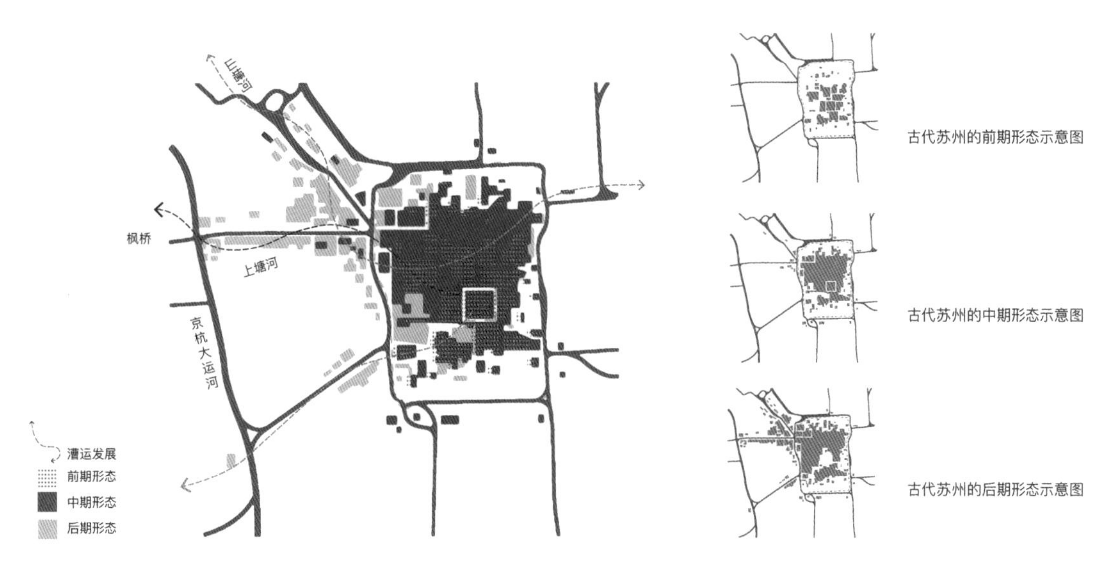

图 8–7 不同时期苏州城市发展分布示意图

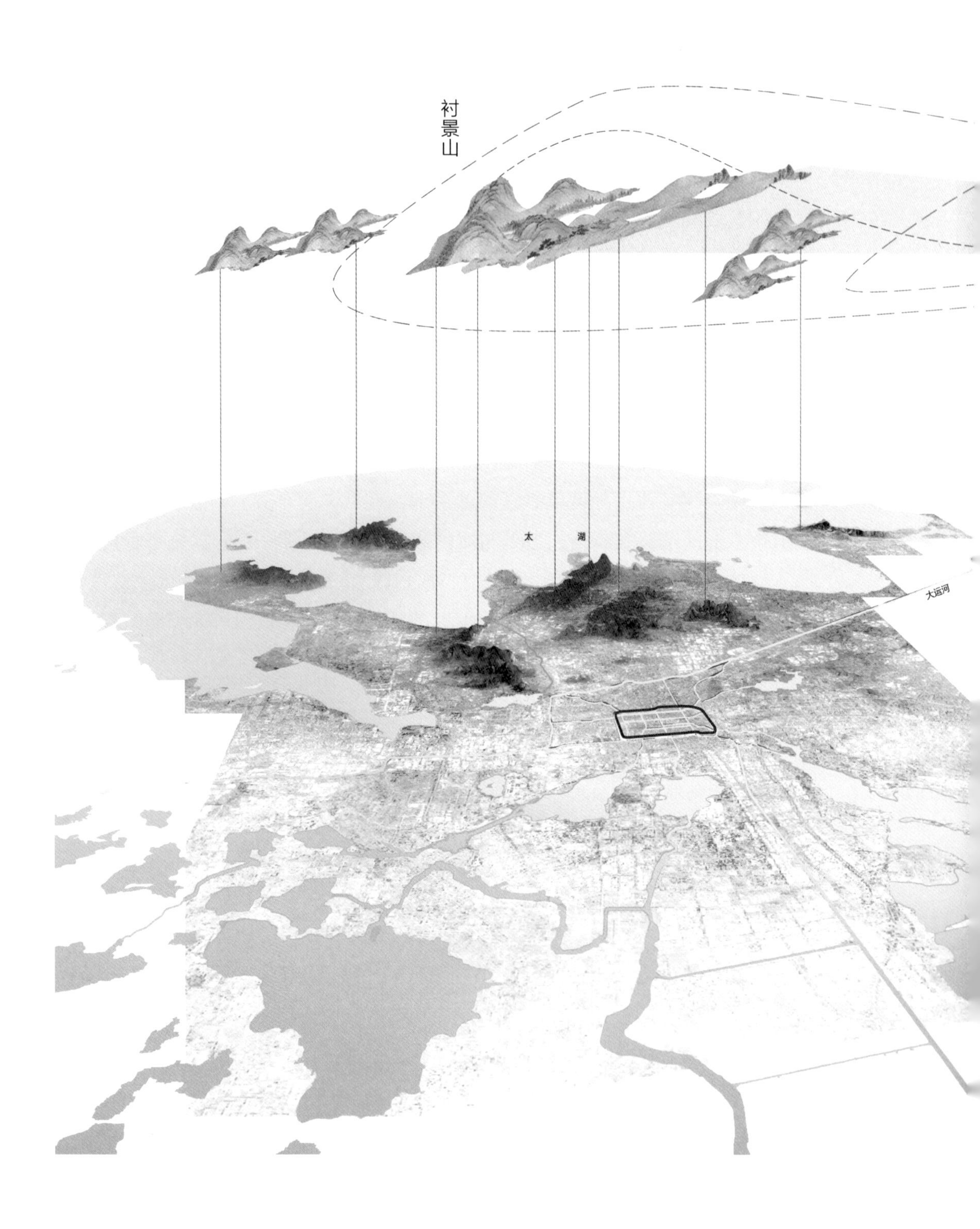

图 8-8　苏州城内的标志性景观将城市与近郊、远郊环境进行联系

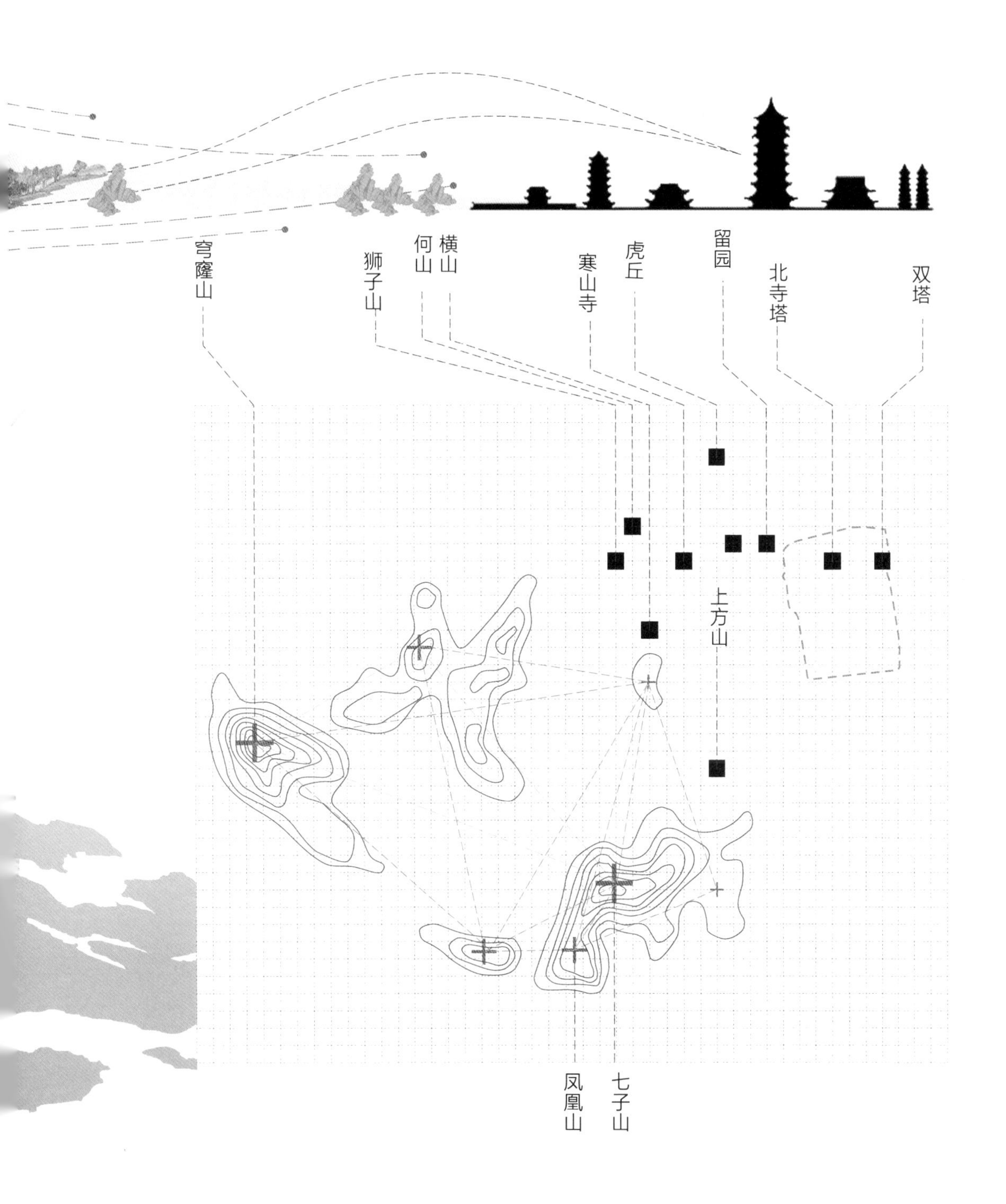

穹窿山
狮子山
何山
横山
寒山寺
虎丘
留园
北寺塔
双塔
上方山
凤凰山
七子山

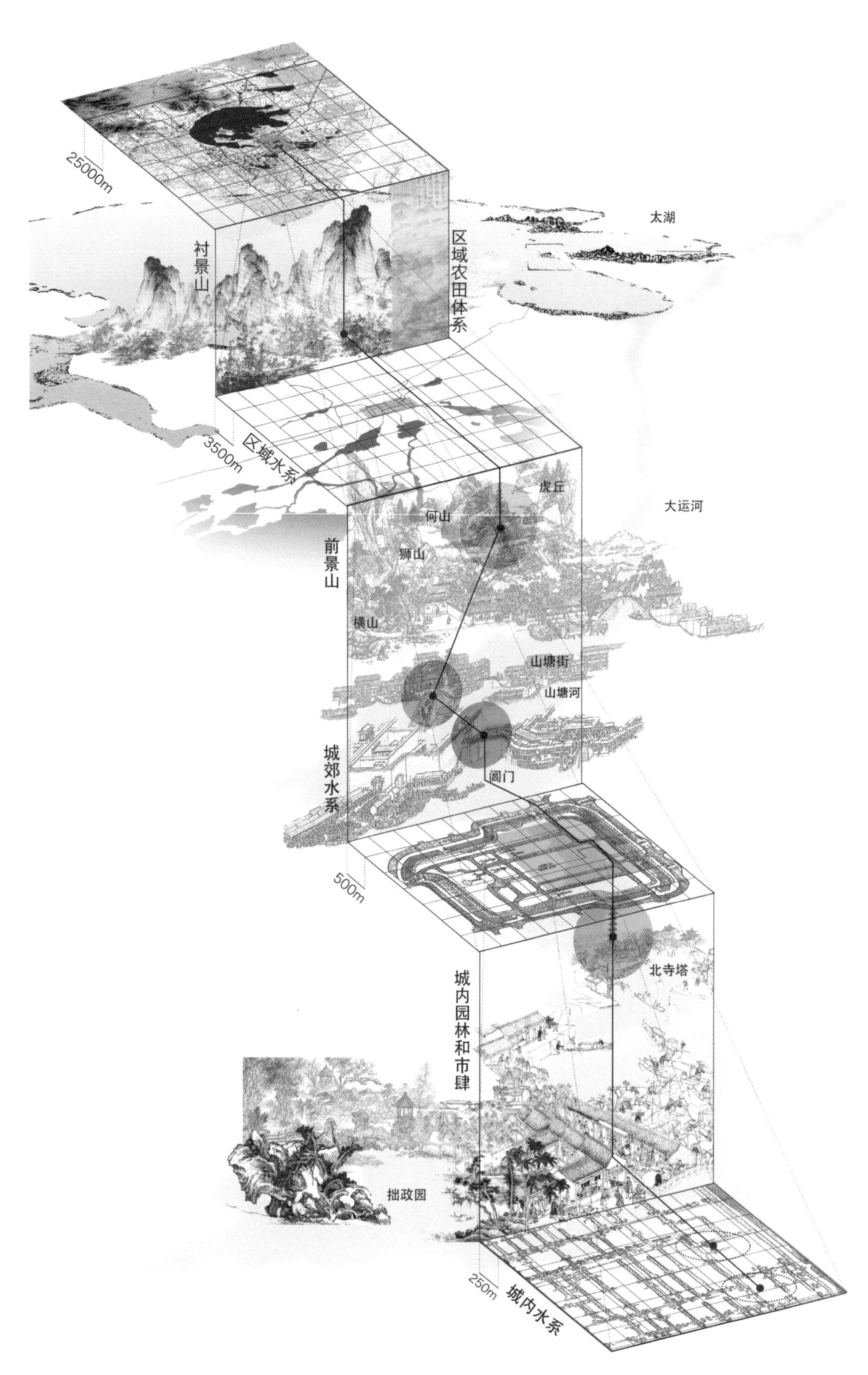

图 8-9　图解苏州区域景观系统与城内景观的营造

近郊山水环境为城内园林的营造提供了背景和资源，城外与城市内部通过城郊风景资源的开发、水陆交通的开凿、历史文脉的渗透、标志性宝塔等景观建筑网络的串联而融为一体，形成了区域性景观系统

图片来源：（明）张国维著，史部，地理类，河渠之属，《吴中水利全书》，卷一，苏州府城水道总图、苏州府城内东北隅长洲县分治水道图、苏州府城内西北隅吴县分治水道图，（清）徐扬《姑苏繁华图》，（明）唐寅《江南农事图》，（五代）董源《夏山图》绘制

业的发展，城市空间格局的西部扩张，浅山余脉地区与城市的联系更为紧密，城郊自然山水体系和城市内部的园林体系，都作为历史文化的载体，逐渐融为一体。

与此同时，苏州现存的各类古代城市景观中，寺观园林占了很大一部分，其内部的各种木塔或者砖塔，往往作为制高点，成为城市的标志性景观。这些遍布城市内外的高塔所形成的网络体系，也成了城市及其周边相互沟通的重要媒介，如古城内部的北寺塔、瑞光塔、罗汉院双塔，城外虎丘的云岩寺塔以及灵岩山的灵岩寺塔、上方山楞枷塔等。这些宝塔作为古建筑和佛教文化的精华，是苏州古城风貌的精髓，它们将城市及周边环境联结起来，构成一个完整的山水体系。

苏州周边的自然山水格局是城市选址的基础，城市依靠外部山水而兴起，通过人工干预重塑自然而得以发展，最终经过千百年的演变，与近郊山水体系形成一个人文和景观高度融合的综合体，即“山—水—城”模式下的区域景观系统，成为山水城市构建的媒介（图 8-9）。

城市的建设要充分保护经过岁月沉淀形成的自然山水格局以及历史文脉，同时在城市发展和更新的过程中，需要从区域景观系统的视角将城市与周边自然环境有机结合，将城市的规划提升到区域景观系统的范畴，使城市浸润在自然山水之中。苏州城市近郊山水体系与城—郊的区域景观系统的历史形成过程，对于今天山水城市的建设具有借鉴意义。

注释：

1 吴宇江．“山水城市”概念探析 [J]. 中国园林 ,2010（2）:3-8.
2 太湖地区水利的建设和治理 [EB/OL]. http://www.360doc.com/content/12/1214/11/8282618_253961527.shtml.2012-12-14.
3 徐叔鹰 , 雷秋生 , 朱建刚 . 苏州地理 [M]. 苏州 : 古吴轩出版社 ,2010:11.
4 蒯元林 . 苏州山水名胜地学科普资源的开发研究 [EB/OL]. http://www.szst.cn/toupiao/021.htm.2010- 01-08.
5 陆咸 . 略论苏州古城的水城特色 [EB/OL]. http://www.zx.suzhou.gov.cn/szzx/InfoDetail/?InfoID=ba124c72-53a6-488a-b722-8b9743ffaf98&CategoryNum=014008001. 2015-01-12.
6 刘民英 . 苏州城市兴起和发展的历史地理基础 [J]. 中国历史地理论丛 ,2000(1):173-184.
7 苏州的过去与现在 [EB/OL]. http://blog.sina.com.cn/s/blog_538961f3010008ka.html. 2007-03-29.
8 汪德华 . 中国山水文化与城市规划 [M]. 南京 : 东南大学出版社 ,2002.
9 朱政 . 苏州旧城区城市叙事空间研究 [D]. 长沙：中南大学 ,2009.

第九章　城市：区域景观系统与分区营建
——蜀冈与水网上的扬州城

城市建设不能忽视人工环境与自然环境之间的紧密联系，城市的分区与区域景观系统也保持着密切的相关性，城市与所在的自然山水格局始终是一个整体。第九章、第十章和第十一章列举了三个城市案例，阐述城市分区与区域景观系统之间的相互作用过程，包括扬州、绍兴与南京。

本章节以隋唐时期（581 ~ 907 年）的扬州作为研究对象，从扬州所在的蜀冈、冲积平原构成的天然环境入手，分析人工治理后的水网体系，梳理出扬州区域景观系统的组成，并剖析了构建于该系统之上的古城营建的特征，从中探索城市分区，如衙署区、市肆区、里坊区等与区域景观系统的关系。

扬州位于长江三角洲北部，古城坐落在蜀冈和冲积平原的交界处[1]。纵观扬州，经历了两次高潮发展历程，即隋唐时期的城市建设达到顶峰，以及明清时期园林营建享誉全国。隋唐时期的扬州城具有以下两个特点：第一，原本泥泞不堪且易受水患影响的冲积平原，经过长久的人工治理后形成了一个完整的水网体系，并与西北的蜀冈构成区域景观系统；第二，扬州古城由隋江都宫急剧扩张至唐子城（牙城）、罗城[1]的过程始终依存于该景观系统之上，与之紧密结合共同发展。古城扩张的过程很好地诠释了区域景观系统与城市发展的关系，是古代城市营造与区域景观系统紧密结合、共同发展的典型案例。

因此，以隋唐时期扬州古城（隋时称江都，唐时称广陵、扬州）所在的蜀冈以及蜀冈南部的冲积平原区域内的自然环境和人工环境为研究对象，分析了扬州地区得天独厚的自然山水格局，并经过持久的人工干预与治理后逐步形成的城—郊一体的区域景观系统，奠定了城市发展良好的自然本底。

城市营建过程中的重要城市分区，如衙署区、市肆区、里坊区等，以及城郊衍生出的寺庙道观、城镇聚落、别墅宅院、农田水利作为城市功能的补充均构建于所处的区域景观系统之上。城市各功能区的营建与自然山水环境不断地相互调适和生长，人工环境与自然环境互相交融。

古代的城市选址及分区营建涉及政治、经济、文化、军事、地理等多个方面，此段的重点是从区域的视角出发，阐述城市的功能分区与营建在空间格局上与区域景观系统的相互关系。

图 9-1 扬州古城区位及周边山水环境
图片来源：作者根据注释 2、3 改绘

一、隋唐时期扬州区域景观系统的组成

扬州处于大运河（隋唐大运河邗沟段）和长江的交汇处，境内地势西高东低，以西北位置的丘陵山区为最高，称之为蜀冈地区。从西向东呈扇形逐渐倾斜，蜀冈之下是由长江冲积形成的冲积平原，而长江位于冲积平原的南侧，形成山环水抱式的自然山水格局。在这个自然山水格局之上，经过长期的开挖运河（城外：邗沟、山阳渎、伊娄河，城内：市河、官河）、修建水库（陈公塘、勾城塘、上雷塘、下雷塘、小新塘）[2] 等人工治理的方式，发展形成了一个完整的区域景观系统，为城市的营建与发展提供了良好的自然本底（图 9-1）。

1. 自然山体的天然屏障

扬州所处的江淮平原主要由长江、淮河冲积而成，地势低洼，海拔一般在 10m 以下。受地质构造和上升运动的影响，沿江一带平原分布着众多的低山、丘陵和岗地。扬州的山以蜀冈为首，位于扬州的西北。对于蜀冈，《读史方舆纪要 · 卷二十三 · 南直五》载："蜀冈，府城西北四里。绵亘四十余里，西接仪征、六合县界，东北抵茱萸湾，隔江与金陵相对。[4]”

从城市资源的角度来说，蜀冈地区有众多低山丘陵，生长其中的丰富植被对水土资源的保护发挥着积极作用，连绵起伏的山地之间形成谷地，为人工改造自然构筑水库（如：陈公塘、勾城塘、上雷塘、下雷塘、小新塘）、调蓄区域雨水资源提供了地貌基础；从城市安全的角度来说，蜀冈是天然的军事防御屏障，正如“图经曰：州城在蜀冈东南，其城之东南北皆平地，沟浍交贯，惟蜀冈诸山，西接庐滁，凡北兵南侵扬州，率循山而南，据高为垒以临之”[5]。依靠蜀冈地区的自然山体作为屏障，扬州城已具备了城市营建的基础。

2. 人工治理重塑水网体系

古代扬州地区的水文状况和今天相比有较大的差距，在隋统一之前，长江挟带的泥沙在北岸堆积，边滩淤涨，使得长江河道向南移，迄至隋统一之际，冲积平原由原来的二十里扩宽至四十余里，此时的长江江岸位于今三汊河、杨子桥、施桥一线（图 9–2）[6,7]。

虽然长江河道南移扩宽了冲积平原，有了“土甚平旷”[7]的条件，为城市的发展预留了一定的空间，但由于冲积平原尚为江水泛滥的河漫滩，且易受西来蜀冈洪水的侵害，并不适合居住，需要通过人工治理的方式对区域内的水流进行疏导，以保证江水不再泛滥，以及蜀冈地区产生的雨水能够快速地排向地势略低的东南方向。减少水患对城市威胁，同时，也有利于农业生产和从事经济活动。

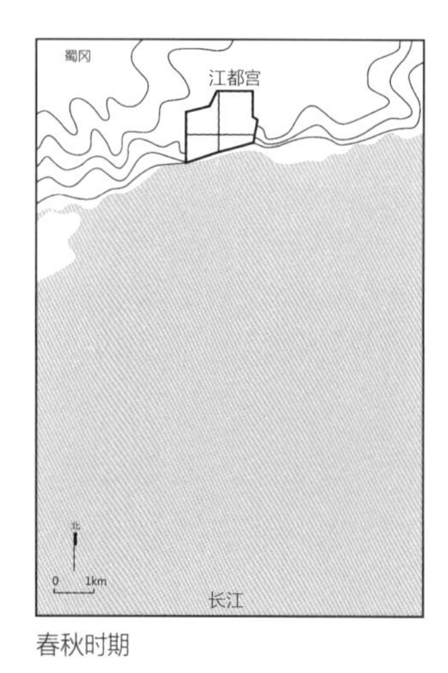

春秋时期

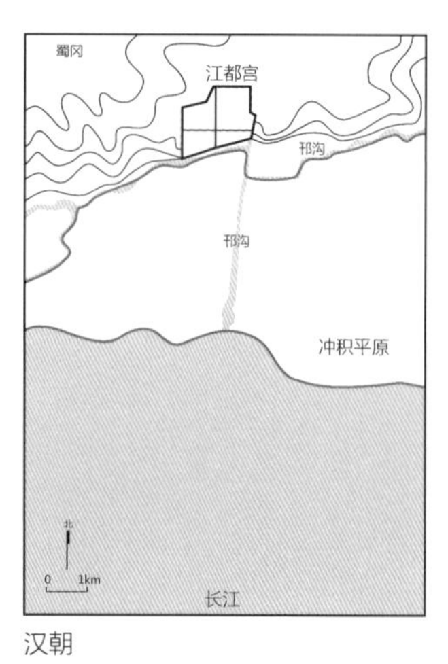

汉朝

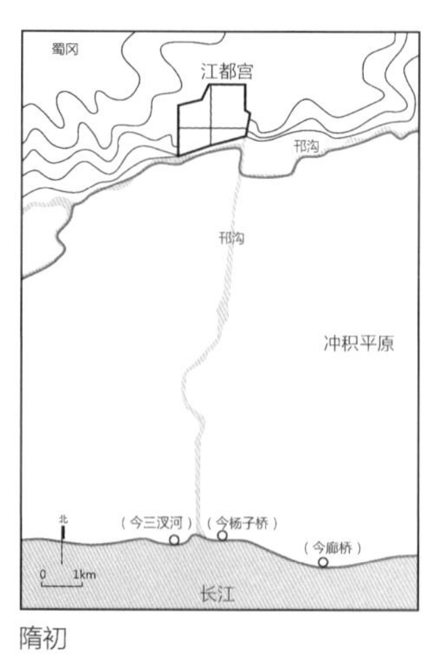

隋初

图 9–2 春秋至隋初期扬州地区长江岸线变迁示意图

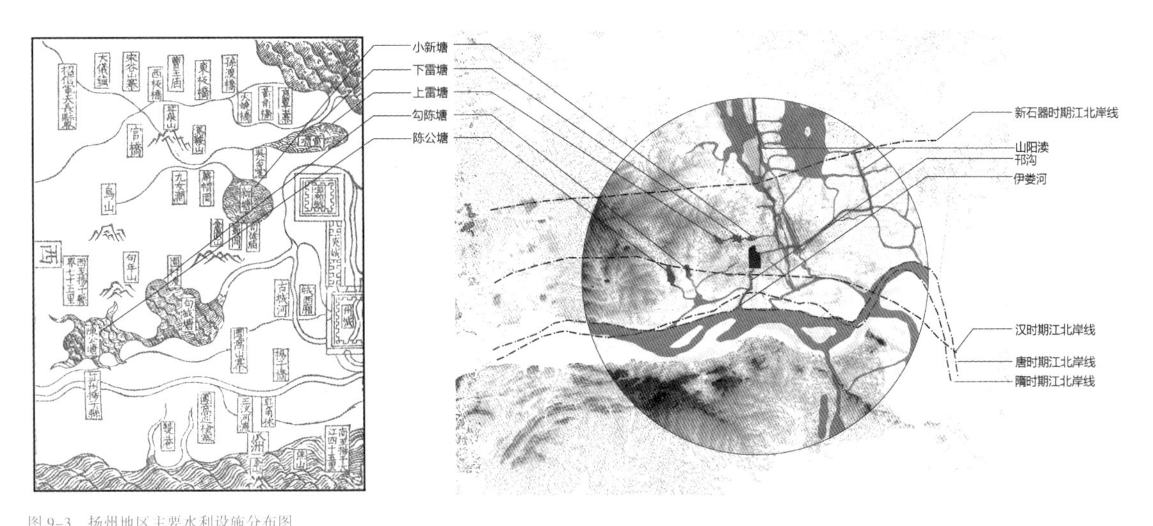

图 9-3　扬州地区主要水利设施分布图
作者根据注释 2、3、6 和 9 改绘
图片来源：（明）《嘉靖惟扬志》卷一、宋江都县图

经过长久的人工治理后，扬州城内南北向有河道两条（分别名为市河、官河），横贯罗城，东西向也有河道两条（名为浊河、邗沟，浊河位于罗城内北部，与子城相接，大体是沿着蜀冈南部自西向东流，邗沟即隋炀帝开凿的邗沟）[6]，最终城内形成“两纵两横”水网模式。

扬州城郊的人工水利设施大体分为两类。第一类是历代因军事、经济、政治的原因开凿的运河，有春秋战国的邗沟、汉茱萸沟、隋文帝开凿的山阳渎、隋炀帝重修的邗沟和唐时期的伊娄河[8]。这些运河都是沟通长江下游与淮河下游的航运通道，位于扬州东部。第二类是为满足生产需要的农田水利设施，在扬州西北部的蜀冈与仪征、邗江交接的丘陵地带，曾经连绵设置了五座“水柜”，称之为“五塘”，分别为陈公塘、勾城塘、上雷塘、下雷塘和小新塘。陈公塘最大，周围九十余里，勾城塘周十余里，上、下雷塘周各六、七里，小新塘最小，周二、三里[2, 9]。“五塘”为扬州地区的农业发展发挥了积极作用，中唐以降，“五塘”还兼做济漕利运、补给水源的水库。水库、水塘的修筑有助于涵养水源，水运交通和农业生产也因此得利。水库分布在蜀冈丘陵地带，自西向东运河的开挖和疏浚使得扬州地区成为连接南北的关键节点，也为扬州当地的水运交通提供了便利（图 9-3）。

图 9-4　扬州古城与区域景观系统的关系示意图

上雷塘
下雷塘
小新塘
山阳渎

二、构建在区域景观系统上的古城

扬州古城的构筑是在充分利用自然山水格局和经过人工梳理后的水网体系基础上营建而成。从古城的选址到城市内部的衙署、市肆、里坊、寺观、书院等各功能的有机组合,再到城市功能向郊外延伸的过程,都依托于由蜀冈、长江、运河(山阳渎、邗沟、伊娄河等)、冲积平原、园林、宫苑建筑等要素构成的城—郊一体的区域景观系统(图 9–4)。

1. 古城选址

中国古代城市的城址大多都选在自然山水格局良好的地域，自然环境对城市功能的产生与发展造成一定的影响，同时城市功能分区的位置选择也要考量原有的自然条件,二者相互作用、有机融合。城市的规划与建设是在朴素自然观、生态观和朴素人本主义思想下，结合封建礼制、阶级划分和宗教文化等发展起来的[10]。扬州城也不例外，城址位于蜀冈和冲积平原之间，北依蜀冈，借助蜀冈的低山丘陵作为天然屏障。城市主体占据冲积平原，南眺长江，利用肥沃的土地以及地势平坦的空间作为发展条件，城内地势略高于周边，城东和城南有丰沛的水资源，在减少水患的同时保证了用水需求。更重要的是，此时的扬州位于南北水陆交通枢纽地带，为城市的兴起提供了先决条件。

2. 古城分区与区域景观系统相协调

隋唐时期的扬州古城经历了隋江都宫到唐子城（牙城）再到唐子城、罗城双城格局的三个阶段[1]。城内分布着衙署区、市肆商贸区、里坊住宅区等。衙署区位于蜀冈东南边缘，俯瞰冈下，其西北面有着良好的风景资源。漕运、市肆沿运河展开，在商业繁荣、风景营造后吸引人流，提升城市生活品质。里坊住宅区则是利用冲积平原的地势和蜀冈山体作为背景，打造宜人的人居环境。城外分布着城镇聚落、别墅宅院、农田、水利设施和自然山水。各分区均紧密依托于自然山水环境以及经过人工整理的河网体系，并相互影响、相互适应，城内外的人工环境如同生长在自然山水之中，和谐共处。各分区与区域景观系统有机整合，促进城市的持久繁荣（图 9–5）。

（1）蜀冈的风景资源与衙署区营建

从隋炀帝的江都宫修建到唐代扬州大都督府、淮南节度使衙署及州郡官署的设立，扬州的衙署区皆设置在蜀冈之上。隋唐时期扬州子城的形制格局开端是隋开皇十年（590年），隋炀帝任扬州总管，镇守江都，建江都宫于蜀冈之上，将衙署设置在江都宫；唐初，扬州的治所沿用江都宫的遗址，奠定了此后扬州城的发展基础[11]。

在扬州城西北郊蜀冈地区有着丰富的风景资源，如甘泉山、盘古山、金匮山、朴树湾、九女涧、“五塘”等。还有借助蜀冈地区丰厚的林木资源和生态环境营建的人工环境，其中最具代表性的是长阜苑和隋苑，两者都属于隋炀帝在江都宫外、蜀冈之上建造的宫室、楼台和苑囿。《太平寰宇记》记载：“十宫在

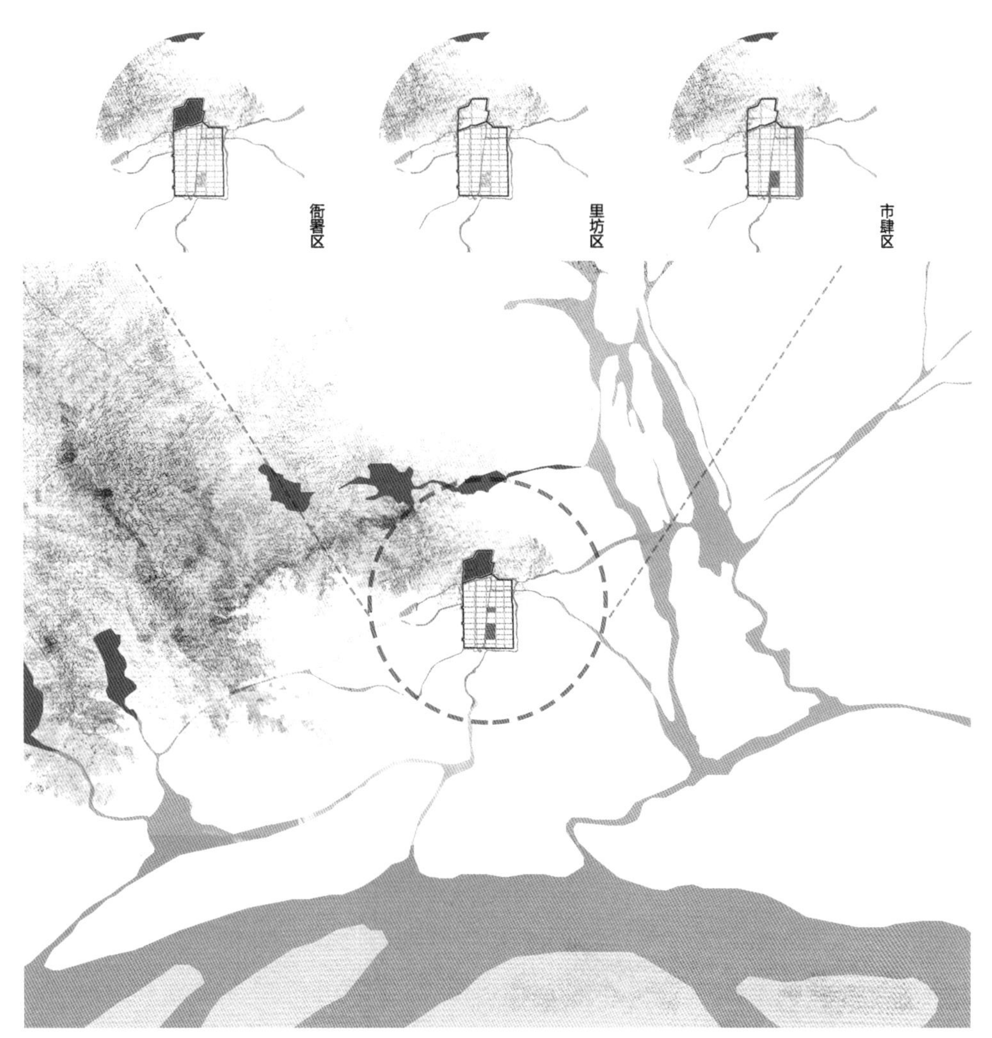

图 9-5　扬州古城各分区与区域景观系统关系示意图

江都县北五里，长阜苑内，依林傍涧，高跨冈阜，随地形置焉。曰归雁、回流、九里、松林、枫林、大雷、小雷、春草、九华、光汾。[12]”对于隋苑，杜牧有诗云：“天接海门秋水色，烟笼隋苑暮钟声。[13]”

长阜苑、隋苑以及蜀冈的山水都围绕着衙署区的北侧分布，作为自然环境向人工环境的一个过渡。长阜苑、隋苑内的建筑群隐逸于城北山水间，让人流连忘返，其良好的风景作为媒介，使衙署区便于与城郊的山水联系起来，同时将衙署区外的自然风景纳入其中。有了在衙署区附近的宫苑，加之近郊的山水提供的天然风景，衙署区才能够地处蜀冈高地，凭借蜀冈为背景，俯瞰子城全城，南眺长江，形成独具特色的衙署区景观。

（2）运河系统的发展与漕运、市肆的繁荣

隋唐时期，扬州城的发展离不开商业经济活动，商业经济活动离不开漕运，漕运的发展带动了扬州城的发展。罗城的修筑有一条重要的原因就是扬州的商业经济日渐繁荣。扬州城的商贸主要分为两个类别，一类是官方在修筑罗城前规划里坊时设立的“市”，另一类则是在城市发展中自发形成的“市”[14]。

罗城中设有大市、小市，是官方设置的交易场所。大、小两市的性质与长安的西市、东市相类似，但是位置布局与长安的市却有所不同。大、小两市位于罗城中心位置，沿城中的市河设立，大市与小市中间隔着两个坊，且小市位于大市的北端。官方的市集如此布置与扬州城本身的运河系统有关，在修筑罗城（修筑时间约在唐初[7]）前就有市河存在，市河的水流方向由南至北，大多数经过市河的货运也是由南至北，统治者在划罗城时为了漕运和市集买卖便利选择此布局方式。

水网体系的重塑促使第二类商业形式的产生。人们不再局限于只在官设的市集中交易，还会依托街道两侧以及水系运河周边的场地临时搭建的买卖场所，例如城中桥头、街道两旁的“街市”，城外运河边的“草市”。正是有了这些集市的存在，“广陵当南北大冲，百货所集”[15]才有依托的场所，加上“江淮俗尚商贾，不事农业”[16]的风俗，促使商贸区进一步发展扩大。张祜有诗：“十里长街市井连，明月桥上看神仙”，韦应物亦云：“夹河树苍苍，华馆十里连”，形象描绘出在此大环境下城市内的街市带来与同时期京城不同的城市景观。封闭的里坊制向开放式的街道布局转变的同时，在扬州城的运河水系以及周边景观也因为商业活动而慢慢发生着变化。广德二年（764年），刘晏改进裴耀卿分段漕运法后，扬州运河上出现“江船不入汴，……江南之运积扬州”[17]的景致。宝历二年（826年），王播担任盐铁转运使时，因“扬州城内官河水浅，遇旱

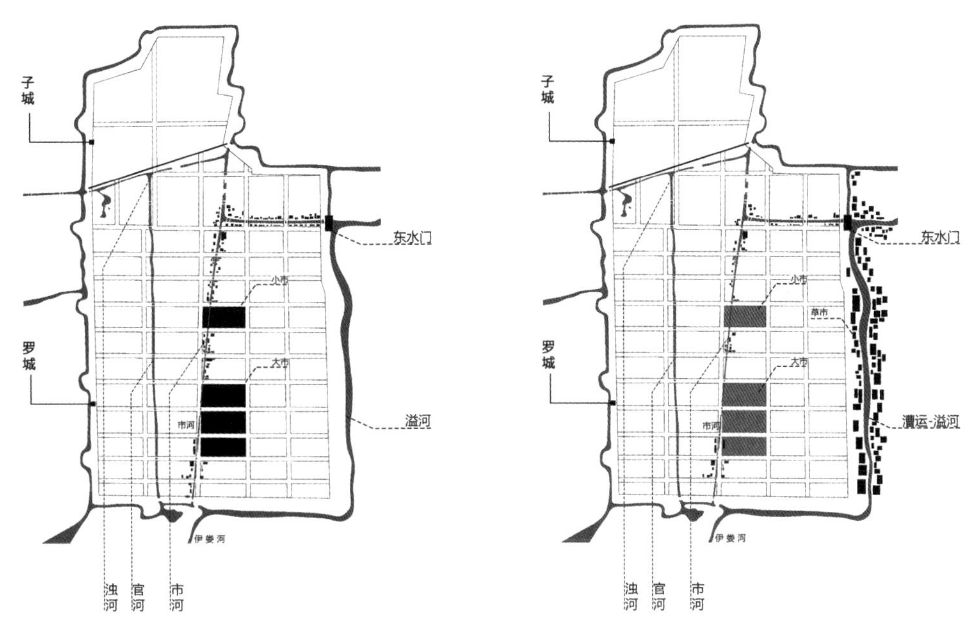

图 9-6　隋唐扬州城市肆的分布和演变
左：修筑罗城前规划里坊时设立的“市”
右：城市发展中，城内的官河渐渐失去航运功能，绕罗城东南、东侧的运河变成主航道，城东的运河边逐渐形成“草市”

即滞漕船。乃奏自城南闾门西七里港开河向东，屈曲取禅智寺桥通旧官河，开凿稍深，舟航易济”[8]。从此，城内的官河渐渐失去航运功能，绕罗城东南、东侧的运河变成主航道，城东的运河边逐渐形成“草市”（图 9-6）。

漕运、市肆的兴盛极大地带动了周边景观的发展。起初有“筑御道，树以柳”，使得运河两侧有了陆路交通和道路绿化，尔后甚至出现了由私人建造但是服务大众的园林，这就是以商业为目的的茶肆酒家园林[18]。这一系列围绕城东南运河进行的绿化提升的过程中，促使运河周边环境更宜居，和城内各功能区块的联系愈加紧密。

（3）水系的治理与里坊住宅区的规划

长江河道南移之后，运河的开挖使得冲积平原拥有一个北依蜀冈、南拥长江、中贯运河的空间格局，这种空间格局正好契合了古人对于置陈布势和总体营构的理解[19]，加之冲积平原沃野四十余里，拥有潜在的宜居性；然而丰沛的雨水资源对于筑城营宅非常不利，但是经过人工治理，在城内形成了“两纵两横”水网体系，有效地控制了地下水位，保证了生活用水，还减少了安置宅院的难度。

扬州城的住宅区形态与空间布局分为三个阶段：第一个阶段是江都宫建城

到罗城建成，住宅零散地分布在江都宫外；第二个阶段是罗城的建立至城外运河的疏通，住宅大多均质分布在城中；第三个阶段则是城外运河疏通之后直至唐灭亡，住宅主要分布在罗城东部[7]。里坊住宅区的变化过程均与水系的治理发生着密切的关系。

隋时期扬州只有隋炀帝的江都宫，宫内并无平民居住，运河通航后，在扬州云集的工匠、商贾为了生活方便只能选择在靠近蜀冈下的平地或运河两岸营建住宅。这就导致唐代扬州城的发展从一开始就出现了衙署区和里坊住宅区相互脱离的趋势。入唐后，子城并未改变其性质，仍然将子城作为衙署区使用。随着北方的中央政权越来越倚重南方地区的物资供应，而扬州作为南方向中原地区漕运的枢纽站，自然汇聚了大量的人口，罗城也就是因此而筑。建筑罗城时，形制大体遵循“两京及州县之郭内分为坊，郭外为村”[20]的唐代城市制度。罗城内除了大、小二市，剩余的空间大多用来居住，全城分为南北13坊、东西5坊，每坊的尺寸东西长450～600m、南北长约300m[1]。由于城中水道纵横，加之城内商业活动不仅限于大、小二市之中，扬州城内并没有沿用同时期唐代两京的封闭式里坊结构，因此扬州城内的住宅是在水网、十字道路的基础上自由散布的。越靠近水体的地方住宅越密集，且多为工匠、商贾人家。唐末，城东运河的开通带动漕运发展的同时，民宅、仓库和馆驿等设施受商业活动的吸引逐渐向城市东部发展，罗城西部渐渐冷落萧条，民宅渐少。

3．城市功能在郊外延伸

城区不断扩张的同时，城市功能也在不断地丰富。最初的城市规划已经不能满足日益繁盛的需求，于是城市功能慢慢突破城墙的界限，往周边的自然山水中延伸。其中就包含了寺庙道观、别墅宅院、城镇聚落等人工环境，这些分布在郊外的人工环境给城内的城市功能提供了补充，加强了城市与区域景观系统之间的联系。

（1）寺庙、道观构建地方特色人文景观

扬州地区在东汉末年就有道教和佛教的活动记载[17,21]，真正意义上的发展和兴盛是在隋唐时期。隋唐时期，扬州有不少寺庙道观，主要集中在城近郊的蜀冈地区，如栖灵寺（后称大明寺）、观音禅寺、禅智寺。城内也存在一些寺庙，多毗邻水系，如开元寺、正胜寺（后称天宁寺）。

寺庙道观往往处于整个区域的关键位置，是区域内的视觉焦点，同时寺庙

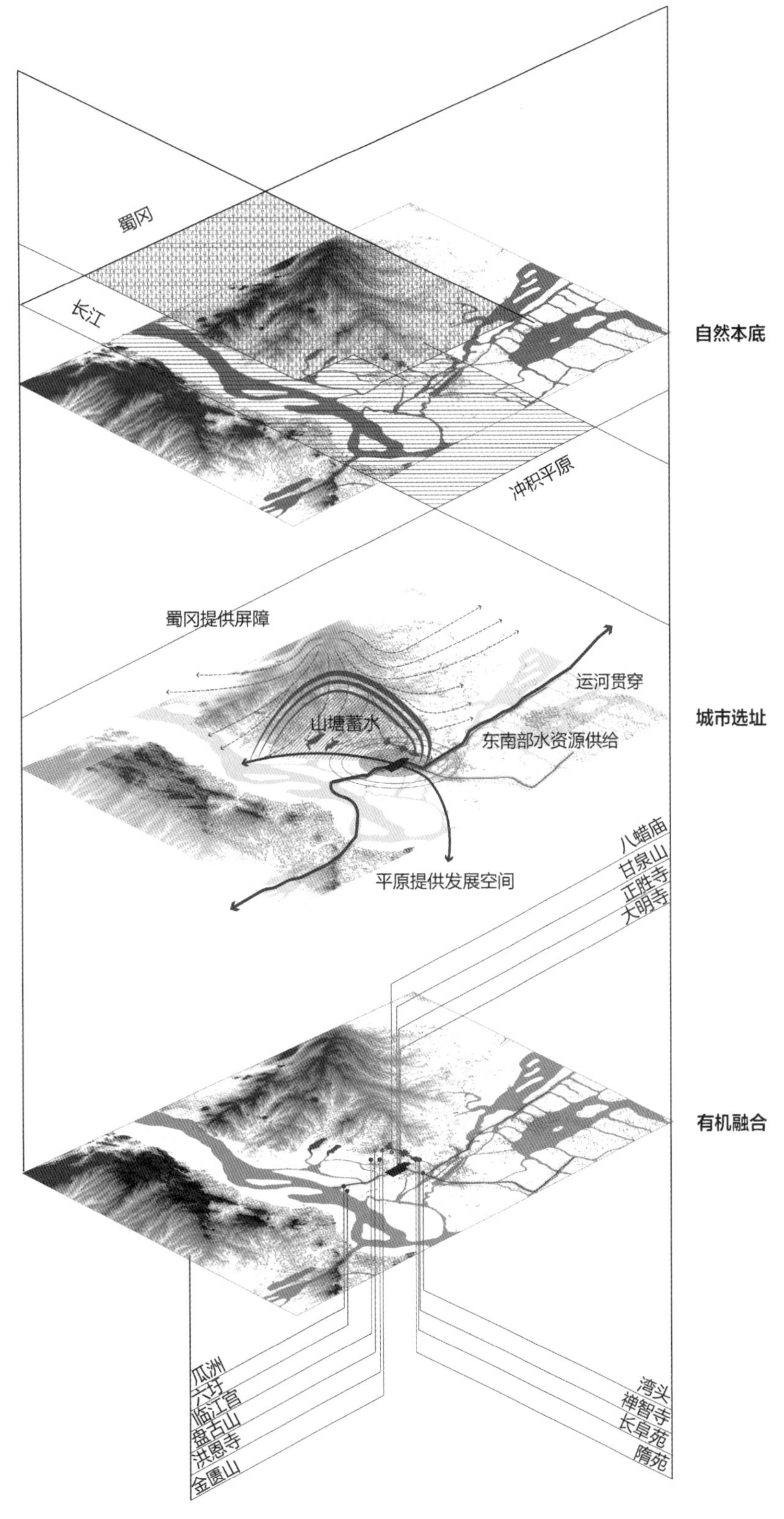

图 9–7　古代扬州城市与区域景观系统关系示意图

北靠蜀冈、东临长江的自然山水格局为扬州古城提供了屏障和发展空间，城东运河带动了漕运的发展。以寺庙道观为主的人文景观，主要分布在城近郊的蜀冈地区，近郊兴起的仪征、瓜州、六圩、湾头四镇，皆与运河紧密相连

所在的位置具有良好的景观以供凭眺。例如栖灵寺，李白有诗："宝塔凌苍苍，登攀览四荒。顶高元气合，标出海云长。万象分空界，三天接画梁。水摇金刹影，日动火珠光。"又如禅智寺，位于蜀冈之尾，高冈之边，东望运河，西望古城，南眺冈下平原，风景极佳。正是因为有了这些寺观，人们才有了游憩祭拜之所，生活之余前往近郊的寺观祈祷祭拜、欣赏自然风景。寺庙道观既作为景观文化在城郊的延伸，也是区域内地标性的建筑，其兴建带动了公共园林景观的发展，也促进城市与山水之间的沟通联系，使得城内、城郊的文化内涵开始变得丰富多元。

（2）聚落、城镇丰富区域交通体系

随着扬州城的扩张，在扬州运河一线逐步发展起来一些小城镇，分别是仪征、瓜州、六圩、湾头四镇。"四镇"皆与运河水系紧密相连，渡口和漕运装卸货物促使"四镇"发展壮大，成为次级的漕运中转站、陆路交通的枢纽[11]。扬州城、"四镇"及其联系其中的道路和横贯整个扬州地区的长江、大运河共同组成一个四通八达的交通网络，使得扬州地区的自然山水、城市景观和沿途聚落贯通发展（图 9–7）。

4. 区域内的园林与风景营造

隋唐时期，扬州城的繁荣为园林的营建提供经济基础，扬州地区自然山水环境为其提供物质基础，此时的扬州园林逐渐增多并出现了两种类型的园林，分别为公共园林与私家园林[18]。园林的营建不是独立存在的，而是和自然山水、城市功能发生着密切联系。不同的城市分区中有不同属性的园林，其风格各异，服务对象也有所不同，区域景观系统与城市分区互相作用的过程中也在潜移默化地影响着园林的营建。

衙署区有官署园林，漕运、市肆附近有茶肆酒家园林，里坊住宅、别墅宅院内有私家园林，寺庙道观内有寺观园林[18]。各类型的园林与城市功能的关系有以下特点。首先，城内多为官署园林和私家园林。官署园林多为官方建筑，如府衙、书院的附属园林，分布在衙署区内，如《重修扬州府志》中有记载关于扬州太守圃中的"争春馆"。官署园林和私家园林的营建与水网体系密切相关。从方千《旅次扬州寓居郝氏林亭》的"凉月照窗欹枕倦，澄泉绕石泛觞迟"[9]可知，当时的私家园林已经开始引水入园。其次，城北蜀冈作为外部的自然环境，不仅建置了拥有崇殿峻阁、复道重楼，又有风轩水榭、曲径芳林的长阜苑、

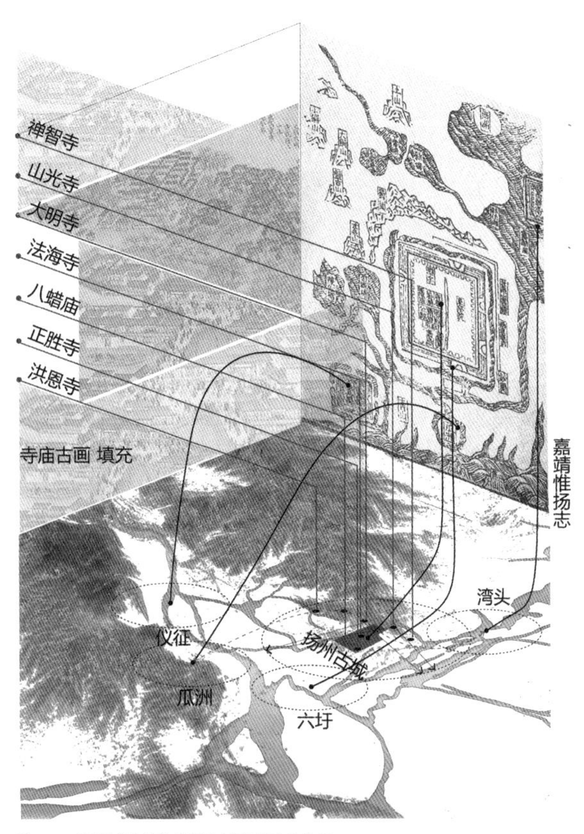

图 9-8　扬州城近郊的蜀冈地区寺观园林分布
图片来源：（明）《嘉靖惟扬志》卷一，今扬州府所属州县总图，（清）钱维城·乾隆皇帝南巡沿途景观及行宫图 法净寺，扬州古栖灵寺，又称大明寺图

隋苑，还为城内园林景观提供了良好背景，城外真山真水与城内园林的小山小水遥相呼应。最后，城南郊瓜州附近出现了临江宫等园林建筑，用于观赏当时尚存的广陵潮，以及因水利而成、经人工改造后的自然景观。例如，李白在《题瓜州新河，饯族叔舍人贲》写道："两桥对双阁，芳树有行列。……海水落斗门，湖平见沙汭。"其中，两桥、双阁、斗门都是水利设施，芳树、海水、沙汭为自然景观。

园林的建设活动与自然山水以及人工治理后的山水密切相关，扬州地区只有城北蜀冈可以凭借利用，正如汪应庚在《平山揽胜志平山堂图志》"总叙"里面提到的"广陵此处江淮之介，平原弥迤，无高山深谷、深流急湍以供揽撷，独城北蜀冈，踞一郡之胜，凭眺昇润二州诸山，浮青渲碧，厉厉眉际"的扬州园林营建，即基本上以蜀冈山体为主，同时借用冈下水系赋予园林以活力，最后形成由多种园林类型组成、以蜀冈低山丘陵为背景、冈下水系串联其中的园林体系（图 9-8）。

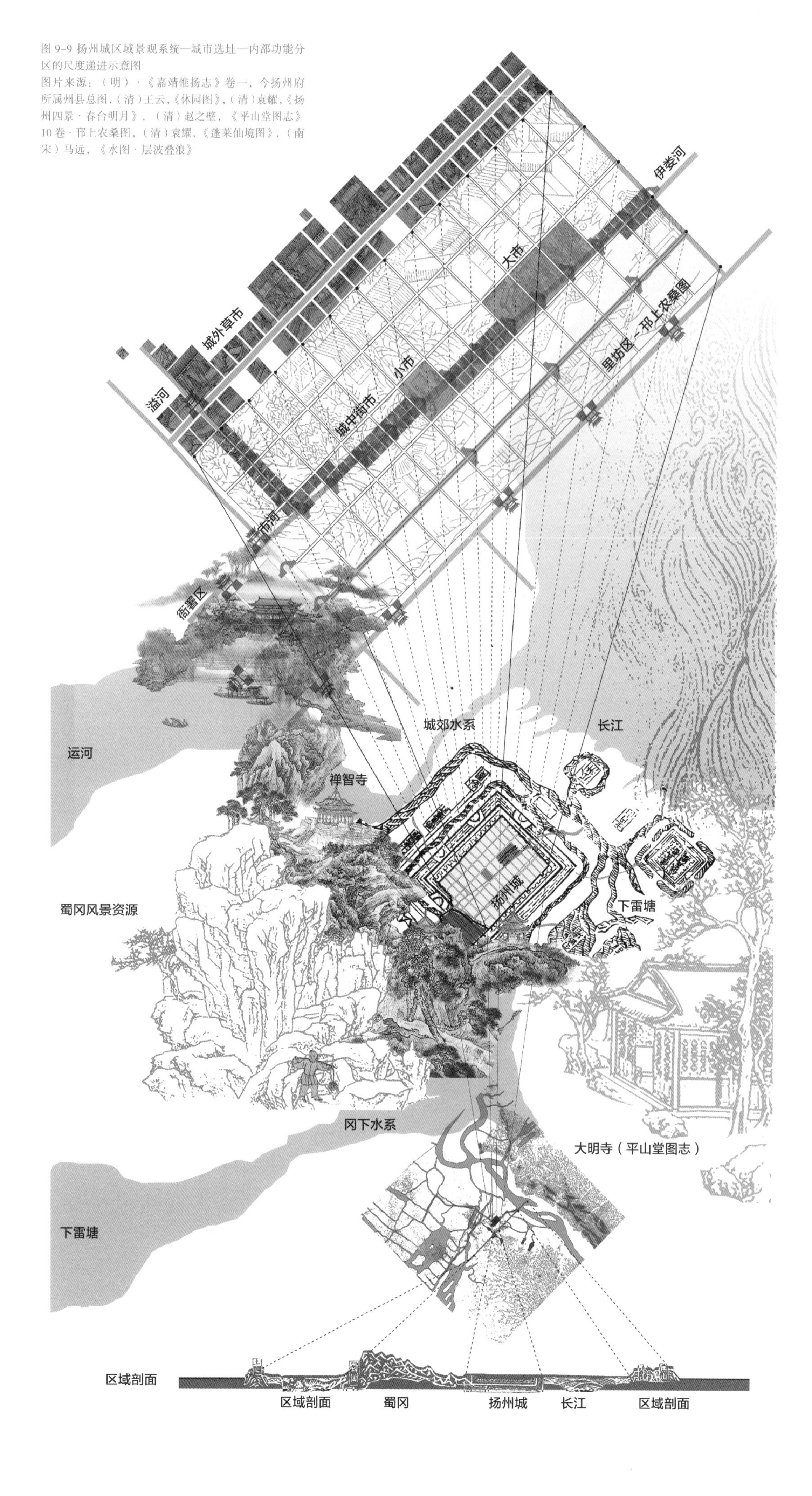

图 9-9 扬州城区域景观系统—城市选址—内部功能分区的尺度递进示意图

图片来源：（明）·《嘉靖惟扬志》卷一，今扬州府所属州县总图，（清）王云，《休园图》，（清）袁耀，《扬州四景 · 春台明月》，（清）赵之璧，《平山堂图志》10 卷 · 邗上农桑图，（清）袁耀，《蓬莱仙境图》，（南宋）马远，《水图 · 层波叠浪》

经过隋唐两朝的发展，扬州城凭借蜀冈的地势形成“街垂千步柳，霞映两重城”[13]的整体城市风貌，城内因水网密布造就了“二十四桥明月夜，玉人何处教吹箫”[13]的人文环境，城外近郊运河的开凿通航，画舫往来、商贾云集，寺观宝塔隐映山林间的郊野景观，则是一片“夜桥灯火连霄汉，水郭帆樯近斗牛”[22]的繁忙景象。扬州地区之所以能够拥有这样的景致效果，其主要原因是适度的人工开发建设紧密依托自然山水格局，形成独具地域特色的区域景观系统，同时城内、城郊合理进行分区营建，最终使得城市与自然山水环境相互融合，形成一个有机的、宜人的人居环境。

通过对隋唐时期扬州地区发展过程的分析，可见古代的城市功能分区不是若干个独立的部分，而是互相之间具有紧密联系的整体，而依托自然山水、跨越城郊的区域景观系统则是作为联系城市功能的重要纽带和载体。城市发展过程中区域景观系统促进城市分区合理分布，而城市分区又反过来推动区域景观系统进一步完善，使城市发展更为宜居、可持续。城市发展和区域景观系统相互关系的核心就是山水自然环境和人工环境的结合。历经隋唐两朝 400 余年人工改造自然的活动，扬州地区奠定了良好的山水格局，此后城市与自然环境始终处于动态平衡的状态；至明清时期，扬州获得“扬州以园亭胜”[23]的赞誉，今天的扬州最终成为一个文脉深厚、富庶繁华之地（图 9-9）。

城市的构建离不开它所依托的自然山水，因此城市建设应该考虑城市功能分区与区域景观系统的关系，通过合理分区，让城市高效运行的同时与自然环境和谐共融。在城市扩张的过程中，需要保证城郊一体的区域景观系统的完整性，才能实现跨越千年的、韧性的永续发展。

注释：

1 王伟济，张玉梅 . 中国考古学论丛 [M]. 北京：科学出版社，1993:5.
2 王虎华 . 扬州运河世界遗产 [M]. 南京：南京师范大学出版社，2016:1.
3 谭其骧，中国历史地图集 · 第 5 册 · 隋 · 唐 · 五代十国时期 [M]. 北京：中国地图出版社，1996:6.
4 （清）顾祖禹，贺次君，施和金 . 读史方舆纪要 [M]. 北京：中华书局，2005:3.
5 光绪增修甘泉县志 · 卷二 · 山川 .
6 罗宗真 . 扬州唐代古河道等的发现和有关问题的探讨 [J]. 文物，1980:21-27.
7 李孝聪 . 中国城市的历史空间 [M]. 北京：北京大学出版社，2015:3.
8 （后晋）刘昫 . 旧唐书 [M]. 北京：中华书局，1975:5.
9 （清）阿克当阿修，（清）姚文田 . 嘉庆重修扬州府志 [M]. 扬州：广陵书社，2006:12.
10 郑曦 . 城市新区景观规划途径研究［D］. 北京：北京林业大学，2006.
11 李廷先 . 唐代扬州史考［M］. 南京：江苏古籍出版社，2002:10.
12 乐史 . 太平寰宇记［M］. 北京：中华书局，2007:11.
13 （唐）杜牧，（清）冯集梧 . 樊川诗集注［M］. 上海：上海古籍出版社，1962:9.
14 蒋忠义 . 唐代扬州河道与二十四桥［J］. 汉唐与边疆考古研究，1994:162-168.
15 王溥 . 唐会要［M］. 上海：上海古籍出版社，2012:4.
16 （唐）刘肃 . 大唐新语［M］. 上海：浙江出版集团数字传媒有限公司，2013:6.
17 （宋）李昉 . 太平广记［M］. 北京：中华书局，1961:9.
18 都铭 . 扬州园林变迁：人群与风景［M］. 上海：同济大学出版社，2014:6.
19 吴良镛 . 人居环境史［M］. 北京：中国建筑工业出版社，2014:10.
20 （唐）李林甫 . 唐六典［M］. 北京：中华书局，2014:7.
21 （晋）陈寿，（宋）裴松之 . 三国志［M］. 北京：中华书局，2011:1.
22 李绅，卢燕平 . 李绅集校注［M］. 北京：中华书局，2009:11.
23 （清）李斗 . 扬州画舫录［M］. 北京：中华书局，1960:4.

第十章　片区：区域景观系统与分区营建——“九丘五水”与绍兴古城

绍兴是一座拥有2500年历史的古老城市。自越王勾践时期建城至今，山会平原的水网环境发生过几次较大的变化，而绍兴城依旧在原址上发展并形成独具特色的城市面貌，这离不开传统人居环境营建理念的影响。因此选取南宋时期绍兴作为范例，分析绍兴城以“九丘五水”的天然环境作为城市营建的自然本底，在人工干预重新梳理的水网基础上，探讨城市的分区，包括衙署、居住、商肆、仓场、码头、市镇、园林、寺观等功能空间的营造与区域景观系统相互适应的关系。

绍兴（旧时称大越，简称越。因南宋时赵构皇帝“绍祚中兴”[1]而得名）位于杭州湾南岸，古城建立在会稽山脉的稽北丘陵与山会平原之上，南部连绵的群山向平原延伸形成多处低山丘陵、河谷盆地，与杭州湾丰富的水资源构成了山–平原–水的城市近郊山水体系，加之山体径流与较高的地下水位，在山会平原上形成了网状的湖泊水系，对古城的选址、分区营建与景观营造等产生了深远的影响（图10–1）。

绍兴素来便有“水乡泽国”之称。王安石曰“越山长青水长白，越人常家山水国”[2]，便是对绍兴山水营城、景观隽秀的赞美。

早在河姆渡文化时期便已有越族在会稽山脉、杭州湾畔活动的痕迹，其城市的选址、鉴湖的变迁以及城内空间的演变，对水利与城市规划的发展都具有极高的研究价值，有很多不同领域的学者已经做出了相当多的成果。如由车越桥、陈桥驿于2001年编著的《绍兴历史地理》，详细介绍了绍兴地区历史上地理变迁的过程；李磊于2004年发表绍兴城市空间结构的历史演变，从城市规划的角度探讨了城市建成史；邱志荣于2008年发表了《绍兴园林与水》一书，介绍了绍兴园林的特色；屠剑红、陈国灿分别于2010年发表了关于南宋时期绍兴城市建设的相关研究；2014年由陈桥驿、邱志荣等专家成立了绍兴鉴湖研究会，于2015年出版了多部书籍，包括绍兴山水、水利、古城、古桥、历史图鉴、诗集、论文集等；毛磊于2015年发表了绍兴传统水乡民居生态适应性研究。这些研究大多集中在水利、城市规划、园林、建筑、遗产保护等方面，侧重点更多集中在各自的专长领域，把山、水、城都作为相对独立的要素进行了研究。

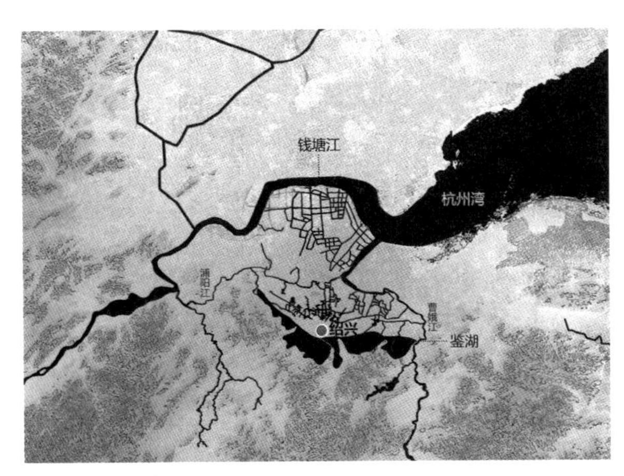

图 10-1 绍兴区位示意图

山、水、丘陵、湖泊都视为城市发展的自然基底，是区域景观系统的自然要素组成部分。城市是构建于这个系统上的，城市的功能分区在各种影响因子的制约下呈现出来的规律性与区域景观系统存在关联性，而分区营建结合的景观营造更是将人工的环境融入自然，使得城市能够在变化的自然中持续地发展。

6000 年前，卷转虫海侵的高峰时期，山会平原还是一片汪洋，越地的人们主要依靠会稽山的森林与物产资源，“随陵陆而耕种，或逐禽鹿而给食”[3]，在迁徙的农业中过着“人民山居”的生活。海退出现的平原地带“水浊重而泊”[4]，环境恶劣。古人在顺应自然的基础上，通过不断的人工干预，促进地区向更宜居的环境演变，绍兴古城周边的山水格局大致经历了四个大的变化阶段，春秋时期，越王勾践卧薪尝胆，在若耶溪下游建立都城，越族人民迁移至平原定居。为了改善“万流所凑、涛湖泛决，触地成川、枝津交渠”[5]的恶劣水环境，越族人民开始兴修水利以防洪、灌溉。春秋时期修筑故水道、富中大塘；东汉时期，以绍兴古城为中心，修筑鉴湖，汇集上游三十六源水系；西晋时修筑自绍兴城西至钱塘江边固陵的漕渠；南宋时，鉴湖渐渐被围垦，上游水系基本未变，平原水网整体呈现北移趋势。纵观绍兴城市的发展史，自春秋选址定都、隋唐第一次扩建直至南宋完成城市的街衢河道规划，并一直延续其城市格局发展至今。可见南宋时期，绍兴的城市建设趋于巅峰，城市的分区营建趋于完善，外围的河网水系趋于稳定，与自然环境的关系达到了和谐发展的状态，因此研究的年代聚焦于南宋时期。《逍遥楼记》中“环楼皆牖，环牖皆城，环城皆湖，环湖皆山”的城市印象是对绍兴山、水、城交融的区域景观系统的极致体现（图 10-2）。

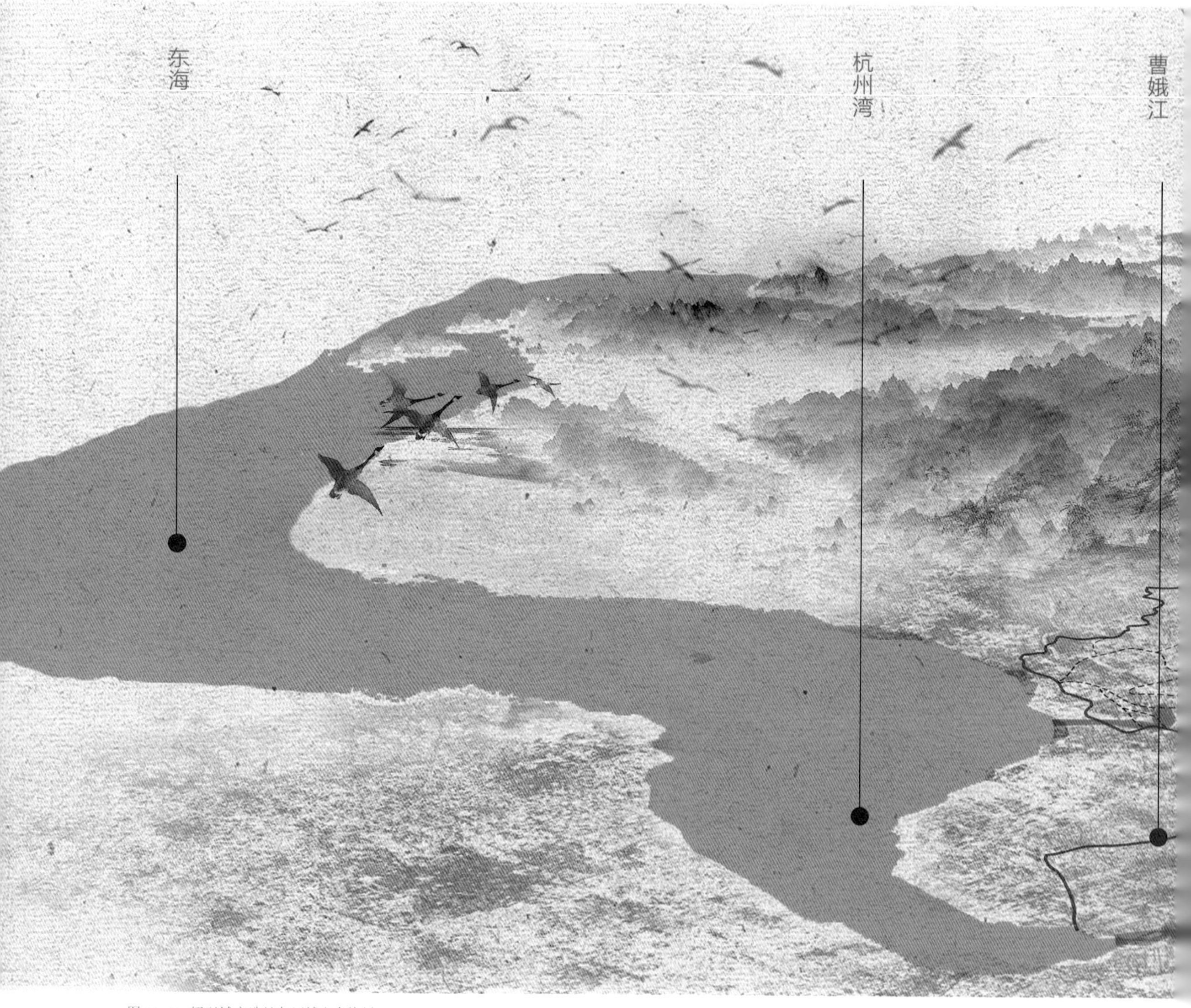

图 10-2　绍兴城市选址与区域山水格局

东湖
绍兴古城
西湖
会稽山
萧山

一、区域景观系统中的自然山水格局

绍兴古城处在会稽山与杭州湾之间的过渡地带，整体地势南高北低，以西南位置的会稽山脉为最高，山势向外延伸，地势从西南向东北方向倾斜，山北是海退出现的山会平原，平原向北延续，凸出于杭州湾中，山－平原－水的阶梯状地貌构成了绍兴古城发展的自然基底。

1. 四山两江多溪流——山会平原的山水基底

山会平原上的四山分别是会稽山、四明山、天台山、龙门山，其中以会稽山为主，山势范围极广且复杂崎岖，山体大致向外延形成多处山间盆地和山麓冲积扇，物产与森林资源丰富，是古绍兴重要的物质来源基地。

山会平原水资源丰富。早期，西小江（浦阳江）与东小江（曹娥江）是山会平原上的两大主要水系。会稽山脉向北延伸形成的稽北丘陵区域，排列着许多南北流向的河流和大小不等的集水区域。

古代鉴湖以前，稽北丘陵诸水都由曹娥、浦阳二江下游承受，然后注入杭州湾[6]。因此，山会平原上分布着的“鉴湖三十六源”为绍兴发展成为水网都市打下了基础。

2. “九丘五水”共营城

越族结束了“人民山居”的生活，迁徙山北，大多依靠地势高燥的孤丘建立聚落，绍兴古城同样如此。自公元前490年建城以来，古城始终在旧址上发展，除了大的山水环境的影响，古城选址“越中九丘、四纵一横的水网”所构成的城内山水格局，也对城市的发展建设有着全面而深刻的影响。

“种山（又名卧龙山，今称府山）、蕺山、彭山、怪山（又名飞来山、龟山、宝林山，今称塔山）、白马山、鲍郎山、峨眉山、火珠山、黄琢山”是位于水运交通要道若耶溪周边的九座孤丘。其中种山最高，形似巨龙盘踞在平原之上，北侧地势险峻，南侧平缓广阔，视为筑城的最佳选址。范蠡筑小城于山南，在山麓的平缓地带修筑宫殿高台，此后卧龙山一带就成了绍兴历代的郡、州治所在地。同年在其右侧修筑大城，将八座孤丘全部纳入城市范围之内，奠定了

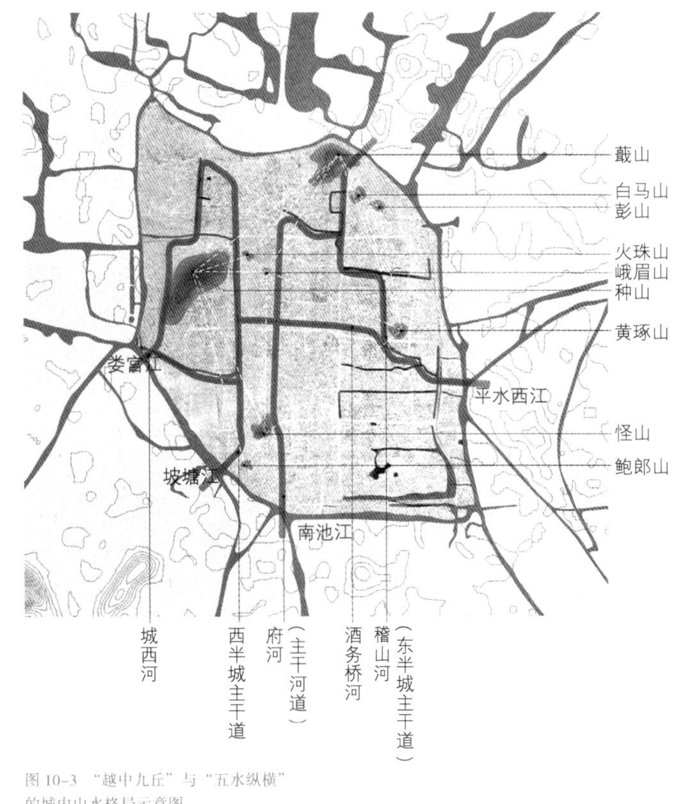

图 10-3 “越中九丘”与“五水纵横”的城内山水格局示意图

后来绍兴府的基本规模，形成了“八山中藏”的景观格局（大小城时期的鲍郎山未在城内，城市扩建后包括）。南宋开始，鉴湖逐渐消失，水体整体向北移，北部地势逐渐抬高，城内的山体出现淹没的迹象。直至《清康熙绍兴府城图》，清晰可见的山体只剩卧龙山、塔山、蕺山、鲍郎山与白马山。如今，绍兴古城内仅剩府山、蕺山和塔山，成为城市的特色景观与三大风景名胜区。

除了山体资源，大小城所在的位置囊括了五条天然的河道，包括城南的南池江，南北向流入城内，即后来的府河；城南坡塘江，南北向经水偏门入城，为西半城主干河道；城东南平水西江，由东郭门入城，经八字桥，为东半城主干道；城西娄宫江，经水偏门、迎恩门与城内水系相连；酒务桥河东西向横穿大城，与小城水门相接，形成“四纵一横”的河道布局，成为越州古城最初的水网形态 （图 10-3）[7]。

在人工干预下，城市基于“九丘五水”衍生出独特的水乡面貌与景观格局。基于不同时期绍兴古城空间形态的研究，山、水、城始终处在不断演变、调适的过程中，究其根本，城市的发展始终以“九丘五水”为依托，城内的山水骨架框定了城市发展扩张的空间格局（图 10-4）。

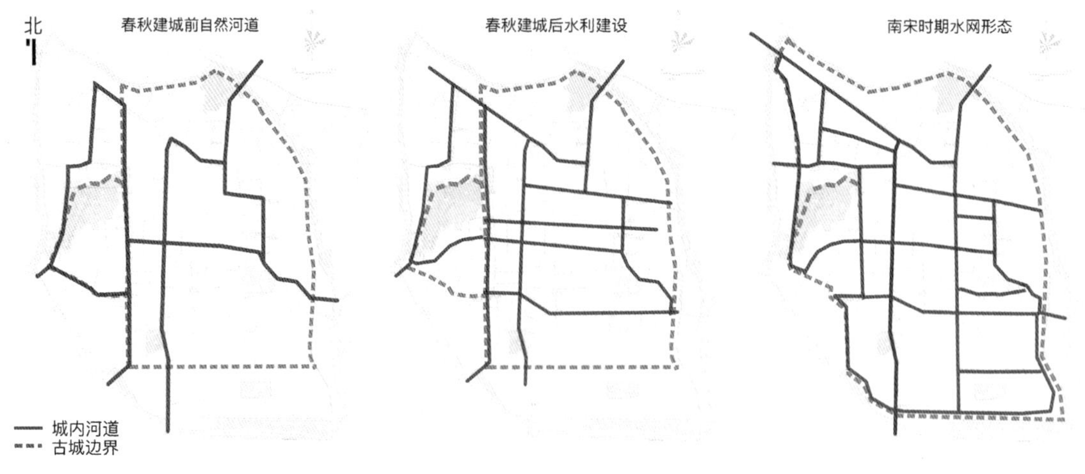

图 10-4　春秋前、春秋、南宋时期的绍兴城市水网分布图

二、人工干预重塑区域水网

山—平原—水的区域山水格局在提供丰富水资源的同时，水患频繁。一是来自会稽山的径流，常有洪涝灾害，其次是海水的侵蚀，水咸而无法灌溉。因此，水利的建设变得尤为重要，人工的干预促使山会平原的水资源得到很好的控制，形成更宜居的水网环境。

1. 城内水网格局的变迁

绍兴古城内的水网系统依赖于"四纵一横"的自然水系，通过人工的干预，形成了纵横交错的棋盘式水网格局，后人称其为"七弦水"，事实上远不止七条水系。任桂全先生在《绍兴水乡的形成及其特色》中将城内的自然河道比喻成"鱼骨"，人工方式修筑的水道是横向的"鱼刺"，十分形象地将城内水网的形成过程通过鱼骨与鱼刺的关系简单直接地表述出来。南宋时期，城市水网街衢形态基本得到确定。据《绍兴府城衢路图》显示，绍兴城市面积 7.4km^2，城内就有 33 条河道，总长约 60 km[8]。给城内的水上交通提供了极为便利的条件，纵横的水网也成为后来城市厢坊划分的重要分界线。

府河作为流入城内的一条自然河道，在绍兴古城的历史发展过程中逐渐演变成“一城两县”的界河，其历史地位与商业价值可见一斑，自南宋开始便有关于府河沿线的商业市肆十分繁荣的记载。据清朝绍兴府图显示，城内以府河为主要干道，多条水系东西向汇入府河，形成“七弦汇水”的城内水网格局。“七弦”即为与府河相交的东西向河道。城市的水网变迁始终依赖于自然的水道系统，城内的自然河道在历史的变迁中依然清晰可见。

2. 城外水路与漕运开发

绍兴古城周边优沃的水资源，纵横交错的水系网络，为发展航运提供了有利条件。春秋时，越王开始修凿“山阴故水道”，东晋时，会稽内史贺循利用“故水道”，开辟了自浙江至西小江的西兴运河，并使之与上虞以东的运河和姚江、甬江相接，直达明州。至此，浙东运河全线贯通，成为浙东地区的交通大动脉。两宋时期，浙东运河水运频繁，对绍兴古城各方面的繁荣发展起到了关键的推动作用，尤其是在城市的分区与城市形态的发展演变方面[9]。

3. 区域农田水利体系发展

古代绍兴的农业发展，可追溯到迁徙农业时代。春秋时期，越王勾践去吴返越后，其“十年生聚，十年教训”的长期计划中，发展农业是其中重要的内容之一[1]。水稻作为古代绍兴的主导粮食作物，必须要围垦筑塘、蓄淡据咸以灌溉，农田水利变得尤为重要。春秋起便开始组织修筑吴塘、石塘等堤塘工程，对自然的水系进行人为的控制，充分发挥其灌溉、排涝的功能。

随着人口的增加，农事压力增大，山会平原大量堤塘的修建成果在后汉时期成就了鉴湖工程。由于其庞大的拦蓄能力，有效控制了山洪的泛滥，极大地改善了山会平原的水环境。

面对杭州湾的咸潮侵袭，海塘的修建在鉴湖之后变得尤为重要。加之修筑漕渠（西兴运河）对内河水系的整理，至宋代，海塘全部修成并巩固，山会平原一个稠密的河湖网体系也就同时形成了（图 10–5）[1]。

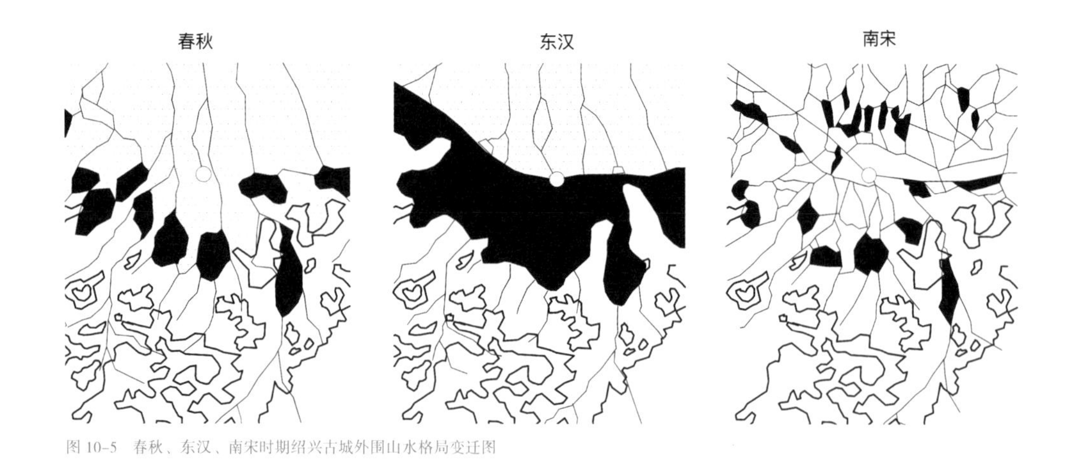

图 10-5　春秋、东汉、南宋时期绍兴古城外围山水格局变迁图

三、山水格局之上的古城营建

自然的山水格局在适度的人工干预下形成了良好的区域水网体系及农业耕作条件，绍兴古城在这样的大环境下发展壮大。城市选址越中九丘，基于浅山、水网进行城市分区营建，衙署、住宅、商业、市肆等因地制宜，营造良好的城内景观；城市功能向外扩张，利用城郊的丛山茂林、水网湖泊营建园林、私宅，兴修寺庙道观，将城内、城外连成一体；最终城郊稽山鉴水与城内分区营建在区域景观演变和城市发展过程中相互渗透，再通过共同的水网体系融合在一起，形成了跨越城市界限的由稽山鉴水、湖泊水网、浅山衙署、水运商肆、临水民居、私家别院、寺观宝塔等要素构成的山水城市。

1. 选址定都

范蠡于会稽山北、杭州湾南修建都城。城址负山面海，东西分别有西小江与东小江作为屏障。首先，此地占据若耶溪谷地与山会平原东西大道交接处，交通便利，易于沟通会稽山后盆地，获取生产生活的必要物资资源。其次，当时的山会平原处于“潮汐直薄，咸水横流”的沼泽之中，海拔较高的山丘是立城之根本，而此处的九座孤丘基本框定了绍兴古城的规模。绍兴以九丘五水为城市基底，以会稽山脉为天然物资基地，以两江作为东西方向天然屏障，在这样山水环抱的格局中发展起来。

2. 边界变化

春秋时期，范蠡以“越中九丘”为自然基底，构筑大小城池。小城西北以卧龙山为屏障，不设城墙，自卧龙山西角修筑城墙至旱偏门，向东至凤仪桥处为南城墙，向北与卧龙山相接为东城墙，至此“周长一百二十一步，一圆三方”[10]，初见小城规模。小城筑陆门四、水门一。同年，在小城东侧修筑山阴大城，大城周长二十里七十二步，共设陆门三、水门三。大小城将越中八丘纳入城市的边界范围之内。城市的发展与自然的环境融为一体，形成“八山中藏”的景观格局。

隋唐至北宋时期是绍兴城市变化最重要的一段历史时期，杨素修筑子城罗城，在大小城的基础上进行扩建，首先在卧龙山下建筑子城，设陆门四、水门一。西南依旧以山体为城墙，东南设城垣。罗城陆门三、水门六，与现在的环城公路大致吻合[11]，基本确定了绍兴城市的轮廓。罗城除宣和初，梁忠显治城，御方（腊）寇，尝缩其西南隅，及元至正十三年（1353年）扩“一乡入城”外，历宋、元、清，基本上没有大的变化[12]。

绍兴古城最终呈现的“夹城作河”的双护城河模式也实属罕见。据史料记载，至晚唐宝历年间，护城河已逐渐连通。鉴湖的修建以及城北天然的河滩为绍兴古城护城河的形成创造了条件。“暮竹寒窗影，衰杨古郡濠”[13]的描述，可见城西南的护城河也已环通。此后又增修内河，至明嘉靖初年，已然形成内外双河的城界空间。

城市的边界在构成防御系统的同时，也搭建了一个围合的城市内向型空间，将山体作为城市的边界，不设城墙，将自然很好地融入到城市中，并且利用山体的景观资源，进行城市衙署园囿建设，体现了当时的统治者师法自然、以风景为先导的边界空间规划设计理念。绍兴古城的城墙经历了多次扩建与修缮，然而古城的空间范围始终保持着与九座孤丘的关系不变，由此可见山体在绍兴城市的发展中起着至关重要的作用。另外，绍兴古城的边界不同于其他古城的方整格局，城门呈不对称布局，这样的设置也是体现了当时建设者“因天材、就地制”，随地形河流而建的规划思想[14]。

3. 城市分区营建与区域景观系统的融合

绍兴古城经历了从越族都城、郡下县城以及郡、县治同在的政治属性转化，经历了从西城东郭向“套城”形制的转变，经历了市坊制度的瓦解。直至南宋时，

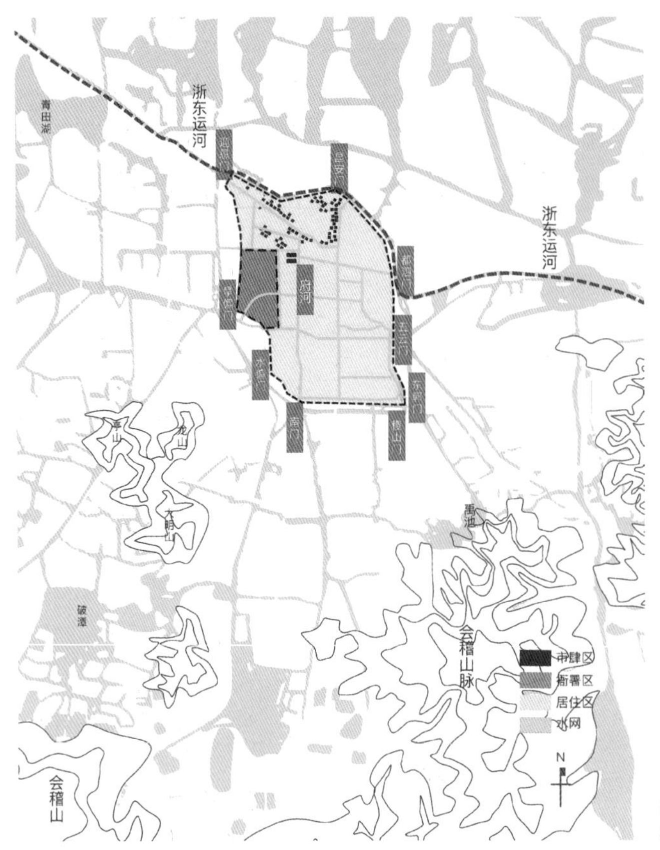

图 10-6 绍兴城市分区与周边山水环境关系示意图

绍兴城市的格局基本确定，城市的分区主要包括了衙署区、市肆区、居住区、城外市镇等，它们随着时代的变迁，呈现出一定的分区规律，与自然的基底很好地融合，共同营造出独特的水乡城市面貌。宫殿、衙署一直占据种山区域，是城市向种山自然景观的过渡；商业市肆需要便利的水运交通，形成了以河岸为主的街巷空间，结合水网发展延伸至城外，消除了城市界限；居住散布于罗城中，结合城内的水网，打造宜人的居住环境；公共园林分布于佳山佳水之中，城郊融为一体（图 10-6）。

（1）种山的风景资源与衙署区营造

自春秋时起，种山环绕的子城便是宫室、衙署、州治的所在地。早期的蠡城在春秋时期是越国的都城，范蠡利用种山的风景资源，建造宫台、修筑苑囿，是越王的宫殿所在地。隋唐时期，仍以子城即种山区域为郡，（州）县、县治所在[12]。而山阴县署与会稽县署后分别迁至于宝林山麓与开元寺处[15]，皆是地势开阔、环境优美处。南宋时期，改绍兴府，府治由唐时期的州治改建而来，位于种山南麓，期间做过高宗皇帝的行宫。

可以想象，当时的种山区域，除了拥有丰富的自然景观资源如山势盘绕，形似卧龙；海拔高耸，可俯瞰全城，远眺后海；拥有茂林、泉水、岩山。还有借助种山的生态环境与地势优势的人工建造，如越王台、望海亭（原名飞翼楼）、镇东阁、蓬莱阁等。正如宋人刁约在《望海亭记》中的记载："越冠浙江东，号都督府。府据卧龙山，为形胜处。山之南，亘东西鉴湖也；山之北，连属江与海也。周遭数百里，盘屈于江湖之上，状卧龙也。龙之腹，府宅也；龙之口，府东门也；龙之尾，西园也；龙之脊，望海亭也。" 自然环境与人工建设相互融合，营造出景致绝佳的种山风景区。府治的修建，是将自然延伸到城市，作为城内人工环境向自然环境的过渡。

种山的自然环境与山上人工的园林建设环绕着衙署在其北侧分布，衙署规整的建筑端坐于种山南麓，两者互为映衬，衙署的人工痕迹消隐于种山的茂林之中，而种山的自然环境也为衙署提供了天然的绿荫背景，高耸的山体、规整的建筑共同营造出独特的衙署区景观。"州城迥绕拂云堆，镜水稽山满眼来。四面常时对屏障，一家终日在楼台。星河似向檐前落，鼓角惊从地底回。我是玉泉香案吏，谪居犹得住蓬莱。[16]" 便是对当时衙署区营造的最好诠释。

（2）水运的发达促进商业市肆与仓场库务营建

两宋时期，运河水网的发达加之坊市制的瓦解，激发了绍兴古城商业的繁荣，带动了城市的发展。除此之外，水运的便利也促进了物资的交流与人口的聚集，仓场库务与驿馆客邸也在水运繁荣处兴建起来。

1）繁荣的水巷商肆空间

南宋时期，除首都临安外，绍兴府位列全国四十大邑之首，可见当时绍兴的经济繁荣程度。其经济的发展与发达的水运有着密切的联系。宋以前，绍兴古城仅有一座市场位于罗城东南隅的古废市，而鉴湖的湮废、水网的重塑及运河的繁荣，经过绍兴的船只无须绕至城内，直接走城北的浙东运河[9]。水运航道的改变，致使宋代绍兴的商业中心向北转移，并且数目由一个增加至八个（表10-1）。其中南市、北市是城内的商业中心，位于府河沿线，府河是一城两县的界河，由流经城内的自然河道演变而来，府河沿线形成了热闹繁华的商业街，并且沿府河向北与运河沿线的商业相连，形成以自然河道与人工运河为主的商业网络。

城内商业网点列表 表 10-1

市名	地点	备注
照水坊市	城东南二百步	
南市	城西一里	南、北两市皆位于清道桥两侧，清道桥在今解放北路轩亭口南，这里的“西”似“南”之误
北市		
大运桥东市	城南二里	
梅市	城西四十五里	
大运桥西市	城北	
龙兴寺前市	城北二里	
驿地市	城北二里	
江桥市	城北五里	

注：以今绍兴城人民路作为南北半区分界，以上诸市多在城北。表格来源于《中国城市历史空间》。

除此之外，商业的繁荣促使人员的流动增加，提供给来往行旅的驿馆客邸也随之在运河沿线兴建起来。《嘉泰会稽志》记载：“府城蓬莱馆，卧龙山左，东问津亭，北通川亭，皆连府东大河，舟车既届，必次舍。……城西迎恩门，东五云门皆有亭。[17]”

2）繁忙的仓、库码头空间

水运的便利，除了商贾云集、市肆林立，物资的交流也必不可少，为了便于物资的运输、搬运、存储，运河沿线集中了大部分的仓场库务及水运码头（表10-2）。

城内仓场库务列表 表 10-2

库名	地点
支盐仓	府衙东二里，运河长桥东侧
加邸仓	府衙东北一里
受纳糯米仓、场	西门外
激赏库	府衙东二里许
都税务	府衙东一里
回易库、造袋局、抽解竹木场	府衙东北

注：表格内容来源于《中国城市历史空间》。

水运的发达促进商业市肆、驿馆客邸、仓场码头沿运河、水网分布，而商业的繁荣同样带动了运河水网及周边景观的变化。“堰限江河，津通漕输；航瓯泊闽，浮鄞达吴；浪桨风帆，千艘万舻”[18]，便是对当时运河之上官来商往、舟船辐辏景致的描绘。

（3）水网街衢梳理打造宜人居住环境

绍兴古城从水网之上发展而来，其城市建设几乎都是以水为中心展开。虽然建城之初，山会平原因海退呈现的沼泽面貌并非筑城的最佳选择，然而“平易之地”的水网纵横加之山麓丘陵的围合，体现出潜在的宜居性。经过人工治理，南宋时，城内基本形成了“一河一街、一河两街、有河无街”的水城格局，城内生活用水丰沛、交通便利。

绍兴古城的居民区布局大致经历了以下几个过程：唐以前，“越城之中多古坊曲”，居民的住宅区和商业区分设；北宋时，实行新的坊巷聚居制，“坊”的功能则从居民区演变为行政区划，其间包含一定的商业网点；南宋时，实行厢坊制，彻底打破了官民分居、坊市分离的格局[19]。除了行政体制的改革，水网格局的变迁对居住功能的布局也产生了深远的影响。纵横相交的水城格局成为划分坊巷的分界线，汪纲把绍兴府划分成五厢九十六坊，从坊的名称来看，大多都是与水、桥有关。其次，虽然官民的住宅区域没有严格的分区限制，但从布局上看，城南地势高燥区域，以官僚士绅的私家宅院为主，平民百姓的住区则散布于其他区域，运河及重要水运沿线多以商贾居住为主。水网的遍布，使得几乎家家临水、户户有船，“有寺山皆遍，无家水不通。[20]”的居住模式成为绍兴民居的一大特色。“小桥、流水、人家”的画面便是绍兴民居所呈现的画面。

以水为界、临水而立的建筑布局是将居住环境与景观体系融为一体，城市的布局基于景观的水网而建立，自然的水网则构成了城市建设的基底。人工的环境与自然的景观共同融入到城市的发展体系中，促进了城市景观特色与风貌的形成。

（4）市镇向郊区扩展加强城、郊联系

宋室南渡后，绍兴地区的市镇达到了空前的繁荣程度，形式也趋于多样化。其中，较为活跃的有环城市镇、农业市镇、手工业市镇、商品转运市镇和乡村墟市等[21]。它们大多分布于城郊、周边农村、粮食生产发达、交通便利或有特色地理环境的区域。从其市镇的分类来看，已经出现了不同的商品主题分工，有专门交换粮食作物的如米市，果品交易的如梅市和项里市，还有利用杭州湾海水制盐的盐市等等。市镇的繁荣是城市活动向郊区延伸的体现，更是加强了城市内外的联系，是人工环境突破城市界限向自然的延伸。不同市场的分工及产品生产的区域划分充分体现了人们在与自然相处过程中的因地制宜，充分尊重自然的状态下适度干预，在改造自然的同时也促进了地区的景观变化。“绿

石笼山
驻跸岭
鸡山
储山
日傅岭
石应山
春秋
隋唐
东
小
江
曹
娥
江
春秋
东汉
南宋

图 10-7 绍兴城市与区域景观系统分析图

荫翳翳连山市，丹实累累照路隅”[22]“明珠百舸载芡实，火齐千担装杨梅”[23]。成片的杨梅林、绿荫下的买卖场景以及百舸争流装杨梅的画面，一幅繁荣的景象。从浙东运河上一路看过绍兴城郊，各式石桥、凉亭、渔舍、竹箔、菱荡、藕池，无不清丽悦目、美不胜收[24]。

（5）稽山鉴水与九丘风景区营造浓厚人文景观

越中九丘中属卧龙山、塔山、蕺山三座最高，也仅此三山留存至今，分别位于城市的西北南方向，呈三足鼎立的格局，成为城市风景园林营造的最佳立足点。

早期的园林建设可追溯到春秋时期越王“立苑于乐野”[3]，范蠡定都卧龙山南，于山顶修筑“高一十五丈”的飞翼楼，远可眺望至钱塘江岸，成为绍兴古城内的标志性建筑。后经过几次翻修，唐时改名称望海亭，其性质随时代的发展逐渐由原来的军事防备塔演变成风景建筑。“海亭树木何茏葱，寒光透拆秋玲珑。湖山四面争气色，旷望不与人间同。[25]”种山地势极佳，南麓呈缓坡状，依山势建立宫室。早期皇家苑囿的建造初具园林雏形。据记载：就卧龙山共有楼台亭阁七十二处。其中就包括“嘉山水之冠”的蓬莱阁与清白堂。《越中金石月》云：“越城八面，蜿蜒奇秀者卧龙也。山上种竹百竿，桃李千本，艺茶于秋，载松于冬，植花卉于春。”卧龙山以一座规模较大的山麓园林，闻名于江南[26]。

最早见于记载的塔山建设是越王于山顶修筑的天文台。随着宗教的传播，出现了大量佛寺与道观的修建。东晋末年，就于山顶建造应天塔。清朝开始对其进行全面的设计，形成了玲珑优美的景点。

蕺山又名王家山，源于王羲之的故居就在山脚，山上原有王家塔、蕺山亭、董昌生祠、三范祠、北天竺、蕺山书院等很多历史建筑，可见古时蕺山的风景园林营建之盛况。

绍兴古城形成了以卧龙山、蕺山、塔山为中心的三山三塔鼎立的景观格局，三塔成为绍兴古城上空最有标示性的控制点。

（6）浅丘水网与园林营建

隽秀的自然山水环境吸引了众多的文人墨客来此求田问舍，营造别业。加之社会动乱，大量中原人士南迁，来此定居，尤其是士大夫等一批名门望族。早期的宅院建设大多位于稽山鉴水之中，追求“虽由人作，宛自天开”的境界。随着社会的发展，园林建设逐渐向城内发展，多分布于水边与浅山附近，促进了城内以私家园林为主的园林建设。

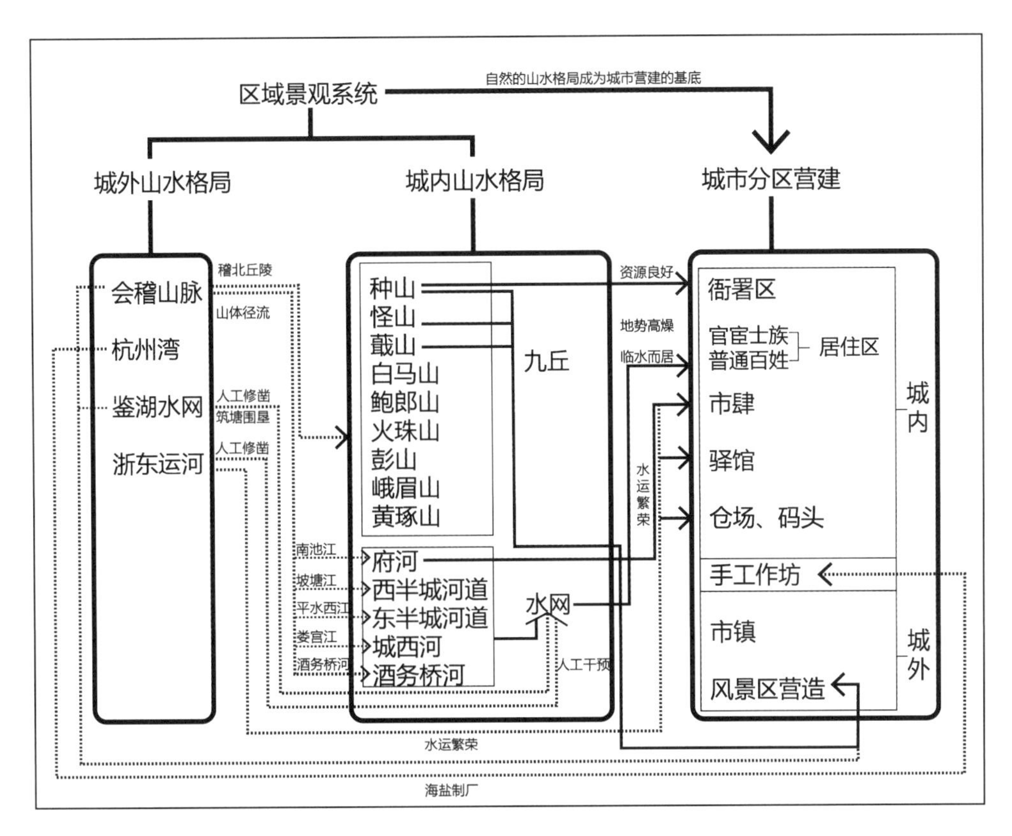

图 10-8　绍兴城市与区域景观系统构成过程分析

其中有沈园、青藤书屋、王羲之故居等一批小型园林，它们不同于一般的江南园林多亭台楼阁，绍兴的园林更注重自然的山水环境，追求古拙、简洁之气。

古城绍兴，稽山鉴水，钟灵毓秀，给风景园林的营造提供了很好的自然基底与环境资源。城外有会稽山脉等崇山峻岭，鉴湖水系等湖泊河网；城内则有越中九丘与纵横水系，城墙内外山体遥相呼应，水网一脉相承。通过人工建造，开发城内九丘的风景资源、疏通水路街衢、修建寺庙宝塔等标志性建筑；围绕鉴湖的景观营造以及文人雅客于稽山鉴水之中营造别业、兴修园林等举措，自然山水与人工建造融为一体，经过历史的沉淀、文脉的渗透，形成具有浓厚人文情怀的区域景观系统（图 10-7）。

综上，绍兴古城的分区选址与营建是基于城—郊的山水格局构成的区域景观系统，是古人在充分尊重自然的基础上，通过适度的人工干预，与自然达成和谐发展的状态并稳定持续地发展千年（图 10-8）。

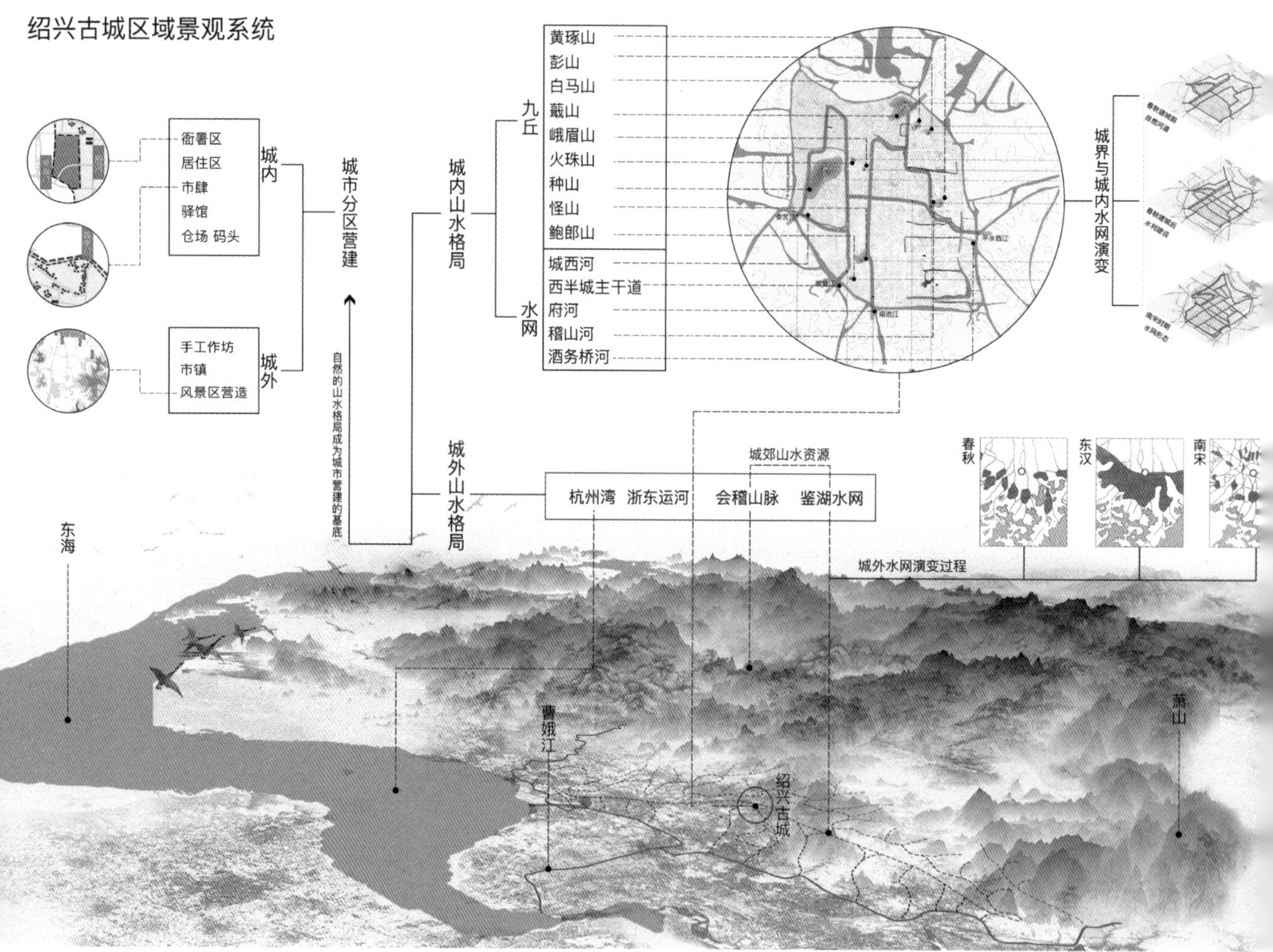

图 10-9 绍兴古城分区营建与区域景观系统发展

绍兴古城发展至今，城内的九座孤丘自定都选址时便作为控制城市边界发展的格局而存在，其良好的自然资源成为园林营造的基础，是城内风景系统的雏形。人工干预的开发，促使了以九丘与水网为基础的城市特色园林风貌的营建。宫殿衙署利用卧龙山的景观资源及其高度优势兴建园林，引领绍兴古城景观格局的发展；佛教寺观就高建塔，园林化寺观环境，高塔与山体的结合，构成了城内以标志物为控制点的“三山两塔”景观格局。大善塔与应天塔分置府河两端，突出了府河作为城市中轴线的视线廊道。文人墨客围绕山水兴建园林，将园林景观融入生活，赋予诗情画意，衍生出丰富的人文景观。

绍兴古城的发展不同于多数其他城市，其建城之初的恶劣环境与发展过程中水网环境的变迁之大，最终都成就了其发展成南宋时期数一数二的江南巨邑，人工的适度干预与自然的结合是不可或缺的因素，城市的分区营建与区域景观系统的融合造就了具有地域特色的水乡都市（图 10-9）。

注释：

1 车越乔，陈桥驿 . 绍兴历史地理［M］. 上海书店出版社 , 2001.
2 （宋）王安石 . 登越州城楼：王文公文集（卷四十五）［M］. 上海 : 上海人民出版社 , 1974:7.
3 二十五别史 · 吴越春秋（卷六）［M］济南 : 齐鲁书社， 2000.
4 管子 · 水地（三十九）［M］管子新注 . 济南：齐鲁书社，2006:315.
5 水经注 · 沔水注（卷二十九）［M］. 北京：中华书局，2009:10.
6 陈桥驿 . 古代鉴湖兴废与山会平原农田水利 [J]. 地理学报 , 1962(3):187-202.
7 任桂全 . 绍兴水乡的形成及其特色：中国鉴湖［C］. 中国文史出版社，2015:7.
8 闫格，李磊 . 水乡城市空间结构的演变与特点——绍兴越城组团地区城市结构变迁研究 [J]. 辽宁科技大学学报 , 2007, 30(1):53-57.
9 李孝聪 . 中国城市的历史空间 [M]. 北京 : 北京大学出版社 , 2015.
10 越绝书（卷八）［M］. 济南：齐鲁书社， 2000.
11 陈桥驿 . 历史时期绍兴城市的形成与发展：吴越文化论丛［M］. 北京：中华书局，1991.12.
12 李永鑫 . 绍兴通史［M］. 杭州 : 浙江人民出版社，2012:10.
13 （唐）元稹 . 奉和浙西大夫李德裕述梦四十韵大夫本题言：元稹集编年笺注［M］. 西安 : 三秦出版社，2002:6.
14 王富更 . 轮鉴湖水系对绍兴水城布局的影响极其河道治理：鉴湖与绍兴水利［C］.1991:7.
15 嘉泰山阴县志（卷五）［M］. 绍兴县地方志编纂委员会重印，1992.
16 （唐）元稹 . 以州宅夸于乐天 ：元稹集编年笺注 [M]. 三秦出版社，2002:6.
17 绍兴县地方志编辑办公室嘉泰会稽志 . 蓬莱馆（附宝庆续志）[M].
18 （宋）王十朋 . 会稽风俗赋并序：会稽三赋 .
19 屠剑虹 . 略论绍兴古城建设中的鼎盛时期［R］. 绍兴越文化研究会，2012:3.
20 （唐）张籍 . 送朱庆馀及第归越：全唐诗 . 卷三百八十四 .
21 姚培锋，陈国灿，裘珂雁 . 南宋绍兴地区的市镇与农村经济 [J]. 浙江师范大学学报 (社会科学版), 2011, 36(4):88-94.
22 （宋）陆游 . 六峰项里看采杨梅连日留山中：剑南诗稿校注［M］. 上海 : 上海古籍出版社，2005:4.
23 （宋）陆游 . 戏咏乡里食物示邻曲 .
24 陈惟于 . 浙东运河的往昔风采［R］. 中国人民政治协商会议绍兴委员会，2015:1.
25 （唐）元稹 . 酬郑从事四年九月宴望海亭 , 次用旧韵: 元稹集编年笺注［M］. 西安 : 三秦出版社，2002:6.
26 冯国庆，修水 . 绍兴园林释名［J］. 绍兴文理学院学报 , 1990(2)：124-126.

第十一章　片区：河流与片区发展——南京秦淮河畔景观风貌演变

自然河流经过人工水网重塑与城市产生紧密联系，促进了沿岸城市功能区域的生长，形成了以水为中心的具有独特风貌的片区景观。作为六朝古都的南京，秦淮河在其城市的发展过程中发挥了重要作用，尤其是河流沿岸的片区发展，包括：渡口、桥梁、御道、里坊、市肆等功能建置，以及寺观园林、皇家园林和私家园林等园林景观。以南京为例，梳理该片区的景观组成、形成及特征，探索城市河流与沿岸片区景观的互动关系。

“六朝金粉地，金陵帝王州”的南京（春秋战国时曾筑越城、金陵邑，秦朝改金陵邑为秣陵，东吴为建业，西晋为建邺，东晋及南朝宋齐梁陈皆称建康，而后又名丹阳、江宁、昇州、金陵等，及至明定都称南京，为今名之缘由，为表述清楚，统称“南京”）位于长江下游的宁镇扬丘陵地区，东接长江三角洲，西靠皖南丘陵，南临太湖水网，北连江淮平原，长江穿越城市西北。秦淮河（古称龙藏浦，汉代起称淮水，唐以后改称秦淮，取流传最广之名“秦淮河”[1]）

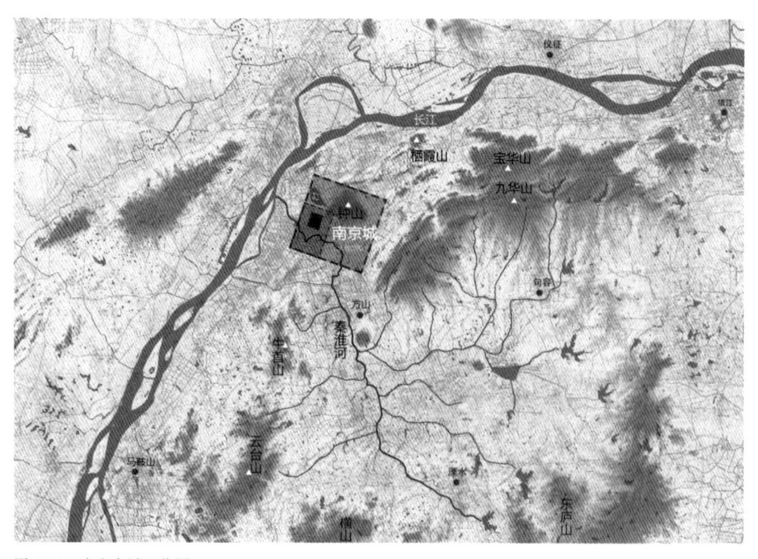

图 11-1　南京古城区位图

底图摹自：秦淮河流域图（http://blog.sina.com.cn/s/blog_558ae5d0100v82v.html）以及作者根据注释 15、16 改绘

自东向西穿南京城南而过，是南京最重要的城市河流，其两岸景观风貌的演变与城市发展密切相关。因此，研究的空间是都城内及城郊、秦淮河水系两岸分别外扩约500m的弹性范围，这个范围内的景观要素最为密集、与河流的关系最为密切（图11–1）。

纵观南京城市建设史，都城营建主要集中在六朝、南唐、明初和民国四个时期，秦淮河两岸景观风貌和人文活动的鼎盛时期为六朝和明清。该研究的时间范围为六朝（222 ~ 589年）和明代（1368 ~ 1644年）两个阶段，是由于在这两个时期，南京城市建设活动最为活跃，城市影响力深远，最重要的是秦淮河水系沿岸景观最为丰富。六朝为南京营都史的开端，其景观演变展现了城市河流沿岸景观从无到有的形成过程，而明代的社会生产力极大发展、文化极大繁荣，是景观风貌的鼎盛时期[2]。意在梳理城市河流沿岸的片区景观形成过程，探讨城市河流与功能分区及其衍生出的景观空间的互动关系。

一、秦淮河水系片区景观的自然基底

“金陵之水，以淮为经”，秦淮河水系包括城南的秦淮河天然河流、环绕都城的人工水道（运渎、潮沟、青溪、城北渠）以及城外沟通秦淮河与三吴地区（吴郡、吴兴和会稽）的运河破岗渎（破岗渎是沟通南京与粮食主产区太湖流域的生命线，是都城通航的最重要水路，促进了“商旅方舟万记”繁荣景象的形成，但因不属于城市段区域的研究范围，暂不提及）。秦淮河水系形态对水景观综合体的风貌起决定性作用，同时后者也受南京城整体山水环境的影响。

1. 南京城市山水环境概述

南京山川形胜，东北部为山地区、西南为丘陵区、中部为秦淮平原区、西部为沿江冲击区[3]。

以山为骨，南京的山川隶属于宁镇山脉，分为北、中、南三支（图11–2）：

1）北支——沿长江北岸，自西向东以石头山（今清凉山）起，包括八字山（又名四望山）、狮子山、幕府山、乌龙山、栖霞山、宝华山等，其上布置烽火台、堡垒，起战略防御作用；

2）中支——从石头山起，包括五台山、鼓楼岗、鸡笼山、覆舟山、钟山，

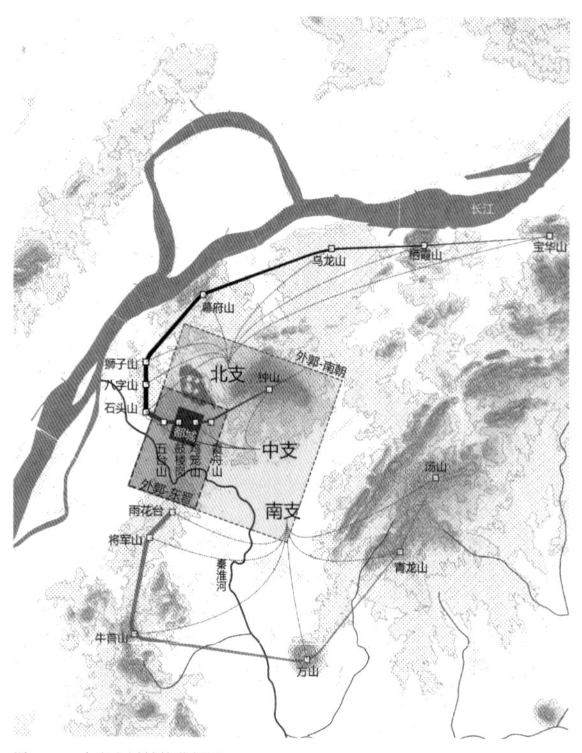

图 11-2 南京山川结构分析图
底图摹自：秦淮河流域图（http://blog.sina.com.cn/s/blog_558a7e5d0100v82v.html）以及作者根据注释 2 和 33 改绘

作为城北的依托，因山就势建设城墙、寺庙、山庄、园林等；

3）南支——从长江东岸的三山矶起，自西向东北包括牛首山、将军山、雨花台、方山、青龙山、汤山，成为南京城南的天然护卫。

以水为脉，南京的主要水系为长江、秦淮河、金川河三部分。长江是南京最重要的水系，自西南来，绕城折向东。秦淮河、金川河皆为长江支流，分列山脉中支的南北两侧，通过玄武湖连接在一起。六朝南京的水利建设集中于秦淮河水系，相较金川河水系来说，前者对城市形态和景观风貌产生了更为深远的影响。

2. 秦淮河干流的雏形初具

秦淮河“其上有二源，一源发自宝华山，经句容西南流；一源发自东庐山，经溧水西北流。入江宁界，二源合自方山埭，西注大江”[4]，东源出自句容县宝华山，南源出自溧水县东庐山，二源于江宁县方山埭合为干流，向西北流经南京城，六朝时在今水西门入江。自源头到入江口全长约 110km，号称“百里秦淮”。河流流域为冲积平原小盆地，自内向外依次是两岸的平原圩区、广阔的

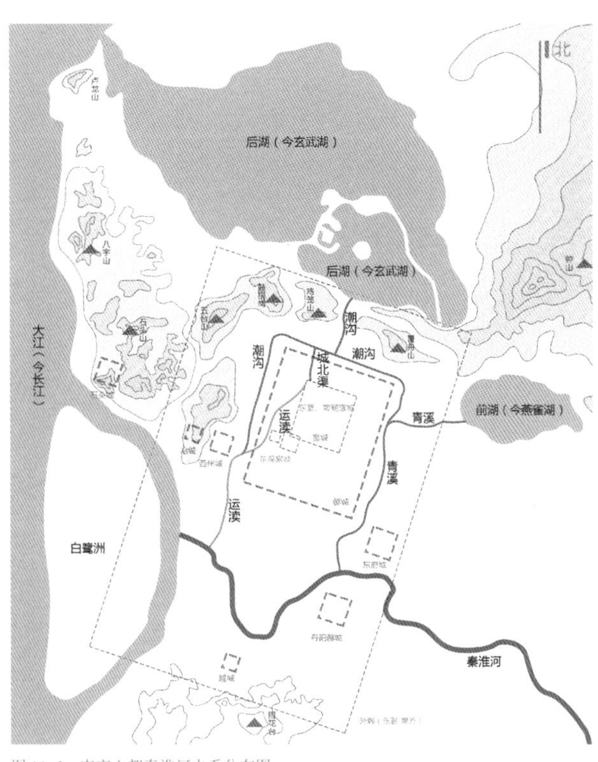

图 11-3　南京六朝秦淮河水系分布图
图片来源：作者根据注释 2、33 和 35 改绘

丘陵高地和低山，南京城在平原北端[5]。

秦淮河前身为新石器时期的“秦淮大湖”，自上游至下游由今赤山湖、百米圩、东山为中心的三个湖泊群构成，枯水位时各自为湖，高水位时连成一片。湖泊群周围适合耕种的肥沃平原与适合居住的丘陵高地催生了湖熟文化的原始聚落，在农业文明高度发展的夏商周时期，古人开始围湖造田，“筑土御水，而耕其中”[6]，形成 390 多千米的圩外泄洪引水河道，便是秦淮河的雏形。及至秦朝，相传秦始皇途经金陵时听风水先生说“五百年后金陵有天子气”[4]，为压其气，“乃凿方山，断长陇，渎入于江。故曰秦淮”[4]，这实际是一项拓浚工程，围湖造田后的秦淮河迂回不畅，百米圩与东山湖泊群交界的方山与石硊山之间有一条高埂，影响泄洪和引水。工程完成后，秦淮河河道基本成型，泄洪引水通畅，时称淮水[7]。

3．都城营造中的水网重塑

六朝时的大规模水利建设集中在东吴，形成了以秦淮河为主体、天然河道与人工河道相互贯通的秦淮河水系，东晋及南朝在此基础上有一些小型水利建设（图 11-3）。

水系中的河道分为三类：第一类是充分利用的天然河道，如秦淮河；第二类是经过改造的天然河道，如青溪；第三类是开凿的人工河道，如运渎、潮沟、城北渠[3]。

1）运渎：城西的南北向人工河道，南接秦淮河，北抵仓城（宫城内储存粮食、物资的机构），六朝南京唯一的运漕，承担着转运漕粮及为京都运送物资的重任[8]；

2）青溪：又名东渠，本是汇钟山西麓之水于前湖（今燕雀湖）的天然河流，为泄湖水及军事防卫，在城东开凿了一条南北向人工河道，北接潮沟，南入秦淮河。古青溪"阔五丈、深八尺，波流浩渺，连绵十里"，因溪流曲折称"九曲青溪"；

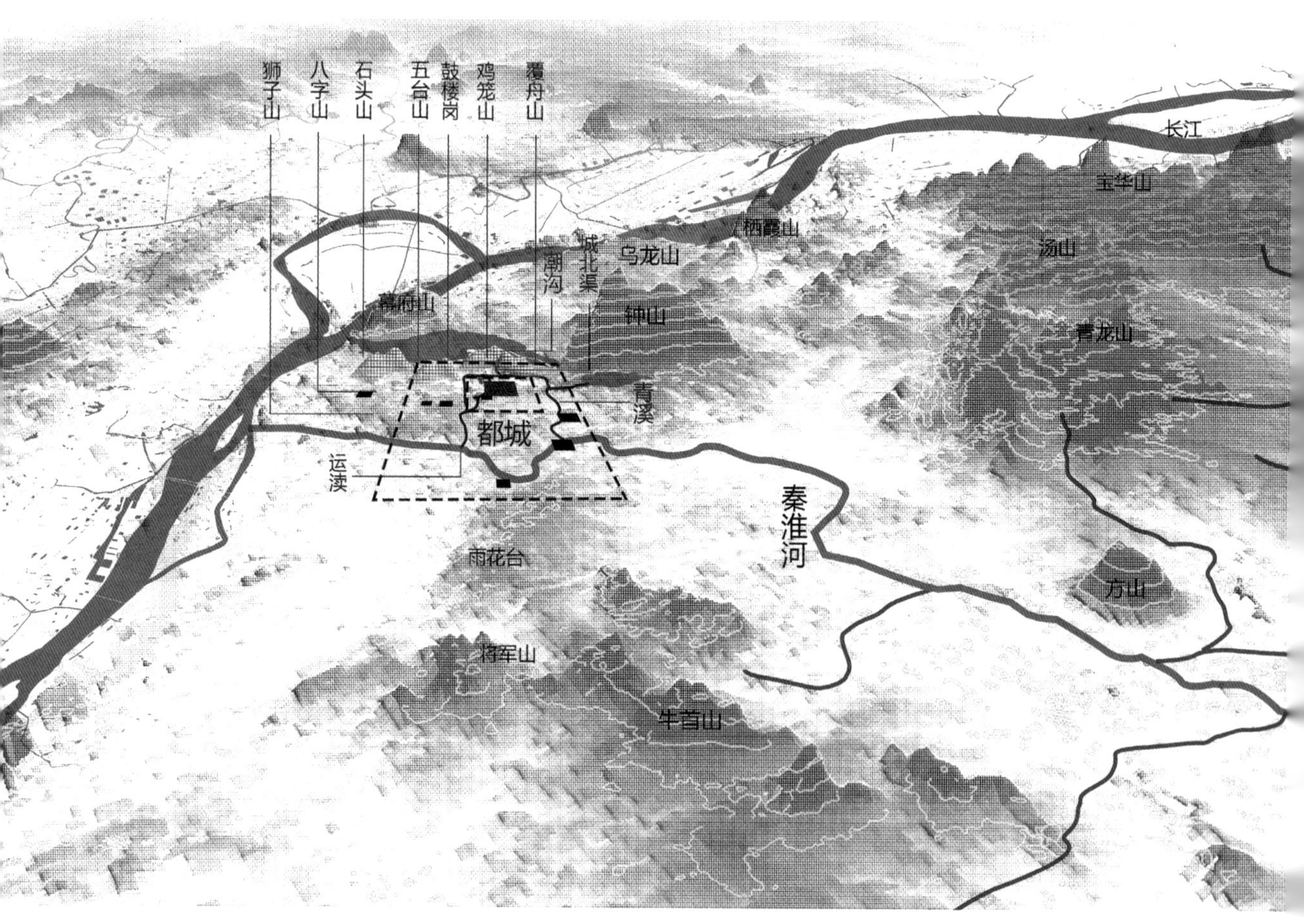

图 11-4　南京古城山水环境
底图摹自：秦淮河流域图（http://blog.sina.com.cn/s/blog_558ae5d0100v82v.html）以及作者根据注释 2 和 33 改绘

3）潮沟：城北的东西向人工河道，以其通后湖（今玄武湖）引江潮而得名，又名城北堑，“引江潮，接青溪，抵秦淮，西通运渎，北连后湖”[4]，确保运渎之水长流不衰；

4）城北渠：连接潮沟与宫城内部的人工河道，《建康实录》载：“又开城北渠，引后湖水激流入宫内，巡绕堂殿，穷极伎巧，功费万倍”[9]，相比潮沟，城北渠主要用于营园造景、怡情养性。

除了这四条主要的人工水道，宫城周围河流未至之处有护城河，城市主干道御道两侧有御沟。

秦淮河水系水利建设的主要目的有四：一是军事防备、以堑为城，六朝都城的城垣直到齐建元二年（480年）之前仍为竹篱[10]，防卫上主要依赖于淮水、青溪、运渎和潮沟四条水道[11]；二是稳固政权、发展经济，如秦淮河将破岗渎从三吴地区运来的粮食物资运入城内后，再经运渎运入宫内；三是防洪排涝，给水、排水以及其他河道的水量调节，如引后湖入运渎的潮沟；四是景观营造，如城北渠。从此秦淮河水系承担了南京主要的交通功能，并为水景观综合体的形成奠定了基础（图11-4）。

二、六朝秦淮河水系之上的片区景观

南京的古都营建与秦淮河水系密切相关：东吴建都之前秦淮河两岸便分布有多个城邑，建都之后秦淮河成为都城的南部军事防线，都城营建过程中两岸交通、居住、商业等功能要素因地制宜、有机结合，景观空间逐渐丰富，最终形成了由河流水网、浮航渡口、里坊民居、水运市肆、寺观佛塔等要素构成的片区景观系统。

1. 临水建城、纳河入都——春秋至明朝城河关系的演变

“凡立国都，非于大山之下，必于广川之上”[12]，古代城址的选择一定要考虑山水环境。除“钟山龙盘，石头虎踞”[13]的天然山川屏障之外，秦淮河是筑城建都的一个重要自然优势。《献帝春秋》载：“小江（即秦淮河）百余里，可以安大船。”秦淮河一方面同长江一起成为古城西南的两道军事屏障，另一方面提供了交通运输的巨大便利。

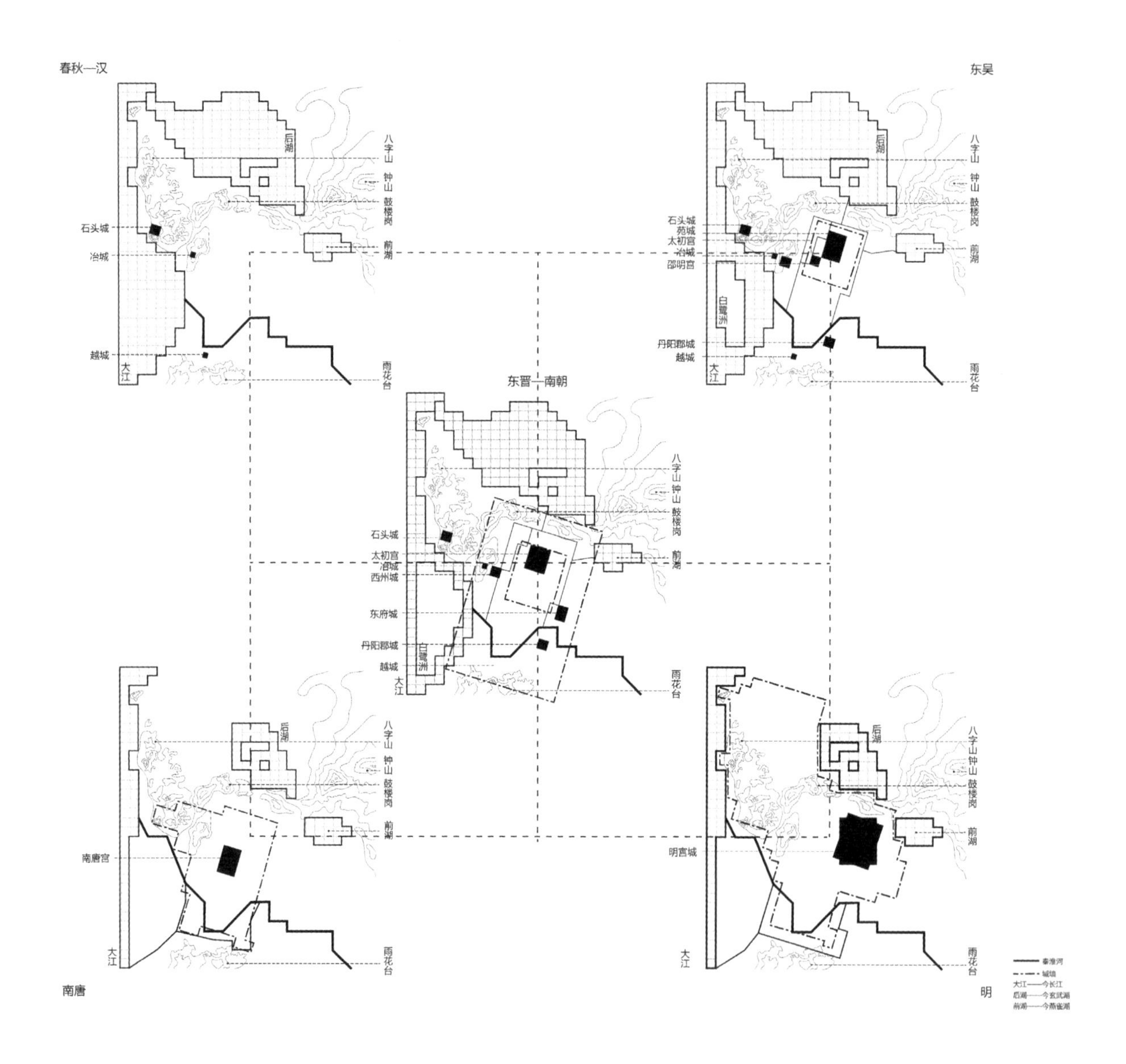

图 11-5　不同朝代南京城河关系演变图
图片来源：作者根据注释 2、3、6 和 35 改绘

秦淮河与城市在春秋时期产生关系，南唐营都后城河关系基本定型，明清都城边界有变化，但与秦淮河关系不大：春秋战国时期，城邑只是秦淮河边的零星点状分布，如吴王夫差建兵器手工作坊冶城；越国范蠡在长干里筑越城，“有城自越城始”[14]，是南京建城史的开端；楚威王熊商筑金陵邑（秦始皇为压帝王之气，后改为“秣陵”），冶城、越城、金陵邑三城皆作为军事据点建立在秦淮河入江口的丘岗之上，既能控制河道交通，又便于眺望与防御；东吴定都之后，秦淮河位于都城以外、外郭之内（外郭具体位置不详，图示为根据《六朝都城》推衍的东晋至南齐位置示意，南梁进一步扩大，因范围过大故不绘出），连同运渎、青溪、潮沟、城北渠等环绕都城的水道一起成为城市的有机组成部分，其形态与功能沿及整个六朝，奠定了城河关系的基本格局，两岸形成繁华的商业区和住宅区，也是游赏聚会的胜地，同时保留越城、金陵邑原址筑石头城作为军事要塞，秦淮河南岸筑丹阳郡城为郡县治所；东晋时有东府城、西州城作为城堡军垒；隋朝平城之后，南唐都城南扩、秦淮二分，原秦淮河纳入都城成为内秦淮，转化为景观河道，城墙外挖城壕为外秦淮，承担护城河与漕运功能；明朝都城北扩，但与秦淮河的关系不变，明清时期内秦淮景观风貌达到鼎盛，楼台临水，商贾辐辏，“梨花似雪草如烟，春在秦淮两岸边。一带妆楼临水盖，家家粉影照婵娟”（图 11-5）[15]。

2. 因水而兴、因地制宜——水运、环境主导六朝城市功能的分布

秦淮河水系发达的水运交通条件促进了城市功能的快速生长，它们沿河展开，根据环境条件因地制宜，多分布在秦淮河两岸及青溪风景秀丽之地。

（1）水运交通的发达与渡口、桥梁、御道的产生

发达的水运促进了秦淮河水系两岸经济的发展，也催生了各类交通节点的形成：往来的渡船与陆路交通转换处形成渡口；跨河交通有桥梁密布；御道作为城中最主要的街道，承担了宫城与秦淮河的交通连接作用（图 11-6）。

1）渡口

秦淮河是三吴地区向南京进行人员、物产运输的要道，舟楫往来不断、水陆交通繁忙。作为水陆转换的交通空间，渡口也随着商业的发展和人口的集聚而慢慢增多（表 11-1）。

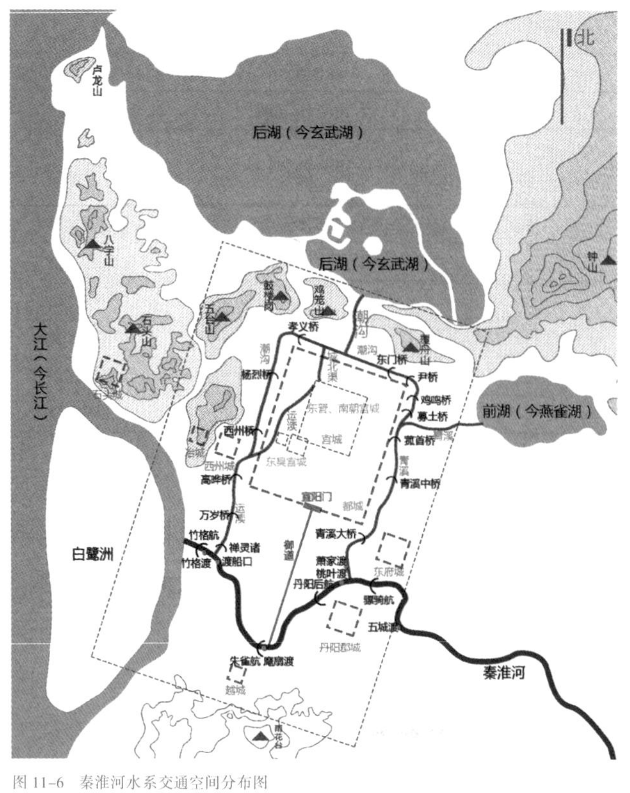

图 11-6　秦淮河水系交通空间分布图

图片来源：作者根据注释 2、34、35 和 36 改绘

渡口多由地点或事件得名，浪漫的传说和文人诗咏促进了游赏活动的增加。桃叶渡是诸渡口中最负盛名的一个，东晋王献之《桃叶歌》中写道“桃叶复桃叶，渡江不用楫；但渡无所苦，我自迎接汝”[16]，相传“桃叶”就是其爱妾，王献之常常在此渡口迎送她往来秦淮，渡口由此得名。

秦淮河水系渡口列表　　表 11-1

渡名	地点	备注
竹格渡	县城西南二里，今陡门桥一带	按《建康实录》，王敦作逆，从竹格渡即此航也[4]
桃叶渡	东水关西面，青溪与秦淮交汇处	渡名因东晋书法家王献之曾在此迎送爱妾桃叶而得名[16]
萧家渡（邀笛步）	东水关附近	以东晋王徽之泊舟此渡口，邀桓伊吹笛而得名[16]
五城渡	上元县东	
麾扇渡（毛公渡）	镇淮桥附近	陈敏踞建业，出军临大航（朱雀航），顾荣以扇麾之，其军遂溃[17]
渡船口（舟子洲）	桥东右转，循渎南临淮水[18]	

资料来源：作者根据注释 2、22 和 35 整理。

2）桥梁

秦淮河水系桥梁繁多，由于造桥技术的局限以及对北方军事力量的忌惮，秦淮河、青溪的跨河交通以浮航（即并船而成的浮桥，日常连舟为桥、用作交通，战时断舟成流、撤航拒敌）形式为主。最著名的是二十四浮航，有史可考的有四大航，“四航皆在秦淮上，曰丹阳，曰竹格，曰朱雀，曰骠骑”[4]，自西向东分别为竹格航、朱雀航、丹阳航、骠骑航。

二十四浮航既是两岸交通之地，又是观河游赏之地，自古以来有许多诗词描述。如《景定建康志》中注：“杜牧有诗：青山隐隐水迢迢，秋尽江南草未凋。二十四桥明月夜，玉人何处教吹箫”[4]（六朝扬州的治所一直在南京，唐时才迁至今扬州，有说法“二十四桥”并非今扬州二十四桥，而是六朝南京著名的二十四浮航）；北宋杨虞部《二十四浮航》中“青雀浮航夜照波，星繁云静月华多。玉楼人凭栏杆立，直下天心耿耿河”；清初丁澎《扶荔词》云：“竹格渡前风日好，早晚问归舟。认得艄娘郎去舟。人不是、几回愁”。从这些诗词中不仅能感受到秦淮河星月夜空、浮航波光浑然一体的美好景致，还可以看出浮航不只是往来交通空间，还承载了更多的生活事件与悲喜情绪。

3）御道

始建于东吴的御道从宫城宣阳门向南直到朱雀门，与朱雀航连成沟通北侧宫城与南侧里坊的交通要道，是帝都繁华之地。萧齐谢朓《入朝曲》：“飞甍夹驰道，垂杨荫御沟。凝笳翼高盖，叠鼓送华辀。”御道平坦开阔，两侧开凿御沟、植槐栽柳，远眺有鳞次栉比的层层高楼，近看有甍宇齐飞的连绵建筑，道路上鸾舆凤驾、车水马龙，秦淮河轻舟楼船、声鼓动地。西晋左思的《吴都赋》中描述道：“朱阙双立，驰道如砥。树以青槐，亘以绿水。玄荫眈眈，清流亹亹。列寺七里，侠栋阳路。屯营栉比，解署红布。”表现了当时御道、朱雀航沿途绿水朱楼槐柳、水陆交通繁忙、市廛繁荣昌盛的都城景致。

（2）环境资源的差异与里坊的布局

东吴建都之初，城内的衙署区府寺林立、空间狭小，只有一些高官显贵居住，而漕运便利的秦淮河两岸商业繁荣、人口密集、平坦开阔，成为主要的居民区，“横塘查下，邑屋隆夸。长干延属，飞甍舛互。其居则高门鼎贵，魁岸豪杰。虞魏之昆，顾陆之裔”[19]。

六朝南京的居民大体可分两类：高官显贵和平民商贾。秦淮河水系两岸的主要居民区大致有四处：秦淮河南岸入江口处的长干、横塘，秦淮河北岸的御

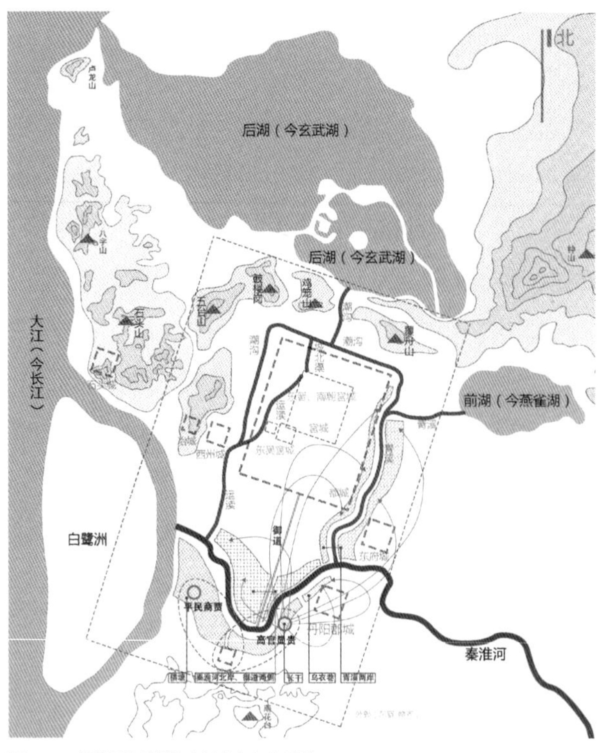

图 11-7　秦淮河水系居住空间分布和变迁图
图片来源：作者根据注释 2、34 ~ 36 改绘

道两侧以及青溪沿岸。其分布经历了以下阶段：东吴时期，平民商贾主要分布在横塘一带，高官显贵主要分布在长干一带，但总体的来说类型混杂，没有严格的边界区分；东晋之后，五胡乱华、衣冠南渡，大批中原士族涌入南京，势必要拓展新的居住区，秦淮河南岸的原有居住区民吏混杂、环境嘈杂，并非理想的居住之地，因此高官显贵、门阀士族的居住范围向秦淮河北侧及青溪沿岸拓展，平民百姓仍然聚居在南岸（图 11-7）。

六朝居民区布局的变化与地形地势、景观资源以及与宫城、河流、商市的距离密切相关。

1）横塘：孙权时沿秦淮河南修筑的长堤，地势卑湿、居住环境差，虽远离宫城但位于滨江临淮位置，商贸运输业发达，因此居民多为商贾，商船毗邻、人声嘈杂。

2）长干：越城所在地，是大长干（即雨花台最高峰石子岗）与小长干（即凤台山最高峰花露岗）之间俯瞰长江的连绵冈阜，北临秦淮河、南倚雨花台，地势高爽、景色优美，与宫城距离相对较近，故居住有不少高官显贵，如张昭、张休、陆机兄弟，“岐嶷继体，老成弈世，跃马叠迹，朱轮累辙”便是《吴都赋》对长干繁华景象的描写。

3）乌衣巷：东晋之后出现的秦淮河南岸为数不多的贵族居住区之一，刘宋山谦之《丹阳记》中记载“乌衣之起，吴时乌衣营处所也。江左初立，琅琊诸王所居”[13]，王、谢代表的中原顶级门阀士族自琅琊（今山东临沂）迁至乌衣巷，此后北方豪门大族相继南迁，乌衣巷贵族住宅区的规模日渐庞大，成为继长干里之后，六朝都城又一繁华之地。“朱雀桥边野草花，乌衣巷口夕阳斜。旧时王谢堂前燕，飞入寻常百姓家” 便是刘禹锡在此地伤时怀古的诗句。

4）秦淮河北岸、御道两侧：由于靠近宫城、交通便利，多数高门望族的宅院分布在此。

5）青溪两岸：因有钟山、燕雀湖等较好的风景资源以及靠近宫城的地理优势，成为士大夫贵族宅园的聚集地，如青溪南侧东府城的司马道子府邸，《建康实录》记载：“筑山穿池，列树竹木，功用钜万。[9]”

总的来说，六朝的居民区布局从最初的杂乱无章逐渐分区明晰：东吴时期秦淮河南岸民吏混居；东晋之后南岸为平民商贾聚集区，“市廛民居，并在南路”[4]，北岸为高官贵族聚集区，“御道左右，莫非富室”[20]，风景优美的青溪沿岸还建置了许多贵族宅园。另外，虽有里坊模式的规划管理，但由于山水地貌环境复杂，并不像北方城市那般布局整齐、市坊分立，而是相互混杂、分布散漫。

（3）地理位置的优势与市肆的繁荣

“人物本盛，小人率多商贩，君子资于官禄，市廛列肆，埒于二京”[21]，六朝南京是当时南方地区的经济中心，不同于《周礼考工记》中前朝后市的布局。南京的商业空间多在城南的秦淮河两岸，原因有二：一是宫城山环水抱，北有钟山、覆舟山、鸡笼山、卢龙山（今狮子山）和后湖，没有足够的空间发展商市，而城南的秦淮河两岸有拓展余地；二是都城的商品多依赖破岗渎从三吴运入，通过漕运水系在城内流通，秦淮河入江口处船舶云集、人员聚集，有发展商业的交通、距离和资源优势。

城内及近郊水系两岸有史可考的商市类型有大市、小市、专业集市、草市和园林集市五种（表 11-2）大市是规模较大的综合性商业活动场所；小市是规模相对较小的综合性集贸市场；专业集市是某种特定商品的交易场所；草市是城郊的草料市场；园林集市是在皇家园林或私家园林设置的集市[22]。东吴初期就有了大市，两岸店肆林立、商船往来，《吴都赋》描述了“开市朝而并纳，横阛阓而流溢。混品物而同廛，并都鄙而为一。士女伫眙，商贾骈坒。纻衣絺服，杂沓从萃”的繁华景象。随着经济的发展，大市的商业课税成了政府的重要财政来源，相比之下，税收压力没那么沉重的小市、专业集市等在秦淮河两岸应运而生，“又有小市、牛马市、谷市、蚬市、纱市等一十所，皆边淮列肆，稗贩焉”[4]，贵族宅园中也开设商业活动，如司马道子宅园“使宫人为酒肆，沽卖于水侧，道子与亲昵乘船就之饮宴，以为笑乐”[9]。

秦淮河水系市肆列表 表 11–2

<table>
<tr><th>市场名称</th><th>设置时间</th><th>地点</th><th>种类</th><th>资料来源</th></tr>
<tr><td>建康大市</td><td>孙吴</td><td>秦淮河以南的建初寺前</td><td rowspan="4">大市</td><td rowspan="3">《太平御览》</td></tr>
<tr><td>建康北市</td><td>吴景帝永安年间</td><td>秦淮河北岸</td></tr>
<tr><td>斗场市（南市、东市）</td><td>东晋隆安年间</td><td>秦淮河南岸的斗场里</td></tr>
<tr><td>肇建市</td><td>东晋</td><td>青溪以东、秦淮河以北的东府城一带</td><td>《景定建康志》</td></tr>
<tr><td>庄严寺小市（十余所）</td><td>刘宋时期</td><td>秦淮河以北的庄严寺前</td><td>小市</td><td>《宋书》</td></tr>
<tr><td>牛马市</td><td>不详</td><td rowspan="3">秦淮河边</td><td rowspan="4">专业集市</td><td rowspan="5">《景定建康志》</td></tr>
<tr><td>谷市</td><td>不详</td></tr>
<tr><td>蚬市</td><td>不详</td></tr>
<tr><td>盐市</td><td>不详</td><td>秦淮河以北</td></tr>
<tr><td>不详</td><td>东晋时期</td><td>青溪附近，清明门外的湘宫寺南</td><td>草市</td></tr>
<tr><td>司马道子宅园</td><td>东晋时期</td><td>青溪附近</td><td>园林集市</td><td>《建康实录》</td></tr>
</table>

资料来源：作者根据注释 2、22 和 35 整理。

六朝南京的商贸市肆多沿秦淮河水系分布，市坊、市寺混杂，如佛陀里建初寺前的大市、斗场里斗场寺前的斗场市、湘宫寺前的草市等，这是由于南京的自然环境复杂，无法进行规整布局，且里坊制度不健全、居民区分布散漫，同时六朝佛教文化昌盛、佛寺众多，因此在佛寺、里坊这类人群密集、有一定公共空间的地方，便自然而然地形成了商业据点，“小屋临路，与列肆杂”[23]“前望则红尘四合，见三市之盈虚，后睇则紫阁九重，连双阙之耸峭”[24]描述了这种景象（图 11–8）。

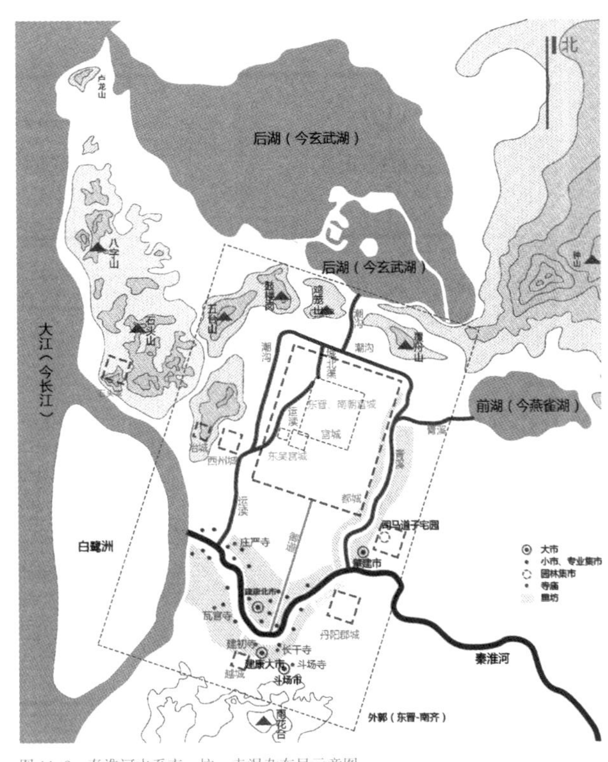

图 11-8　秦淮河水系市、坊、寺混杂布局示意图

图片来源：作者根据注释 2、34 ~ 36 改绘

3. 沿河筑寺、就水营园——经济、文化促进六朝景观空间的衍生

东晋衣冠南渡之后，南京成为南方政治、经济和文化中心，江南地区丰富的植被种类和山水环境为园林营建提供了自然条件，都城的经济发展为其奠定了物质基础，文人学士的汇聚与诗词绘画艺术的繁盛为其创造了社会氛围。南京的园林类型有皇家园林、私家园林和寺观园林，其中皇家园林与私家园林为非公共景观空间，寺观园林（主要是佛寺园林）为公共景观空间，是南京独特的人文景观。

（1）寺观园林形成独特人文景观

“南朝四百八十寺，多少楼台烟雨中”，佛教在东汉时期传入南京，而后迅速发展达到鼎盛，梵宇琳宫遍布都城，成为六朝南方地区的佛教中心，唐道宣《续高僧传》中载：“然以金陵都会，朝宗所依。刹寺如林，义筵如市。五部六郡，果含苗杂。”

天下名山僧占多，这些佛寺主要分布在城内外的大小山脉上，除此之外，便多分布在秦淮河水系两岸，呈现市、坊、寺相混杂的布局形态。佛寺广泛分布于市肆居民区中的原因有二：一是方便宣传佛教、满足市民活动需求，官府或僧侣将佛寺直接建在里坊之中，如“江东第一寺”建初寺便诞生在秦淮河南岸的小长干，为南京佛寺兴建之滥觞，另外还有长干里的长干寺、斗场里的斗场寺、建兴里的建兴寺等等，而这些人流聚集的公共空间又催生了商业空间；二是高官贵族常舍宅为寺，直接把自己的宅院送给佛寺，如“运渎东岸，南直竹格渡”[25]的庄严寺就是东晋谢尚将军的宅院，这类寺院往往位于较好的居住地段。

虽然市、坊、寺混杂，但由于帝王贵族对佛教文化的大力推崇，以及寺院出世的精神象征，佛寺往往位于背山面水、景观视野良好的优质地段，并有优美的园林景观经营。如瓦官寺，东晋建于秦淮河南的凤台山花露岗，背靠高岗、俯瞰大江，梁朝增建瓦官阁：“建阁于寺，高二百四十尺，因山为基。平旦阁影，射可半江。登阁一望，江山满目”[16]，成为城郊高地的公共观景点，既能畅览山水之美，又可丰富城市天际线。再如湘宫寺，位于青溪中桥北，是南朝宋明帝的旧宅，南朝梁简文帝《相宫寺碑》云：“是以高檐三丈，乃为祀神之舍，连阁四周，并非中馆之宅。雪山忍辱之草，天宫陀树之花，四照芬吐，五衢异色”[26]，可见其极尽壮丽辉煌之能事。另外也有如乌衣巷谢举舍宅而建的山寨寺那般，“泉石之美，殆若自然”[23]的咫尺清幽之美。

六朝兴盛的佛教文化催生了众多佛寺景观：佛寺景观不仅为城市居民提供了游憩崇佛的公共活动空间，促进了社会经济的增长，同时也带动了公共园林景观的发展，将市井烟火浓郁、佛事活动繁盛的环境与超尘出世、崇尚自然的意趣相融合，成为秦淮河水系两岸梵刹林立、僧尼云集的独特人文景观。

（2）皇家、私家园林表现自然意趣倾向

六朝时期除宫苑内有一部分皇家园林以外，其他的皇家园林与私家园林多分布在山水优美、景色秀丽之处，如秦淮河、青溪河畔，由于水源充沛，王邸私宅皆有池沼湖面，有“十亩九宅，山池居半”[27]之说。

六朝的皇家园林，一方面继承秦汉传统，风格华丽、气势恢宏；另一方面受士人文化影响，追求自然之趣，表现出清新高雅的审美情趣[28]。

青溪九曲，风景优美，“京师鼎族，多在青溪左及潮沟北”[9]，芳林苑便是分布在此的皇家园林之一，位于湘宫寺前、青溪中桥旁，由南朝齐高帝旧宅修建而成，园中筑山穿池、植花种树，《南史》记载：“又加穿筑，果木珍奇，穷极雕靡，有侔造化。[23]”

秦淮河畔山水环境优美之处也有皇家园林分布，如南岸建兴里的南苑和建兴苑：南苑位于瓦官寺东北部，南朝宋时被大臣用作私园，南朝梁时又成为皇家园林，北宋马野亭曰：“当时南苑最新奇，胜似其他东复西，多少园亭行不到，纵横石径动成迷。香风十里荷花荡，翠影千行柳树堤，伊被何人曾借住，端知误入武陵溪”；建兴苑是梁武帝为堂弟饯别而建，纪少瑜《游建兴苑》中云：“丹陵抱天邑，紫渊更上林。银台悬百仞，玉树起千寻。水流冠盖影，风扬歌吹音。踟蹰怜拾翠，顾步惜遗簪。日落庭光转，方幰屡移阴。终言乐未及，不道爱黄金”[29]。

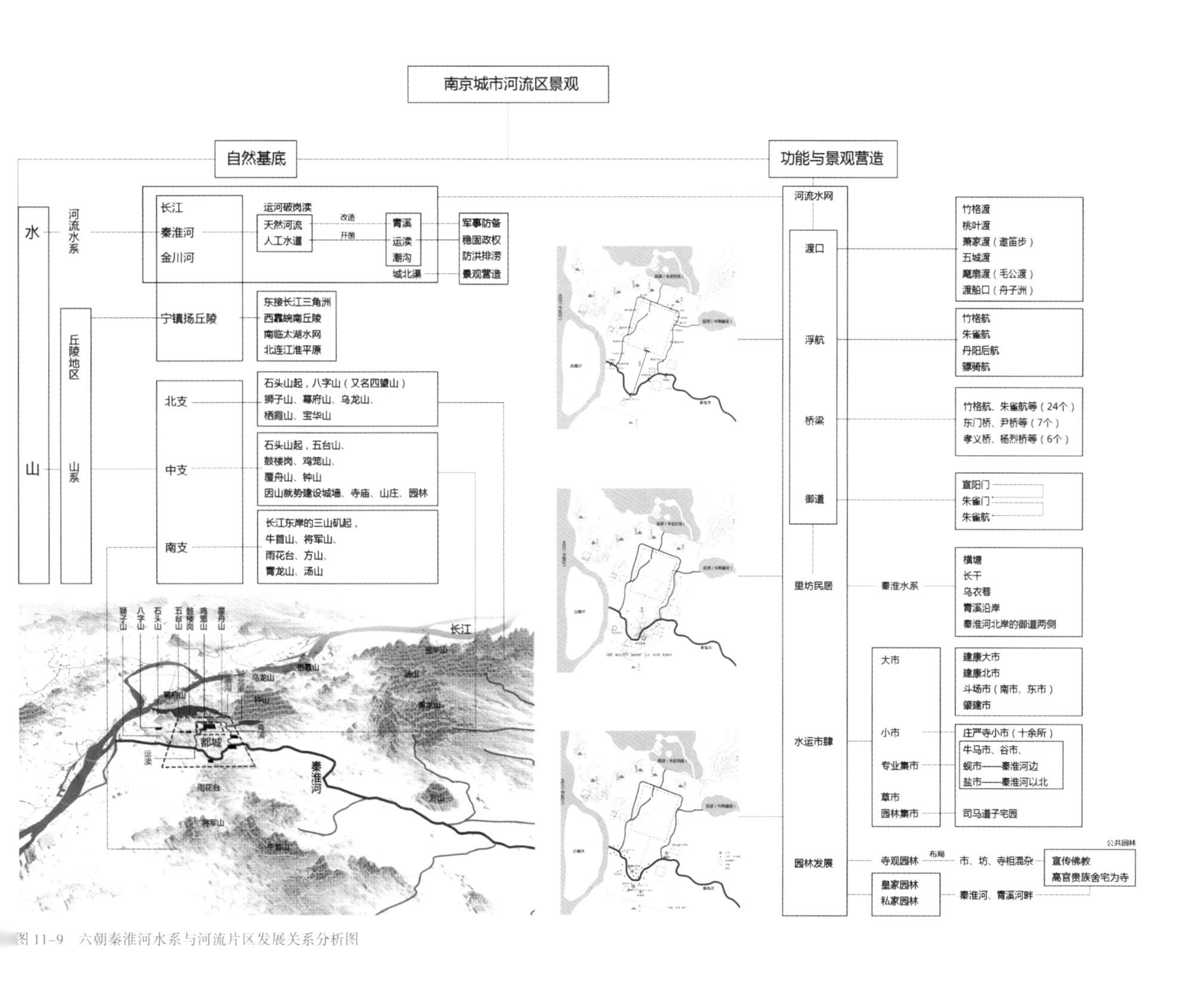

图 11-9 六朝秦淮河水系与河流片区发展关系分析图

六朝的私家园林按位置划分，可分为城市私园和郊野园两类：城市私园建在都城内，以人造景观为主，建筑崇伟繁华；郊野园建在城郊，常有田宅，依山傍水，风格自然野逸[28]。秦淮河水系两岸的私家园林多为前者，如乌衣巷纪瞻宅园“馆宇崇丽，园池竹木，有足赏玩焉”[17]，又如青溪东侧孙玚宅园“其自居处，颇失于奢豪，庭院穿筑，极林泉之致”[30]。这些城市私园虽空间有限，但经过筑山、开池、植树、栽花，足以营造咫尺山林之境，同时还开展了宴饮宾客、谈禅辩玄等园林活动，体现了六朝思想开放的士人精神和寄情山水的园林意趣。

经过东吴的水利建设，南京秦淮河从一条原始的自然河流扩展成遍布都城的水网体系，经过六朝的社会经济发展，水系区域形成包括渡口、浮航、御道、里坊、市肆等功能空间与皇家园林、私家园林、佛寺园林等景观空间在内的景观综合体：秦淮河白天是《吴都赋》中“水浮陆行，方舟结驷。唱棹转毂，昧旦永日”的繁忙，夜晚则是《二十四浮航》中“青雀浮航夜照波，星繁云静月华多”的静谧；功能空间呈现里坊、市肆、佛寺混杂的布局形态；佛寺景观不仅为居民提供了公共活动空间，还出现了以瓦官阁为代表的高地观景点；皇家园林与私家园林出现“聚石引水，植林开涧，少时繁密，有若自然”[31]的艺术倾向（图 11–9）。

三、明代秦淮河水系的沿岸景观

明代是南京城市发展的鼎盛时期，自 1368 年明太祖朱元璋定都起，便成为中国最重要的政治、经济和文化中心，影响力甚至远达海外。与此同时，秦淮河景观风貌也达到鼎盛，《桃花扇》中描述为“梨花似雪草如烟，春在秦淮两岸边。一带妆楼临水盖，家家粉影照婵娟”。

1. 功能建置——统一规划、分类聚居

为了尽快提升国力以巩固新王朝，明太祖朱元璋采取了许多新政策，如调入人口、兴办府学、建楼馆养官妓以招待国内外的来宾使节等。这一系列政策与建设活动强烈反映在沿岸的景观风貌上。

（1）交通：随水而增的桥梁构筑

明代南京城内水网密布，呈水运—陆路双交通模式，因而桥梁极多（图

图 11-10 明代秦淮河水系桥梁分布推测图
图片来源：作者根据注释 37、38 改绘

11-10）。其中一部分为六朝古桥的重生，运渎六桥全部更名保留；除此之外，多为明代新建，集中分布在明御河、小运河等新凿河道上，其中都城护城河上的桥梁，出于便利交通的考虑多置于城门左右，从通济桥、正阳桥、三山桥、石城桥等名字上便能够看出来。

（2）里坊：分行而居的城南十八坊

明初，为了补充人口、发展经济，朱元璋从全国各地调集各行各业的匠户近十万汇聚南京，并将他们统一规划、分行分类安置在城南秦淮河一带，形成前店后坊的手工业作坊群落“城南十八坊”（图 11-11、图 11-12）。作为消费城市，南京农户少、工商匠户多，因此“城南十八坊”就成为都城内的主要居住区。这十八坊分布于内秦淮北、御道两侧，是出于邻近水源、交通便利的考虑，金属类作坊如银作坊、铁作坊等的集中分布也发挥了产业集聚效应，体现了分类聚居的营城智慧。

（3）市肆：各有所专的洪武十三市

明代商品贸易进一步发展，城南秦淮河沿岸成为都城商业区，繁华程度较六朝只增不减。在前店后坊的“城南十八坊”基础上，政府又规划设立了“洪武十三市”，所售货物各有所专（图 11–13）。这十三市中有 11 个都位于秦淮河水系沿岸：其中 7 个位于都城内的内秦淮、运渎、青溪、杨吴城壕沿岸，如新桥市、内桥市、北门桥市更是直接以附近的桥梁命名；城外的 6 个都分布在都城或外郭城界有入江河道的城门附近，如江东门外的江东市、六畜场等。

这种分布特点与明代南京消费型城市的城市类型有关，明代南京居民的生活所需仰给江河水运，周边地区供应的物资经长江或秦淮河道运至各城门处，由此产生了诸多分布于城门外的市集以及城内沿河市集。

（4）娱乐：歌舞风月的旧院及十六楼

为了繁荣都市生活，明太祖朱元璋自建国之初便极为重视城市娱乐活动：设教坊司作为政府礼乐机构统领官妓，建富乐院（即旧院）为官妓居所，立十六楼作为官妓接待频繁往来的四方宾客的场所[10]（图 11–13、图 11–14）。

其中教坊司与旧院位于内秦淮河东段的武定桥附近，由《白下琐言》“明初设教坊司，立富乐院于乾道桥，复移于武定桥等处”可大概推知。在十六楼中，除了南市楼、北市楼和叫佛楼位于都城内之外，其余十三楼皆分布在西南隅的城门附近。一是由于外宾客商多由长江溯秦淮河入城，江东门、三山门一带是必经之地；二是城西南有白鹭洲和莫愁湖的天然美景，于湖光山色中置各式楼馆，能够更好地对外展现明南京城的城市景观风貌。

（5）文教：文人荟萃的夫子庙建筑群

明朝的科举制进入鼎盛时期。明初乡试、会试、殿试都集中于南京一地，极大促进了秦淮北岸的文德桥至平江桥之间的夫子庙文教区域的发展[11]。

文教区建筑群包括三部分，以贡院西街为界，其西为“前庙后学”的文庙和学宫，其东为江南贡院[13]。学宫又名太学，是古代教书育人的国立大学；文庙是学子祭祀孔子的场所，南京文庙的独特之处在于——标准形制中正门前的半圆形水池“泮池”凿秦淮河而成，是唯一一个利用天然河道并且体量最大的遗例；江南贡院是乡试、会试的考场，考棚是预试的考场。每到考试时节，上下江考棚附近熙熙攘攘、纵横密布，贡院一带热闹非凡（图 11–15）。

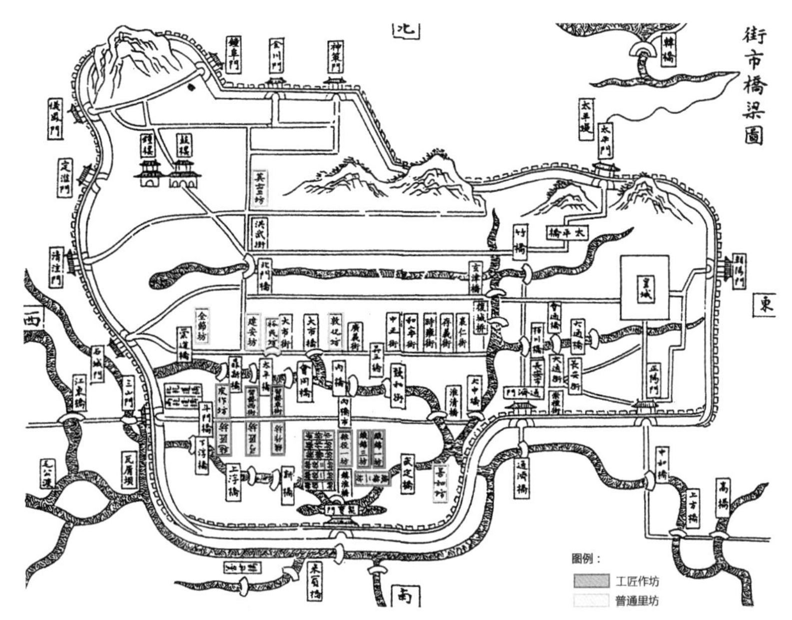

图 11–11　明代秦淮河水系里坊分布图
图片来源：（明）礼部纂修，（明）陈沂撰，《洪武京城图志·金陵古今图考》. 街市桥梁图. 南京出版社 . 2017

图 11–12　明代秦淮河水系里坊分布推测图
图片来源：作者根据注释 28、39 和 40 改绘

图 11-13　明代秦淮河水系市肆和楼馆分布推测图
图片来源：作者根据注释 28 、39 改绘

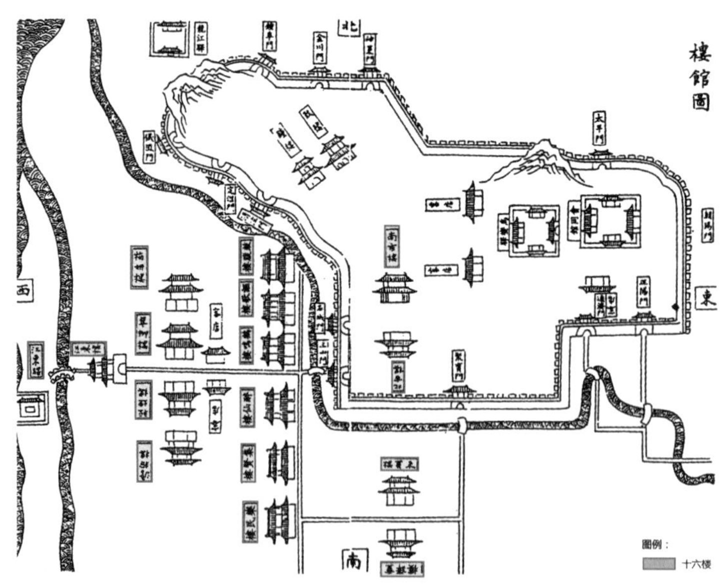

图 11-14　明代秦淮河水系楼馆图
图片来源：（明）礼部纂修，（明）陈沂撰，《洪武京城图志·金陵古今图考》，楼馆图，南京出版社，2017

2. 园林景观——明初停滞、中后勃兴

造园活动在明初的一百多年中几乎停滞，整个明代都没有皇家园林的兴建，寺观园林有些许修建，但远没有六朝的数量那么多，中后期时私家园林重新崛起、迅速增多（图 11-16）。

（1）皇家园林：太祖尚俭下的沉寂停滞

明初，朱元璋将主要财力物力用于都城建设，客观上没有足够的资本继续皇家园林的修建，并且他主观上崇尚节俭，将造园的奢靡视为前朝覆灭的根本缘由，所以明代开国之后的一百年中，造园活动基本处于停滞状态。虽然明代中后期的资本主义萌芽迅速发展，造园活动也逐渐兴盛，然而此时政权早已迁至北京，留都南京的造园活动仅限于官绅贵族的私家园林，没有任何皇家园林的兴修建造。

（2）私家园林：永乐迁都后的园林勃兴

朱元璋限制皇家园林兴建的同时，连达官贵族私家园林的建造活动也一并限制了。永乐十九年（1421 年），明成祖朱棣迁都北京，将手工匠户约二万七千户带走，“城南十八坊”所在的秦淮河沿岸出现了成片的空地。随着明代中后期留都经济的复兴、建园禁令的逐渐松弛，城南秦淮河沿岸开始出现数十处官绅贵族的私家园林[13]。

根据明代文学家王世贞的《游金陵诸园记》，对明代南京私家园林进行整理，可以看出它们密集分布在城西南秦淮河沿岸的杏花村一带：一是因为此地南倚山临河、风景优美，是构筑“城市山林”的绝佳位置，永乐迁都之后也有了大量的闲置地可以开发；二是家族园林数量庞大，如徐天赐的西园建于此，所以其分割出的园子就都落点在这里。

从园林风格上来说，相比苏州的清雅幽静和扬州的商贾气息，留都南京的私家园林有着文雅与世俗并重的特征，政治地位使它更加贵族化，市井和娼妓文化使它更加娱乐化。在明代商品经济的冲击下，私家园林更多地像一种可以出售的产业，这从园林屡易其主就可以看出来。

（3）寺观园林：儒学一统中的微弱发展

明代高度中央集权，儒学占统治地位，呈现儒释道三教合一的趋势。但是由于朱元璋少年时曾舍身为僧，登基之后对佛教仍旧尊崇，因此明初仍有一些重

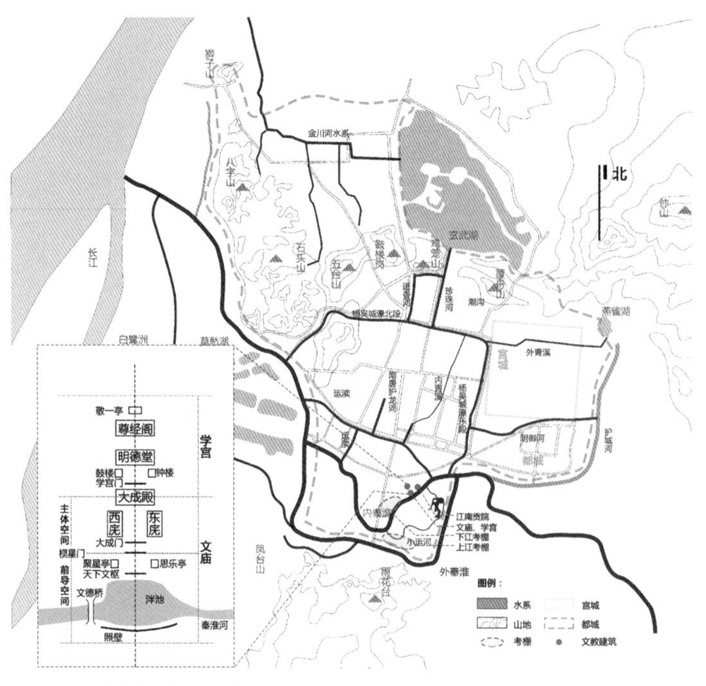

图 11–15　明代秦淮河水系文教建筑与学宫文庙平面布局图
图片来源：作者根据注释 28、41 改绘

建兴修佛寺的活动，而嘉靖帝朱厚熜崇道禁佛，因此整体上佛、道两教均有一定的发展，兴建的寺观集中在秦淮河水系沿岸的河畔山麓与高岗上（图 11–17）。

3. 风景文化——山水游冶、胜景品赏

虽然私家园林的游赏乐趣只局限在上流阶层内，但是南京的自然山水之美却为芸芸众生所共有。明初朱元璋并未限制城市公共景观的营造，城中仍然有许多隶属或毗邻于秦淮河水系、以自然风景为主的公共风景游赏地，如莫愁湖、白鹭洲、清凉山、雨花台等。明代的经济繁荣与娱乐世风刺激了公共胜景品赏活动，其文化成果以明末朱之蕃的《金陵四十景图像诗咏》最具代表性。在这 40 个胜景中，秦淮河水系沿岸就有 19 个，可见它在南京城市景观中的重要地位。

根据表现内容和景观类型大致分为四类（表 11–3）：一是“湖光山色，水云相连”，表现的是长江西移的水系自然变迁形成的白鹭洲与莫愁湖的景色；二是“河房旧院，桨声灯影”，表现的是秦淮河水系的河流景观，包括沿岸声色犬马的场所与雕梁画栋的建筑，以及水上的桥梁与灯船画舫；三是“里坊郊村，春游胜景”，表现的是居民聚集的里坊区与村庄的淳朴自然风光；四是“登高览景，寻寺闻经”，表现的是山景，包括山顶远眺以及山寺古迹的景象。

明代秦淮河水系胜景列表 表 11–3

类别	景名
湖光山色，水云相连（2）	莫愁旷览、白鹭春潮
河房旧院，桨声灯影（4）	长桥艳赏、秦淮渔唱、桃渡临流、青溪游舫
里坊郊村，春游胜景（3）	乌衣晚照、长干春游、杏村问酒
登高览景，寻寺闻经（10）	报恩灯塔、天界经鱼、雨花闲眺、凤台秋月、石城霁雪 清凉环翠、冶麓幽楼、谢墩清兴、鸡笼云树、凭虚听雨

四、相似性与差异性比较分析

六朝和明代是南京城市的快速发展期，也是河流沿岸景观风貌发展的耀眼时期。这两个时期的景观呈现出一些最基本的共性，也呈现出一些特性。整体上说，从六朝的生成期到明代的成熟期，秦淮河水系的沿岸景观呈现发展的态势（表 11–4）。

六朝与明代比较分析 表 11–4

<table>
<tr><th></th><th>六朝</th><th>明代</th><th>原因</th></tr>
<tr><td colspan="4">相似性</td></tr>
<tr><td>自然</td><td colspan="2">北部山脉广布、秦淮一水居南</td><td rowspan="2">共同的山水格局
决定相同的景观结构</td></tr>
<tr><td>景观表现</td><td colspan="2">景观聚集在水系两岸</td></tr>
<tr><td>政治</td><td>存亡续绝的华夏正统</td><td>大一统汉族王朝</td><td rowspan="2">相似的政治地位
导致相似的景观影响力</td></tr>
<tr><td>景观表现</td><td>六朝金陵咏古诗词</td><td>明清小说的秦淮美景描写</td></tr>
<tr><td colspan="4">差异性</td></tr>
<tr><td>政治</td><td>社会动荡、政权更迭</td><td>高度中央集权</td><td rowspan="2">政治状态影响
元素布局的规划性</td></tr>
<tr><td>景观表现</td><td>自发生长</td><td>规划明确</td></tr>
<tr><td>经济</td><td>商贸消费城市</td><td>商业高度繁荣、资本主义萌芽</td><td rowspan="2">经济发展增强
景观类型的丰富性</td></tr>
<tr><td>景观表现</td><td colspan="2">明代行业业态更加丰富、出现旧院酒楼以及河房</td></tr>
<tr><td>社会</td><td>人人厌苦，家家思乱</td><td>经济繁荣、奢靡浮华</td><td rowspan="2">社会情绪导致
园林兴盛的偏向性</td></tr>
<tr><td>景观表现</td><td>寺观园林鼎盛</td><td>私家园林勃兴</td></tr>
<tr><td>文化</td><td>隐逸文化</td><td>留都文化</td><td rowspan="2">文化风尚激发
公共景观的游赏性</td></tr>
<tr><td>景观表现</td><td>落魄文人、借酒抒怀</td><td>主体广泛、胜景品题</td></tr>
</table>

图 11-16　明代秦淮河水系园林分布推测图
图片来源：作者根据注释 16 、38 改绘

1. 景观结构与影响力的相似性

尽管六朝和明代在政治、文化等方面都有着大大小小的差异，但是都城南京却呈现相似的景观结构，以及同样深远的景观影响力。

（1）共同的山水格局决定相同的景观结构

六朝和明代的城市结构发生了较大的变化，宫城东移、都城范围扩大，然而居住、商业、交通、文教、寺庙、园林等城市景观都紧密聚集在秦淮河水系两岸，这是因为北部山脉广布、空间局促，宫城建于山河之间，城市的发展空间只能向南侧秦淮河方向扩展，同时秦淮河的交通优势加速了水系两岸的城市生长和景观集聚。

（2）相似的政治地位导致相似的景观影响力

通过六朝之后涌现的不可计数的金陵咏古诗词，以及明清小说中对秦淮美景的描述可以看出，南京秦淮河两岸的景观风貌深深镌刻在我们的文化记忆中，体现出深远的文化影响力，这与南京重要的政治地位是脱不开干系的。

明代是大一统王朝，而对于六朝这样一个偏安王朝，即使是处于乱世，南京依然是无法忽视的政治舞台。东晋政权以及南朝的宋齐梁陈政权都被北方人视作华夏正统，扮演了承前启后、存亡续绝的角色。

2. 景观分布与特色的差异性

相比六朝，明代政权更加稳定、经济更加发展、文化更加繁荣，所以整体景观呈现发展、成熟的趋势，而社会情绪则使得两个朝代的园林建设活动产生了不同的类型偏向（图 11–18）。

（1）政治状态影响元素布局的规划性

政权的统一和稳定势必体现在都城的规划上。即便东吴孙权建宫筑城、凿渠引水，对于城南秦淮河两岸的居住、商业等功能空间却没有合理规划，而是

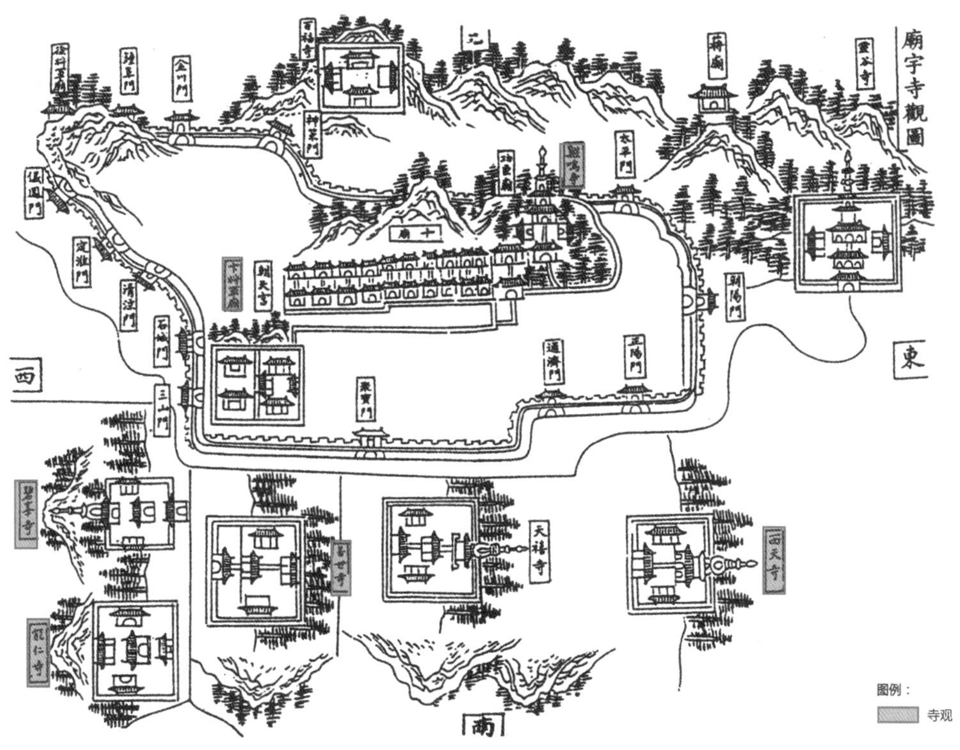

图 11–17　庙宇寺观分布图
图片来源：（明）礼部纂修，（明）陈沂撰，《洪武京城图志 · 金陵古今图考》，庙宇寺观图，南京出版社，2017

任其自发生长。反观明代，朱元璋在建都之初就对城市分区有了明确的布局和规划。都城尺度中，城南秦淮河一带作为居住区及手工业、商业区而存在；更小尺度内，河两岸规划了“城南十八坊”和“洪武十三市”，并且在西侧城门外的水系两岸建筑十六座楼馆，在内秦淮东段修建江南贡院等文教建筑和旧院等风月场所，《客座赘语》的市井卷所写“盖国初建立街巷，百工货物买卖各有区肆，”就描述了这种繁荣而井然有序的场景。

（2）经济发展增强景观类型的丰富性

南京具有优越的自然条件和便利的水运条件，发展经济得天独厚。六朝时南京成长为重要的商贸消费城市，明代统治者的一系列刺激政策使商业高度繁荣，中后期甚至产生了资本主义萌芽。相较于六朝，明代经济更为发达，反映在秦淮河水系的沿岸景观上是更为丰富的景观类型。

首先，是明代行业业态的丰富。这由《南都繁会图》就可见一斑（图 11–19），据粗略统计，图卷上出现的招牌幌子共有 109 种，六朝的市肆种类并没有这么细分。

其次，是旧院酒楼等歌舞欢场的兴盛。旧院及十六楼是朱元璋官妓政策的产物，最初的目的是制造都市繁荣景象、笼络臣民。旧院是明代南京繁华的商贸中心和富商云集之地，和江南贡院也仅有一河之隔，家道殷实的公子王孙常在此设宴群集、品花评妓，使秦淮灯船、旧院歌舞成为秦淮河沿岸独特的景观风貌。

最后，是河房这一独特建筑类型的出现。明代内秦淮两岸里坊密布、百业兴盛，于是王公贵族、富商显宦纷纷在河流两岸建造河厅与河房。河房临水的一进挑出河面，地板上有一块可以打开的木盖板，用来与商船进行钱、货交换。河房集浣洗、出行、购物、纳凉、观景等诸多功能于一体，从东水关到西水关一带鳞次栉比，可谓“锦绣十里春风来，千门万户临河开”。

（3）社会情绪导致园林兴盛的偏向性

六朝与明代所处的时代背景不同，前者是群雄割据的乱世，后者是高度集权的盛世，不同的时代背景发酵出不同的社会情绪，不同的社会情绪使园林的发展也有了不同的偏向和侧重：六朝动荡时局下“人人厌苦，家家思乱”的不安定感推动了“南朝四百八十寺，多少楼台烟雨中”的寺观园林鼎盛；而明代的经济繁荣和奢靡浮华的社会风气推动了“能为闹处寻幽，胡舍近方图远；得闲即谐，随性携游”的私家园林勃兴。

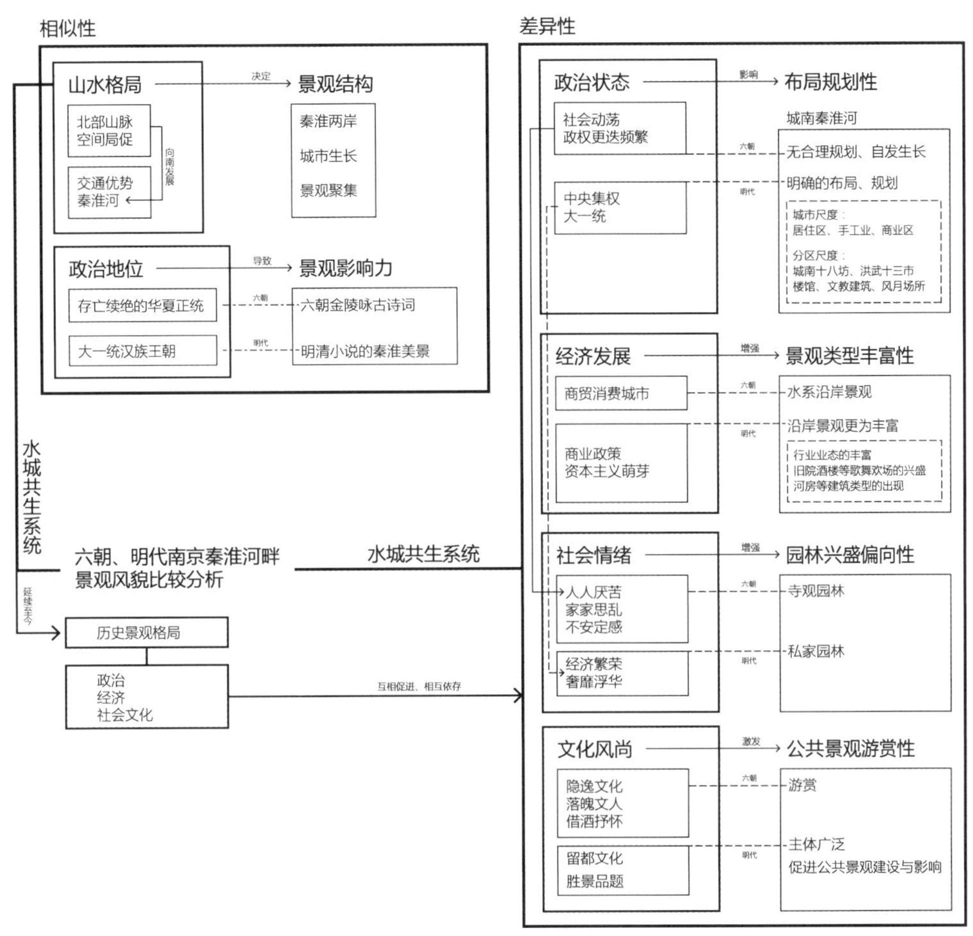

图 11-18　六朝、明代南京秦淮河畔景观风貌比较分析

（4）文化风尚激发公共景观的游赏性

不论是六朝还是明代，南京的山川形胜都吸引着人们的目光和游赏，不同的是，六朝游赏更多地伴随着落魄文人借酒抒怀的宣泄行为，而明代永乐迁都后，留都南京的政治属性减弱、文化特性凸显，胜景品题的文化成果成为金陵美景的导览和宣传手册，促进了这些公共景观的建设和影响力，游赏主体更加广泛。

河流水系与城市是两大生命单元，共同构成了“水—城”共生系统，其内在具有相互依存、相互促进的关系，并且通过构建政治、经济、社会、文化、生态共同发展的价值链，来获得这一共生系统的和谐可持续发展。

六朝、明代两个时期的秦淮河水系沿岸景观都是在因地制宜的基础上，政治、经济和社会文化等多种因素的映射，因此其异同点也有着自然环境、政治、经济、社会文化的深层原因。随着时代的变化，河流承担的功能或许逐渐消失，但整个区域的历史景观格局却延续至今，具有极大的文化、景观、商业潜质。通过比较六朝、明代两个主要建都史中政治、经济、文化等输入条件和沿岸景观演变这一输出结果的异同，能够更好地理解基于水景观系统的传统城市营建智慧，把握水—城共生的发展规律。

通过对秦淮河水系水景观综合体形成过程的梳理和分析可以看出，水系自然本底与城市功能空间、景观空间是相互影响、共同发展的整体。河流因其漕运交通、军事防御、景观资源的优势催生了两岸的城市功能区，不同类型的功能空间因地制宜地自然生长，在经济发展、政治文化动荡的大背景下又衍生了多元景观空间，这些反过来促进了景观综合体的进一步完善，自然环境与人工建置相互融合，形成了独特的城市河流景观风貌，为明清时期的“画船箫鼓，昼夜不绝”[32]奠定了基础。

河流是城市中最重要的、经由人工持久梳理的自然要素，随着时代的变化，其承担的漕运、交通、军事功能或许逐渐消失，但整个区域依河而兴的历史景观格局却延续至今，具有极大的文化、景观、商业潜质，通过对古都名城中河流景观综合体形成的研究，来把握城—河关系的发展规律。

注释：

1 江苏省地方志编纂委员会. 江苏省志·水利志[M]. 南京: 江苏古籍出版社，2001.
2 卢海鸣 . 六朝都城［M］. 南京：南京出版社，2002.
3 权伟 . 明初南京山水形势与城市建设互动关系研究 [D]. 西安：陕西师范大学 ,2007.
4 （宋）周应合，景定建康志［M］. 南京：南京出版社，2012.
5 郭黎安 . 秦淮河在南京历史上的地位和作用 [J]. 南京师大学报 (社会科学版)，1984（04）：80–85
6 （清末民初）陈作霖，陈诒绂 . 金陵琐志九种 · 金陵物产风土志［M］. 南京：南京出版社，2008.
7 郑恩才，佘礼晔，张亚男 . 秦淮河的历史变迁 [J]. 江苏水利，2016（05）：60–62，72t.
8 韩品峥，韩文宁 . 秦淮河史话［M］. 南京：南京出版社，2004.
9 （唐）许嵩 . 建康实录［M］. 上海：上海古籍出版社，1987.
10 杨国庆，王志高 . 南京城墙志［M］. 南京：凤凰出版社，2008.
11 武廷海 . 六朝建康规划［M］. 北京：清华大学出版社，2011.
12 （春秋）管仲 . 管子［M］. 李山译注 . 北京：中华书局，2016.
13 （宋）李昉 . 太平御览［M］. 北京：中华书局，1960.
14 （晋）陈寿，（宋）裴松之 . 三国志［M］. 北京：中华书局，2011.
15 （清）孔尚任 . 桃花扇［M］. 北京：人民文学出版社，1959.
16 南京市秦淮区地方志办公室. 十里秦淮志［M］. 南京：方志出版社，1996.
17 （唐）房玄龄 . 晋书［M］. 北京：中华书局，1974.
18 （清末民初）陈作霖，陈诒绂 . 金陵琐志九种 · 运渎桥道小志［M］. 南京：南京出版社，2008.
19 （梁）萧统，（唐）李善 . 文选［M］. 北京：中华书局，1977.
20 （唐）姚思廉 . 梁书［M］. 北京：中华书局，1973.
21 （唐）魏征 . 隋书 · 地理志［M］. 北京：中华书局，1997.
22 顾琳 . 六朝建康城市形态的初步研究 [D]. 西安：陕西师范大学，2004.
23 （唐）李延寿 . 南史［M］. 北京：中华书局，1975.
24 （清）严可均 . 全隋文［M］. 北京：商务印书馆，1999.
25 （元）张铉 . 至正金陵新志［M］. 南京：南京出版社，1991.
26 （明）葛寅亮 . 金陵梵刹志［M］. 南京：南京出版社，2001.
27 姚亦锋 . 探询六朝时期的南京风景园林 [J]. 中国园林，2010，26（07）：57–61
28 高圣博 . 六朝都城苑园研究 [D]. 南京：南京农业大学，2009.
29 （宋）郭茂倩 . 乐府诗集［M］. 上海：上海古籍出版社，2016.
30 （唐）姚思廉 . 陈书［M］. 北京：中华书局，1972.
31 （南朝）沈约 . 宋书［M］. 北京：中华书局，1974.
32 （清）吴敬梓 . 儒林外史［M］. 北京：人民文学出版社，2002.
33 姚亦锋 . 虎踞龙蟠的地理格局与南京城市景观探讨 [C]. 中国城市规划学会风景环境规划设计学术委员会 2008 年度学术交流会论文集，2008.
34 姚亦锋 . 南京城市水系变迁以及现代景观研究 [J]. 城市规划，2009，33（11）：39–43
35 张婷婷 . 六朝建康城市空间布局研究 [D]. 西安：陕西师范大学，2015.
36 戴薇薇 . 明以来南京内秦淮河及其沿线城市风貌演化初探 [D]. 南京：东南大学，2012.
37 蔡祥梅 . 明代南京桥梁研究 [D]. 西安：陕西师范大学，2016.
38 朱偰 . 金陵古迹图考 [M]. 北京：中华书局，2015.
39 （明）礼部纂修 .（明）陈沂撰 . 洪武京城图志 · 金陵古今图考［M］. 南京：南京出版社，2017.
40 杨心佛 . 金陵十记 [M]. 苏州：吴古轩出版社 ,2003.
41 彭蓉 . 中国孔庙研究初探 [D]. 北京：北京林业大学，2008.

图 11–19 《南都繁会图》招牌市肆场景图
图片来源：（明）仇英，《南都繁会图》（局部）

第十二章　片区：大运河影响下城市内港码头地区景观演变

大运河漕运通过内港码头与沿线城市对接，促进了内港码头所在城市片区的商业繁荣，形成了以水为中心的具有独特景观风貌的城市区域。时至今日，这些在水利基础设施带动下繁盛的区域，虽失去了水运交通功能，但其景观格局仍然保留，在功能转换之后，依然是城市区域繁荣的媒介。

运河与城市的相对位置关系影响了码头的不同类型，包括内港码头在城市内部、城市边缘和城市外部三大类，分别选取北京什刹海片区、苏州阊门片区和聊城古城东部运河片区为典型案例，探讨依托于古代大运河的城市内港码头片区景观的形成演变过程，揭示出以水为载体的历史景观结构随着时间变化在地区发展中的价值。

酒家亭畔唤渔船，万顷玻璃万顷天。

便欲过溪东渡去，笙歌直到鼓楼前。

明代诗人高珩的这首《水关竹枝词》生动地描绘出他所处时代游历北京什刹海所见到的旖旎风光以及兴盛繁荣景象，今天到什刹海，仍能领略到诗中所描绘的这一派以水景为中心的兴旺势态。什刹海片区的持续繁荣，究其根本是因水而兴，而对其发展最大的推动力，则来自于它在元朝时期作为京杭大运河漕运内港码头的历史。

大运河作为漕运命脉贯穿了中国漫长的封建历史社会，满足了南北方之间的贸易沟通和文化交流需求，从城市格局、规模、文化、景观多个方面影响了沿岸城市的发展，尤其是连接大运河主航道与城市之间的内港码头区，其商业贸易、景观脉络、历史内涵等多方面的形成和演变都与大运河漕运息息相关。

一、转置枢纽——内港码头景观形成与对周边地区的推动

京杭大运河作为长达 1700km 的人工河道，其历史可追溯到春秋战国时期

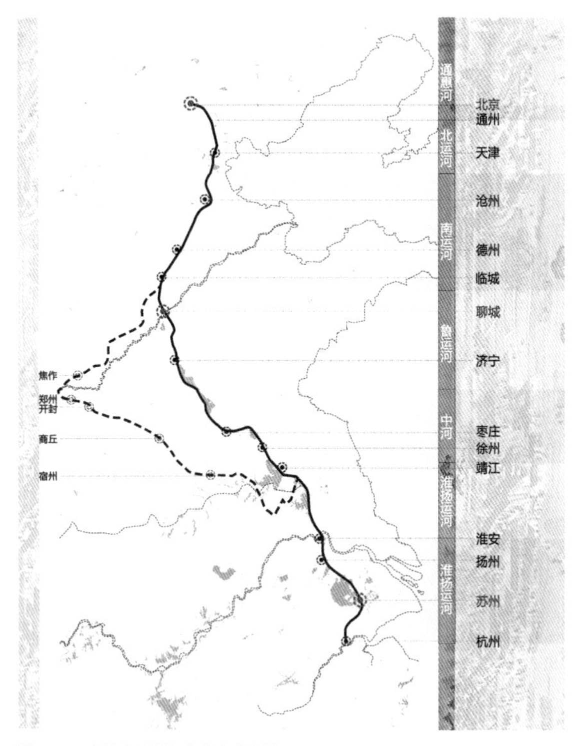

图 12-1　京杭大运河上的城市分布图

吴国的邗沟，到隋朝首次实现了全线贯通，至元代基本定型，由北到南沿线连接了京、津、冀、鲁、苏、浙六省的 20 多个城市和地区（图 12-1）。

内港码头是指水运交通沿线靠近城市供船舶进出和停泊的集结点，漕运沿线城市利用内港码头地区作为货物装卸、乘客上下、商贸交易、给养补充之用，并沿河进行风景营造，也成为吸引游人约会集合的地标，同时内港码头地区配备游憩、商业、服务、仓储等设施，形成古代以水体为中心的功能完善的城市枢纽。

大运河主航道流经城市，并不直接与城市对话，而是通过内港码头来连接内外，所以内港码头一面通过水路与大运河主航道相连，另一面与城市对接，双向沟通运河与城市，成为水运交通与物流的枢纽。经大运河和城市两个方向出入的物资在内港码头片区进行装卸和商贸交流，使得内港码头成为大运河与城市的交汇点，其周边地区在漕运推动下逐渐城市化，形成以内港码头为地标的城市繁荣片区。

1. 内港码头及其水景观演变

从大运河开凿通航，内港码头建立，城市与大运河主航道间通过水利基础设施构建而联系开始，水运交通和因水而成的地区水景观系统便已使得运河城市形成了它独有的水景观结构。

在水运贸易兴旺之时，内港码头水利基础设施主要承担运输功能，所在城市片区作为物流的中转地而繁盛。然而随着大运河兴衰变迁以及其他运输方式的发展，内港地区所承担的运输功能逐渐削弱，但内港码头水利基础设施以及其周边地区在时间推移和环境变迁的过程中，本身被赋予了深厚的人文内涵和历史文化价值。从传统的以水景观为核心发展商贸经济的区域，逐步蜕变成为大众参与的游览性历史文化景观，和以水景观为中心的活跃的城市商区，并作为地标性景观，成为运河城市水景观系统中的一个特殊组成部分。

2. 水利景观基础设施对地区发展的促进

在运河城市，内港码头既作为贸易交流来往的枢纽，又作为水景优美的地区，人们的生产生活行为等方面都或多或少依附于码头而进行。因此，内港码头的出现极大地促进了周边片区的人口增长，催生出多种业态，使得周边商业快速发展繁荣，大力推进着周边片区的城市化进程。

在水运推动下繁荣的内港码头片区，经历功能转换，形成兼具历史风貌

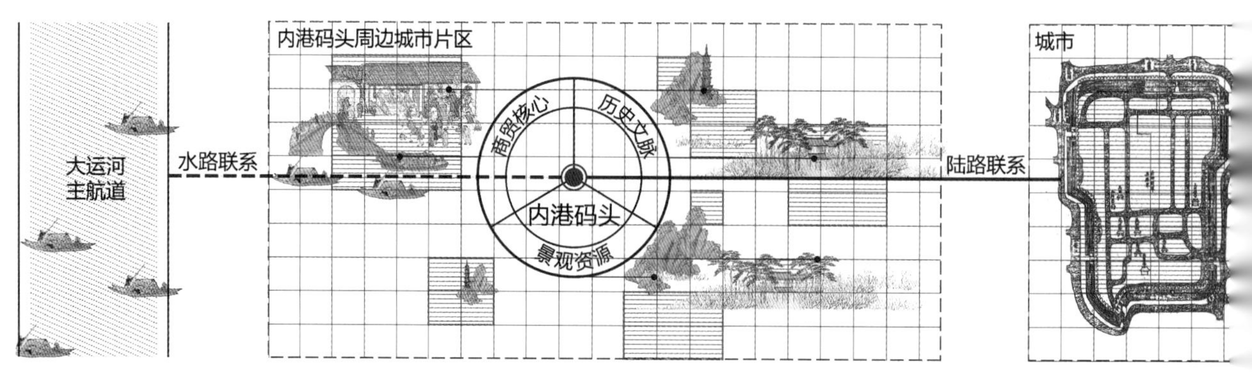

图 12-2　内港码头连接大运河与城市模式图

和水景特色的活跃片区之后，这些遗留下来的，在水利基础设施干预下演变的景观结构，仍然是地区发展兴旺的推手，促进地区以另一种适应性方式延续繁荣。

综上，内港码头水利基础设施本身所具有的景观基础，以及在历史演变过程中获得的历史文脉，加之交通贸易核心的定位，三个方面的推动力共同作用于内港码头城市区域的形成、发展和演变过程，并带动其发展至今（图 12–2）。

二、因位而异——运河内港码头的类型分类

大运河沿线的内港码头对其周边城市片区发展的推动具有普遍性，也有一定的差异性，这其中，大运河经过城市的方式及内港码头与城市之间的相对位置关系，便是一个重要的影响因素。

当大运河穿越城市时，城市中水运码头的影响力是以城市为核心向外辐射的，冲击的是城市内部的发展，如北京、无锡、杭州；当大运河从城市边缘擦身而过时，处于城市边缘的水运码头，其影响力或许并不能直接辐射到城市中心，其推动力更加致力于城市边缘的发展，如苏州、扬州；当大运河绕城而过时，位于城市外部的水运码头，对城市内部的影响力更弱，但却可以催生新的城镇商埠中心的出现，如聊城、济宁、临清等一些城市。

据此，依照内港码头与城市之间的区位不同，将其分为较典型的三类情况，即内港码头在城市内部、城市边缘和城市外部，并以北京什刹海片区、苏州阊门片区、聊城古城东部运河片区的发展演变过程为例，来分别叙述分析。

三、因水而兴——内港码头影响下城市片区景观发展的典型案例

1. 内港码头位于城市内部，以北京什刹海片区为例

什刹海，由前海、后海、西海组成，位于北京市城区中轴线的西北部，是北京内城中面积最大的水面。什刹海片区的历史演变过程经历了以下三个阶段。

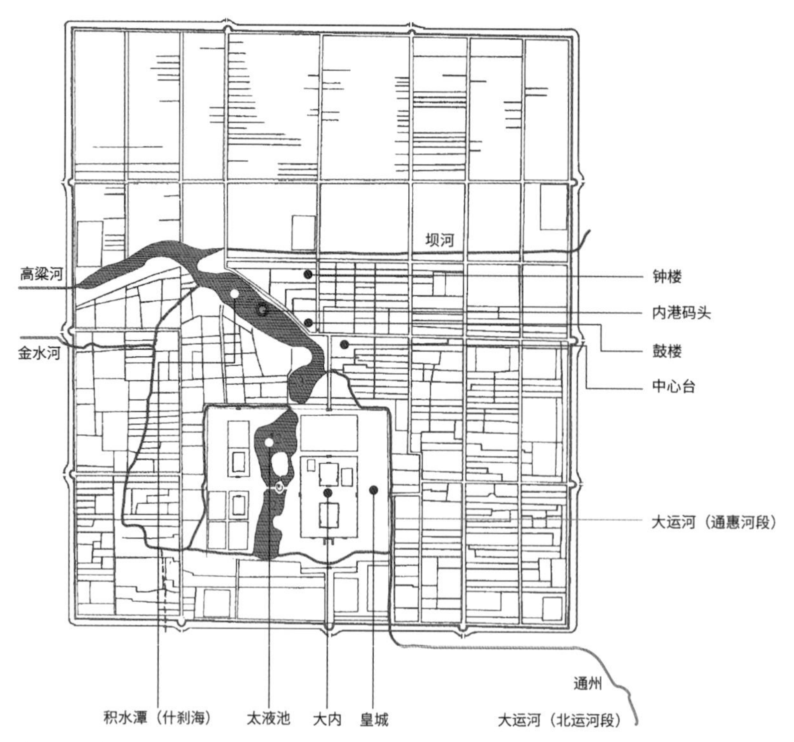

图 12-3　元代大运河与北京城
图片来源：作者根据注释 1 改绘

（1）景观资源发掘，水利基础设施建立

什刹海区域是古永定河改道之后留下的连串的湖泊，这一区域的自然景观，随着金朝大宁离宫的建立，被提升成为优美的风景园林区，为后代都城选址以及景观格局建立奠定了优良的景观资源基础。

元代的什刹海从封闭走向开放，一方面，元代在郭守敬的带领下进行了长达 30 年的水利建设，连通了大运河并形成了现今北京城市河流体系和滨水风貌的雏形，也使得积水潭成为大运河在大都城的内陆港；另一方面，在元大都大城规划时，根据《周礼考工记》中“前朝后市”的说法，将什刹海片区功能定位为商业中心。什刹海片区因此成为漕运和商业的双枢纽[1]。

这一时期河运和海运并举，积水潭作为重要的大都港，全国各地的粮船和商船在什刹海漕运码头集散，同时其东北岸的斜街市场，以及钟鼓楼前是全城商业最繁华的商业闹市，商贾云集，一时间，什刹海片区盛况空前（图 12-3）。

（2）公共空间发展，景观格局形成

至明代，城内水系变化，什刹海失去了漕运码头地位，蜕变成为北京城内唯一对市民开放的公共开阔水域，湖光山色被纳入城市布局的核心，形成了以什刹海为中心的城市水景观系统。明清时期的什刹海告别舳舻蔽水，但水运交通所带来的区域繁盛却用另一种方式延续了下去。

1）自然景观

《帝京景物略》中对什刹海当时的自然环境有这样一段描述:“水一道入关，而方广即三四里，其深矣鱼之，其浅矣莲之，菱芡之，即不莲且菱也，水则自蒲苇之，水之才也。[2]”描绘出一幅水生植物相映成趣、水鸟游鱼自由穿梭的画面。

同时，官府在什刹海及积水潭周边广植树木，遍插稻田，营造出一番江南水乡的景象，有记载“德胜门东，水田数百亩，沟洫浍川上，堤柳行植，与畦中秧稻分露同烟”[2]，使得什刹海成为南方人士感怀江南之地。

2）寺观私宅

除了自然景观的发展，什刹海片区这一时期还修建了一大批寺观和私家宅园，《帝京景物略》有记：“梵各钟磬，亭墅各声歌，而致乃在遥见遥闻，隔水相赏。立净业寺门，目存水南。坐太师圃、晾马厂、镜园、莲花庵、刘茂才园，目存水北。东望之，方园也，宜夕。西望之，漫园、湜园、杨园、王园也，望西山，宜朝。[2]”明朝灭亡后，清朝的王府花园又取代了上一朝代的寺观宅邸，如今日仍在的恭王府、醇亲王府。

这些寺观私宅，因水而兴，反过来什刹海又因为达官贵人和皇亲贵胄的入驻，提升了该地区在城市中的地位，自然和人文之间达到了一种非常默契的和谐。

（3）景观风貌重构，古典现代融合

进入21世纪后，鳞次栉比的酒吧聚集在前海、后海沿岸，逐渐形成了客流兴旺的酒吧街。自然风光、历史古迹、民俗文化营造出的历史人文气息和喧闹的现代文明在什刹海畔形成鲜明对比却又和谐共生，这也是北京作为历史名城和国际都市之间的冲撞与融合。

由水运交通带来的区域繁荣，什刹海经过几个世纪的兴衰变迁已经发展成为由街区脉络、文化习俗、建筑、自然风景以及非物质文化遗产综合起来的、复杂的、融合性的历史文化景观区域，在北京的城市中心作为一条记录旧城风貌的水脉轴线而存在。

2. 内港码头位于城市边缘，以苏州阊门片区为例

阊门是苏州古城的西城门，凭借近傍运河、交通便利的有利条件，阊门片区一度成为全国最繁华的商业区，有“盛世阊门”之说。阊门片区的演变发展过程经历了以下三个阶段。

（1）水系阡陌，水运路线连通

苏州自古是水乡泽国，水运交通是必需的交通方式。南北大运河开通后，城内引运河水经由城西枫桥镇附近入城内（图 12–4），至西之阊门和北之齐门后由东部娄门与南部盘门流出，再度与大运河主干道汇合，阊门成为运河出入城的重要节点。这几个城门都是水陆两通的城门，所引运河水在城墙内外分别环外城河和内城河，水系入城内并大致与城内陆路交通网并行，形成三纵三横的水道经纬，最后由水道干流衍生出无数支流水巷密布全城[3]。

水运通道的连通，改变了苏州古城的空间形态，形成阡陌纵横的通畅水网，苏州作为水陆交通的中转枢纽，成为南方物资经水运前往北方城市的重要始源地（图 12–5）。

（2）贸易繁荣，带动片区“轴—核”布局形成

阊门从苏州雏形阖闾大城建立时期即为诸城门之首，是城市的政治符号。元朝虽有运河漕运，但仍以海运为盛，阊门区域景观并不发达，仅为郊区自然之地。

到明清之时，重新疏浚贯通的大运河成为水运交通的主要通道。大运河从苏州古城西部流过，西北部的阊门在五水相汇的要势之地，水陆交通便捷。从

图 12–4　苏州大运河与塘河的衔接——枫桥

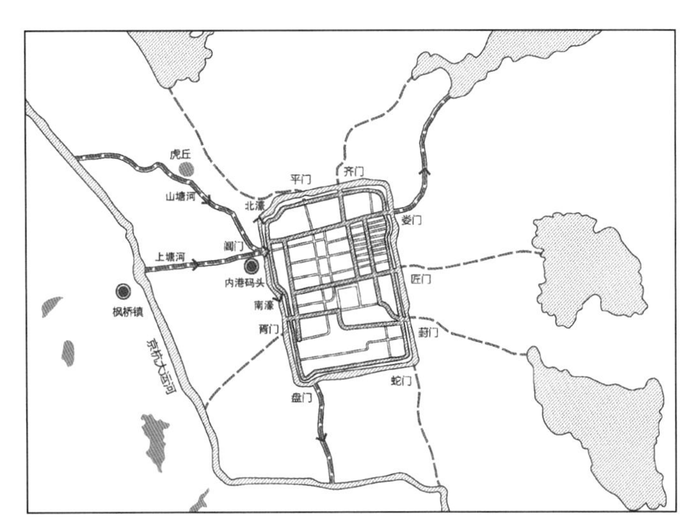

图 12-5 清代大运河与苏州古城
图片来源：作者根据注释 4 改绘

苏州出入的货物大多都集结在阊门外南濠码头，万商停靠，促成了阊门区域由自然郊野到城市的转变。

以阊门为中心，放射状的五条水道，分别通往胥门、齐门、枫桥、虎丘以及内城方向，形成了这一区域独特的“轴—核”状景观肌理。其中，上塘河和山塘河这两条主要河道，汇集了苏州阊门经大运河到南北各地的贸易，带来的是阊门及其辐射下整个苏州的繁华[5]。

由阊门往枫桥的上塘河是城市与运河主航道连接的主要水道，与上塘街陆路并行，形成了区域最重要的交通干线，岸边各路会馆密布，万商云集，千帆过境，构成独特的河道景观。有《寒山寺志》记载：“自阊门至枫桥十里，桅樯云集，唱筹邪许之声，宵旦不绝，舳舻衔接，达于浒墅。”

另一条从阊门到虎丘连接运河与城市的山塘河，与山塘街并行，山塘街迤逦七里，为著名商市。山塘河在作运输通道使用的同时，更是一条从城市景观到自然景观的过渡轴线，阊门前的渡僧桥和山塘桥一带商铺鳞次栉比，往西一直延伸到半塘桥一带，过半塘桥后便是一派优美的自然风光，直达城市边缘的郊野休闲区。

水运交通往来促进了阊门片区从优美的自然风光到商业中心的转变，阊门从单纯的政治符号转变成了城市区域核心，形成了放射状的显著城市水景观格局（图 12-6、图 12-7）。

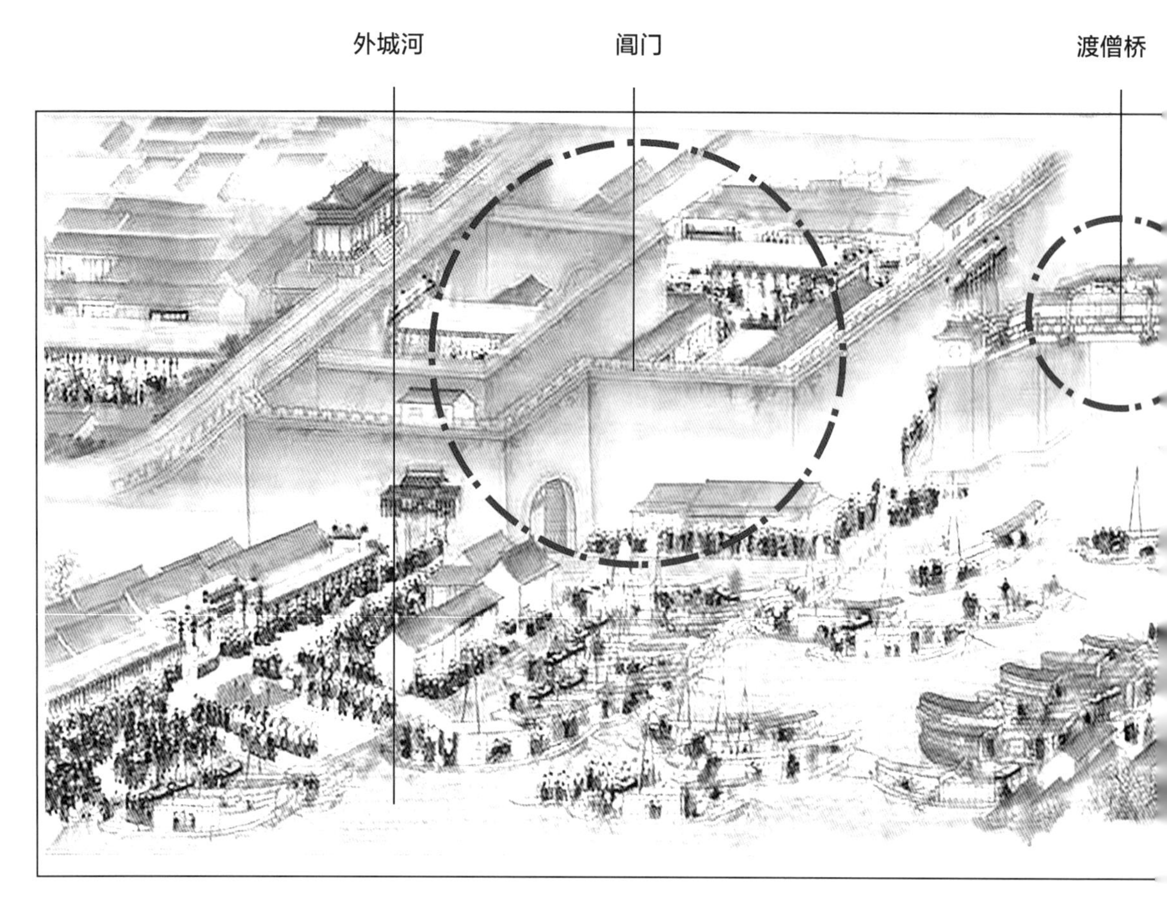

图 12-6　苏州阊门、山塘街一览
图片来源：（清）王翚、杨晋，《康熙南巡图》第七卷

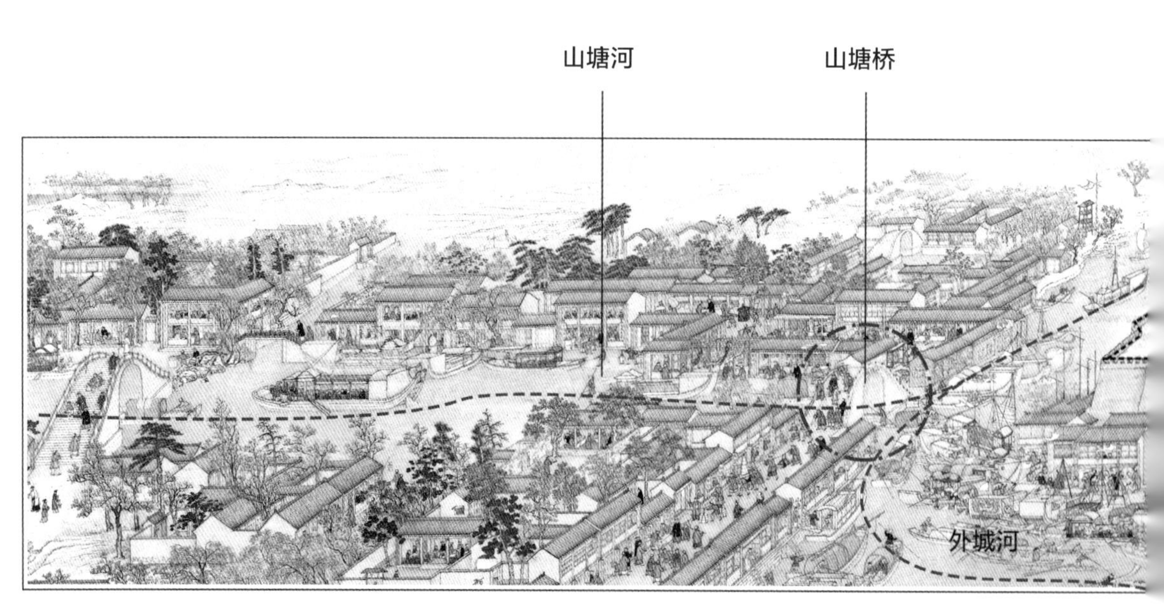

图 12-7　阊门外片区
图片来源：（清）徐扬，《姑苏繁华图》

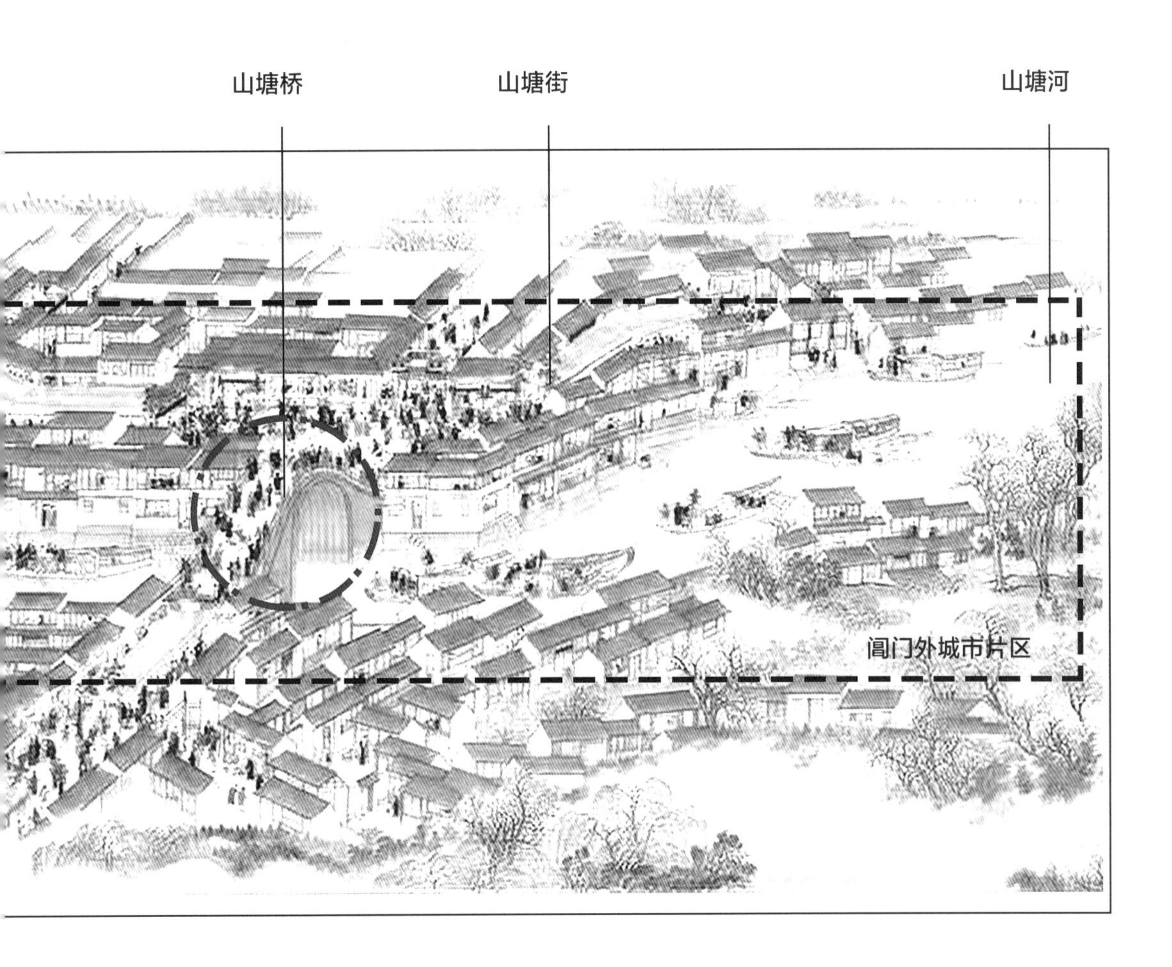
山塘桥
山塘街
山塘河
阊门外城市片区

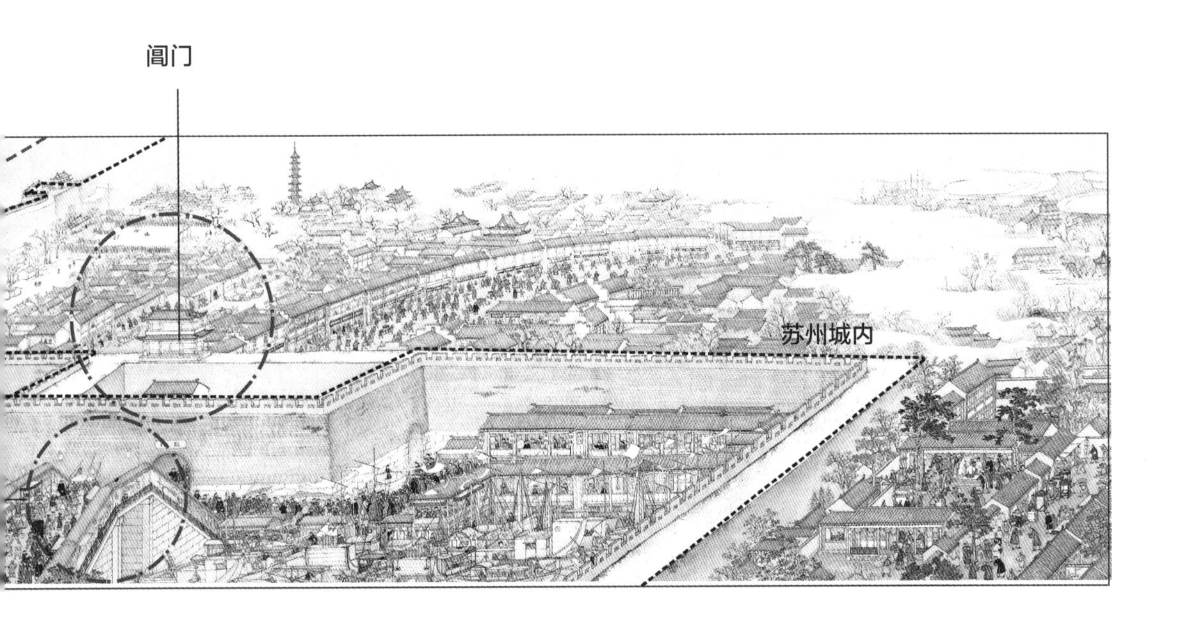
阊门
苏州城内

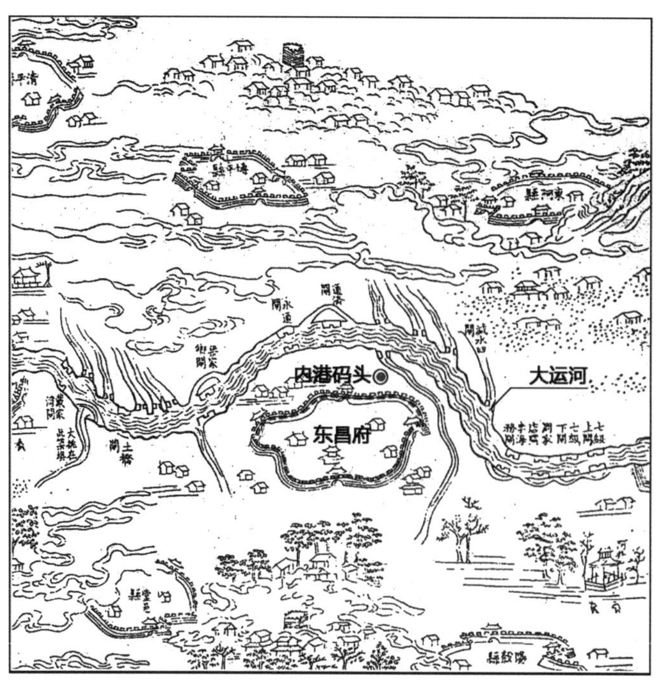

图 12-8　运河绕东昌古城图
图片来源：（清）傅泽洪、郑元庆，《行水金鉴》运河图 · 东昌府

（3）今日阊门，古城特色城市景观

阊门地区保留至今的独特的五水交汇水貌特征，以及盛世阊门的辉煌历史，使得今日这一区域成为挖掘历史文化传统、展现姑苏繁华景象的特色空间，形成具有苏州古城鲜明特色的城市景观。

近年对阊门地区的保护和规划，重建了多个核心景观节点，如阊门城门以及吊桥。并在阊门区域重新规划了商业街区，结合山塘街风光旅游带，经营苏州传统老字号和独具江南特色的民间手工艺品、民间特色小吃。同时建立水陆并进的游览交通体系，设置游船码头、停车场及公交站点，促进环古城旅游的发展，增强水、陆游览路线的联系[6]。

阊门片区经过时间的沉淀，从盛极一时的商业中心，转化成为古城历史景观。时移世易，五水交汇之地仍是苏州城市内极其活跃的区域。

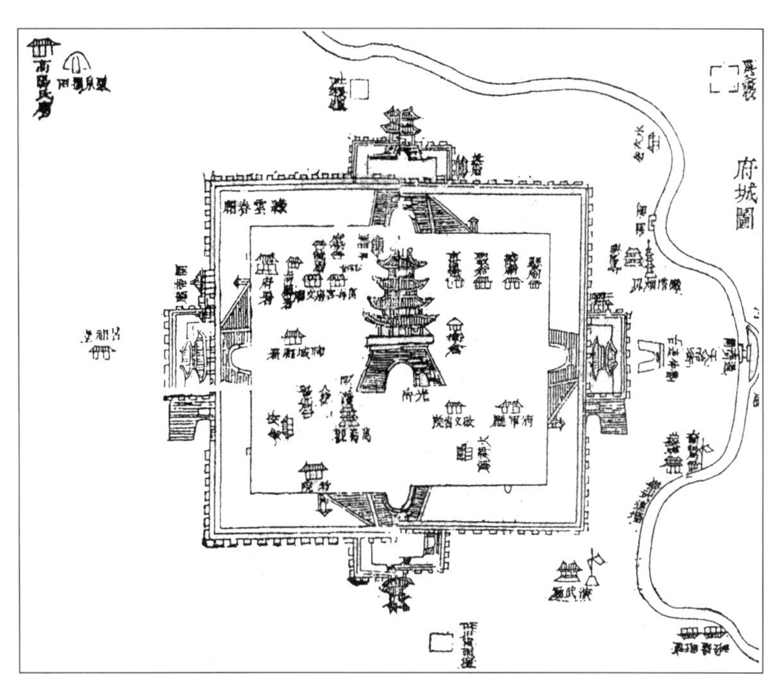

图 12-9　清代大运河与东昌古城关系图
图片来源：（清）《东昌府志》，卷一·图考·府城图，嘉庆十三年

3. 内港码头位于城市外部，以聊城古城以东运河片区为例

聊城古城外以东的运河一带，在漕运带动下商业贸易发达，形成了城市外部的新闹市区，这一片区的演变发展过程经历了以下三个阶段。

（1）以湖环城，运河绕城，独特城市水系格局

聊城位于山东西部平原地区，其古城也称东昌古城，历史上因常有黄河决堤引起的水患问题，所以古代人民挖土为河，在正方形古城周边形成广阔的水域，称东昌湖，形成了独特的城在水中、湖水绕城的水城模式。

大运河与东昌古城最早的交集是在隋朝时期，永济渠从古城西北部流经。后元代重新开凿疏浚大运河后，会通河一段从聊城古城东部南北向流过，运河

流通后与绕城的东昌湖相连，形成了古城周边的水体系（图 12-8、图 12-9）。

（2）漕运繁荣，带动运河片区发展

运河对于聊城的影响，在明清时期大运河作为南北水上交通动脉之时显现出来。这一时期东昌府城曾为古运河沿线九大商埠之一，城外的运河码头大小不一，连成长长一带，其中大、小码头是城市货物集散最重要的地方，船只往来，帆樯林立，商贾似潮，停港待卸的商船来往穿梭，绵延数里。

古城外以东的运河码头一带的城市片区，作为当时的商埠区，“船如梭，人如潮，店铺鳞次栉比，作坊星罗棋布”，呈现一派繁荣昌盛景象，也因为商贸繁荣而形成依附于运河的城市外部新闹市区。这一带的街巷多布列在运河两岸，随坡就势，依河而建，大小街衙皆与运河相通，形成放射状骨架，其街巷至今仍沿用原来的名称[7]。

这一得益于运河漕运的兴盛维持了 400 年之久，所以聊城有“漕挽之咽喉，天都之肘腋，江北一都会”之说。

（3）水运衰退，历史文化景观区形成

咸丰年间因黄河决口而导致运河淤塞，聊城段大运河逐渐失去了交通便利。虽昔日舟楫往来的场景渐渐不在，但大运河沿岸的建筑物——闸口、码头、桥梁、街巷，并未因为运河失去漕运功能而废弃，大运河沿岸的古城镇、古街区、古巷道和古建筑等重要文化遗存也仍保留原有的格局，成为珍贵的历史文化景观。同时，到现今为止，聊城古城周边环绕的东昌湖和大运河的水系格局仍在，构成了聊城的水运文化及水景风景区（图 12-10）。

四、追根溯源——古代运河内港码头对城市片区景观发展影响

大运河的贯通和内港码头水利基础设施的建立，从多个方面带动了当时内港片区及城市的发展，其影响作用有很多相似性，而又根据码头与城市区位类型的不同，有一定差异性（图 12-11）。

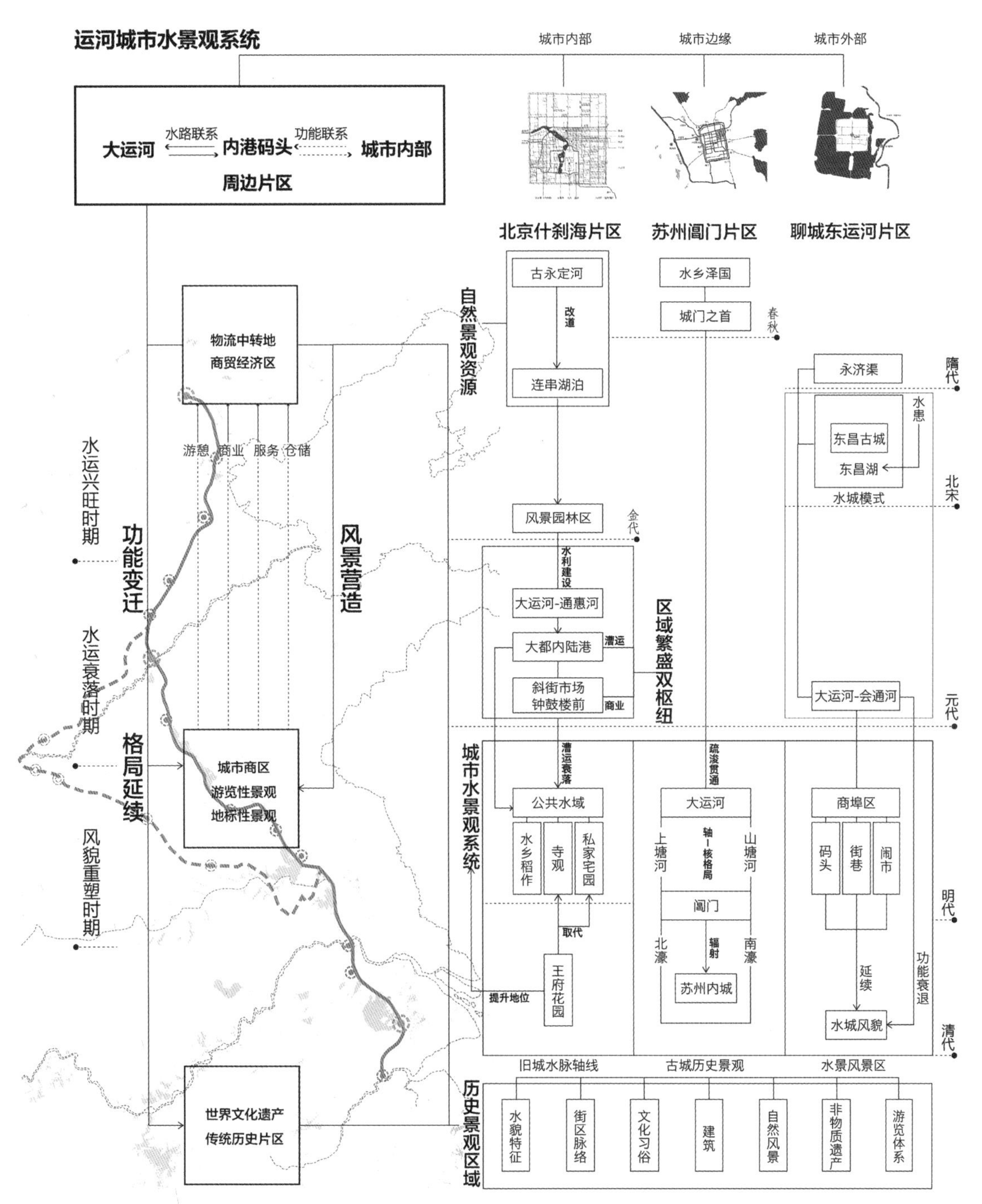

图 12-10　运河城市水景观系统框图

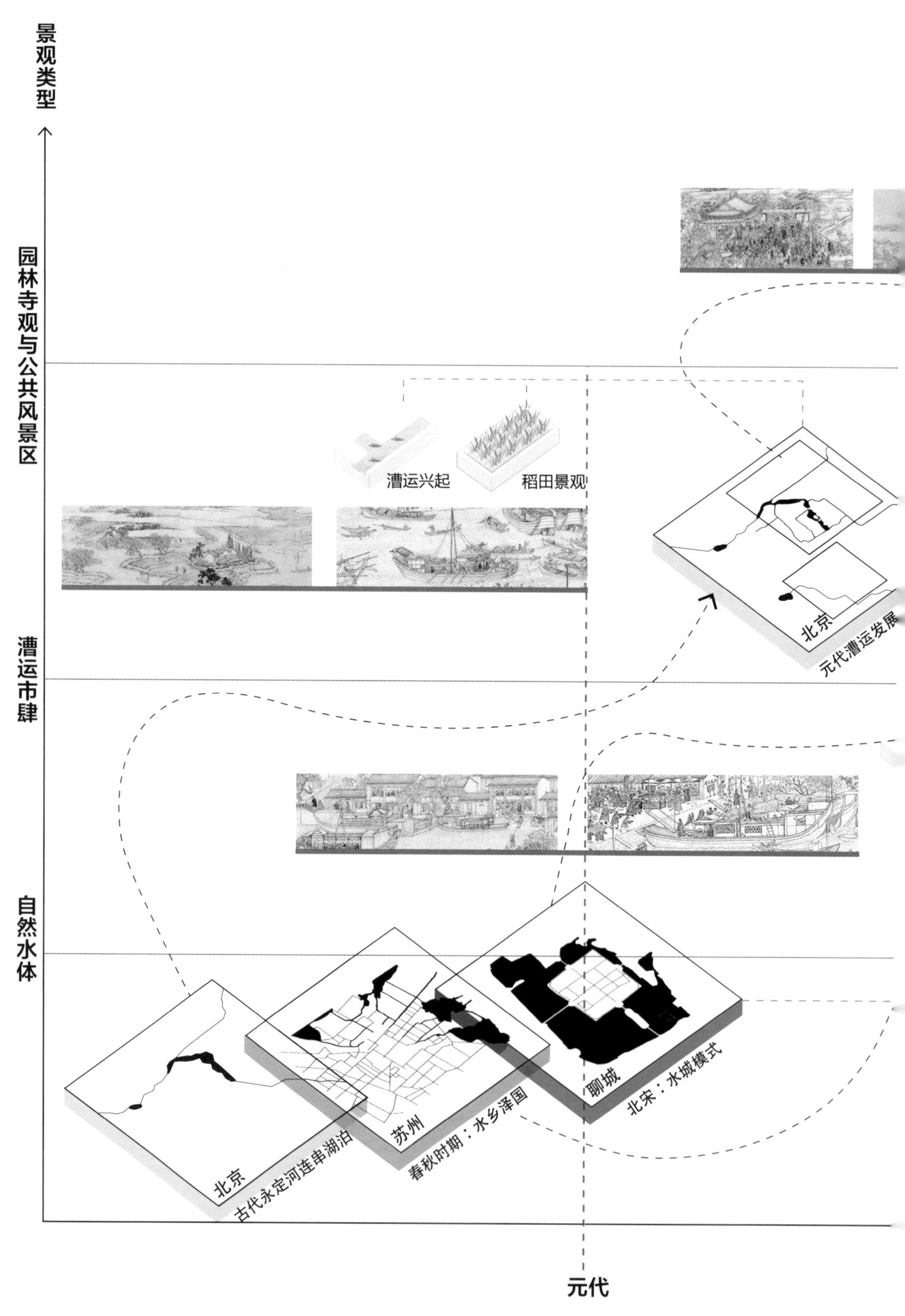

图 12–11　北京、苏州、聊城的城与运河基于时间与景观类型关系对比图

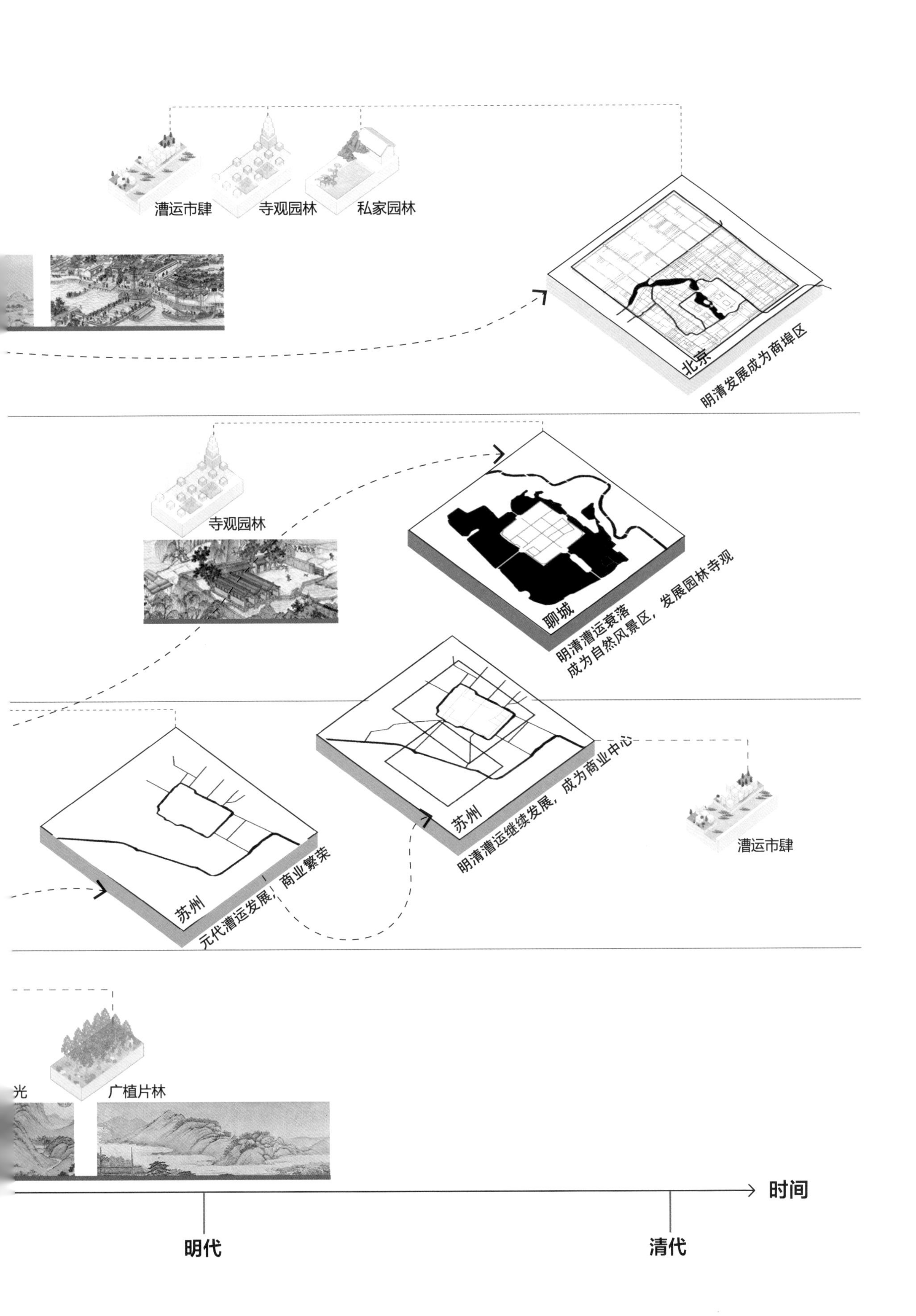
漕运市肆
寺观园林
私家园林
北京
明清发展成为商埠区
寺观园林
聊城
明清漕运衰落
成为自然风景区，发展园林寺观
苏州
明清漕运继续发展，成为商业中心
漕运市肆
苏州
元代漕运发展，商业繁荣
光
广植片林
时间
明代
清代

1．水运枢纽的特殊区位，催生城市繁荣的商业片区

水运货物往来带动城市与外界的贸易交流，极大地促进了整个城市的经济发展，尤其是贸易港片区往往成为交通要冲之地，外洋商贩莫不毕集于此。这些片区商业中心对整个城市范围的影响力，因码头和城市空间区位的不同而有差异。位于城市中心的内港能极大带动城市商业的发展，而当码头在城市外部时，对城市的影响逐渐减弱，或仅邻近的部分城市片区会受到影响。

2．构成独特区域水景观格局，并转型延续至今

苏州阊门区域五水交汇的核—轴形态至今仍在，其中许多名胜如虎丘胜景、七里山塘，都因为运河而驰名，这一区域从商业中心成功转型成为历史景观风貌区，也令苏州成为江南旅游胜地。而什刹海更是成了北京城内最大的公共开放水域，重构出历史与现代融合的景观格局，吸引着各地游人。聊城古城以东的运河片区古街巷以及水利基础设施格局未变，转化成为古运河文化景观，成为风景区。

3．推动片区城市化进程

内港码头水利基础设施的建立使得片区成为城市繁荣的商业区，为片区带来人气，人口的迁入又反过来刺激地区的发展，两者之间相互促进，大大加快了片区城市化的进程。同时，城市化的推动又因其内港码头区位不同有所差异。当码头设置远离城市中心时，会促发城市边缘区域的城市化发展，推动城市的向外扩张；而当码头设置在城市外部时，甚至会依托于运河催生外部新兴的城市闹市中心区。

大运河的开通和水利基础设施的建立，使运河沿线城市及其内港码头片区发展呈现出独特的形态和规律。随着时间推移，大运河的水运交通功能减弱，内港片区所承担的漕运相关商贸功能也逐渐减退，然而水运给区域带来的繁华，形成的历史景观格局仍然延续至今，通过功能的转换，仍然带动着城市的活力。

注释：

1 侯仁之．试论元大都城的规划设计 [J]. 城市规划，1997（3）：10–13.
2 （明）刘侗，（明）于奕正．帝京景物略 [M]. 北京：北京出版社，1963.
3 殷力欣，温玉清．智者乐水（十六）——大运河历史考察组文化遗存考察纪略 [EB/OL].（2011–05–13）[2015–02–01].http://www.sdmuseum.com/show.aspx?id=2844&cid=83.
4 李琰．苏州古运河景观文化探微 [D]. 苏州：苏州大学，2007.
5 何峰．苏州阊西地区城市景观的形成与发展 [J]. 中国历史地理论丛，2010（1）：71–79.
6 付晓渝，谢爱华．苏州环古城西段绿地景观规划 [J]. 安徽农业科学，2009（10）：4757–4759.
7 王海峰．明清东昌运河经济研究 [D]. 南昌：南昌大学，2007.

第十三章　流域：富春江流域的区域景观与地区发展

《富春山居图》是我国古代十大名画之一，其中描绘的景象位于杭州市富阳境内的富春江流域（图 13-1）。富春江流域中的山—水—物—人“各得其所，生动适度”，因其适宜的人居环境而得以世代繁衍。《富春山居图》作为农耕文明时期宝贵的文化遗产，除了带给我们视觉上的饕餮盛宴，画为心印，蕴含在其中的生态思想发人深省，人与天调的营建智慧正是“山水都市化”所追求的生态人居的典型。富春江两岸的美来源于得天独厚的天然山水环境与适度的人工干预，两者协力塑造了富春江流域沿岸景观系统和推动地区聚落的发展，而得《富春山居图》。

“初秋时节，风烟俱净，天山共色；江两岸丘陵起伏，峰回路转；江流沃土，沙町平畴；云烟掩映村舍，水波出没渔舟；近树苍苍，疏密有致，溪山深远，飞泉倒挂；亭台小桥，各得其所，人物飞禽，生动适度。”该句生动描述了《富春山居图》所描画的富春江流域的景观。

富春江，是钱塘江自浙江桐庐至萧山闻堰一段的别称。富春江流域中下游在浙江省杭州市富阳地区区辖内，境内山水景致优美，物产丰富，素有“鱼米之乡”的美誉。具江南地域特色的名镇古村点染其间，历来经济富庶，文化繁荣。先后孕育了三国东吴孙权、晚唐诗人罗隐、元代大画家黄公望、清代父子宰相董邦达与董诰、现代文豪郁达夫等杰出人物，同时也吸引了李白、吴均、白居易、陆游、苏东坡、纪晓岚等文人墨客，留下了许多歌颂富春江两岸美景的诗词墨宝（图 13-2）。

据中国美术学院的王伯敏教授及黄公望研究者蒋金乐先生考证，激发黄公望创作《富春山居图》的灵感，来自于富阳地区境内富春江两岸的地域景观风貌[1]。黄公望在领略此地的山青、水清、境幽、史悠后，描绘出该地钟灵毓秀的自然山水风貌、村落人家以及闲适质朴的农耕生活，反映了人与自然和谐共生的智慧及“天人合一”的理念。

《富春山居图》所描绘的景致，是探寻农耕文明时期富春江流域人居环境的宝贵素材，可作为其时代的一种文献资料来解读。基于图像学（iconology）[2]中的前图像志描述方法研究此画，旨在通过关注绘画的艺术形式要素，解释文

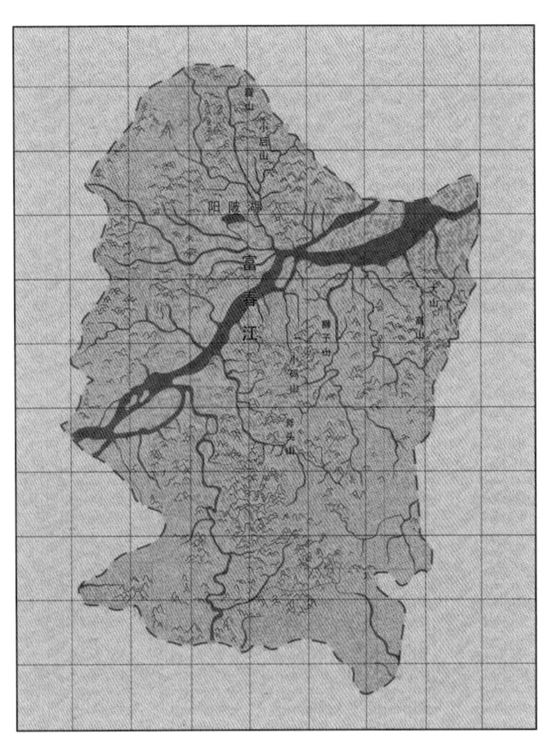

图 13-1 清道光年间富阳地区县地图

人山水题材中的物理事实及视觉事实[3]，从而探寻农耕文明时期富春江流域内的生态人居环境的景观形态特点及演变过程。

此样本的研究范畴主要集中于富春江流域内的核心部分——杭州市富阳地区。《富春山居图》完成于元代，由于缺少系统性的元代文献，且考虑到古代社会处于前工业时代，环境的形成与变迁过程相对较慢，所以综合参考记录元明清时代的文献资料而成。

富春江流域的区域环境以自然山水景观为大格局，并经水利设施干预，形成人工作用于自然的水环境景观，同时也促进了农田及聚落景观的形成。上述物质环境在形成过程中孕育了以“渔樵耕读”为主的农耕文化景观，因此以自然山水、人工水环境景观、农田景观、聚落及农耕文化景观为脉络，论述流域内人居环境的形成演变过程，及其与《富春山居图》的印证关系。

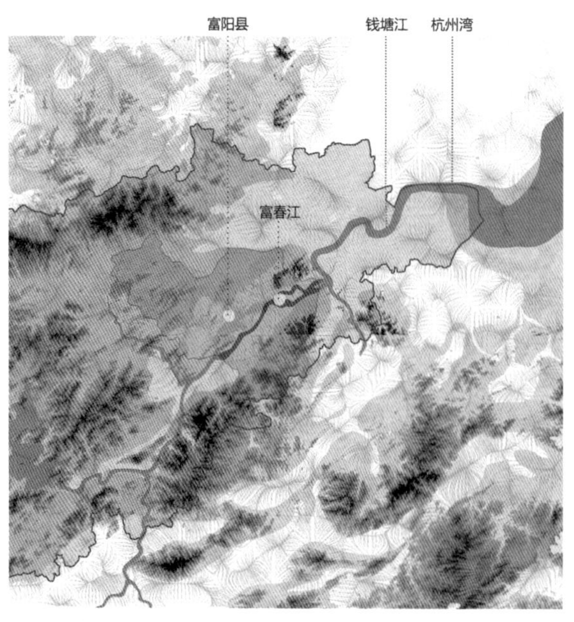

图 13-2 富阳县区位图

一、画为心印——天人合一意境再现

黄公望生活于元末明初年间，因仕途不得志而归隐于山水之间，其年七旬时，居于富春江畔之庙山坞筲箕泉下，因遵从道教，自比仙人，遂将居处取名为“小洞天”，喻为神仙居住的洞天福地。

富春江两岸时而群山夹峙、滩多水险，时而丘低山远、江宽流缓。当地百姓依山水而居，两岸平原沃野良田，阡陌交通；山间水岸村落人烟，鸡犬相闻，使得自然山水、农田、聚落浑然一体（图 13-3）。

黄公望长期受此处自然山水熏陶及躬耕于田的乡村生活潜移默化影响，经外师造化，中得心源，对富春江流域真实景观特征及意境进行高度提炼，应物象形，轻色重墨，最终历时约七年创作完成《富春山居图》长卷（图 13-4）。

从绘画布局上，在画卷起首与结尾处用淡墨描绘了远山岛屿，使画面空间往两侧伸展;在画面前景及中景处,将山之脉络做纵向延伸,使空间更为深远;同时在画中恰当留白，在近处着重描绘山巅、山腰及山脚处的垒垒矾石，山脚或平坡处的村落人家、山石花木，江中的亭廊石桥及泛舟渔翁。画面由近及远逐渐消失，突出前后对比关系，使空间更具层次感。

画面或雄浑苍茫仿佛近在咫尺，或简洁飘逸而深远宽广，黄公望以拉近推远的描绘手法，展示了流域内山环水抱的空间格局，表现了富春江江面开阔、烟波浩渺的景致；同时以掩映于山林的矮矮村舍，倚于江畔的玲珑亭阁，泰然自若的质朴乡民，勾勒出颇具亲和力的地域景观，透露出江南温婉的乡土气息。正是这种平淡天真、天然雕饰的富春美景长期酝酿于黄公望心中，最终促成这幅旷世名作的诞生[4]。

二、人与天调——生态人居环境的景观要素构成

《管子·五行》中有言："人与天调，然后天地之美生。"富春江流域的美景离不开此处的天然山水地貌，更得益于古人尊重自然、与自然共生共融的智慧，经千年农耕文明逐步形成。

1. 奇异山水格局形成独特天然山水景观

"水皆缥碧，千丈见底。游鱼细石，直视无碍。急湍甚箭，猛浪若奔。夹岸高山，皆生寒树，负势竞上，互相轩邈，争高直指，千百成峰。泉水激石，

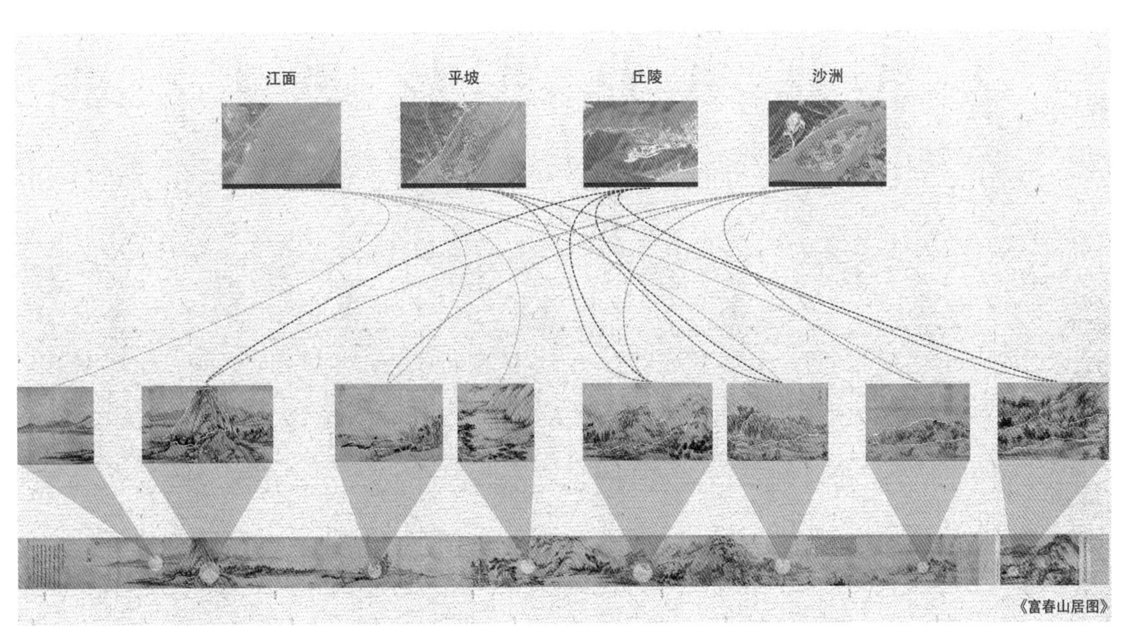

图 13-3　富春江区域景观类型
图片来源：（元）黄公望，《富春山居图》

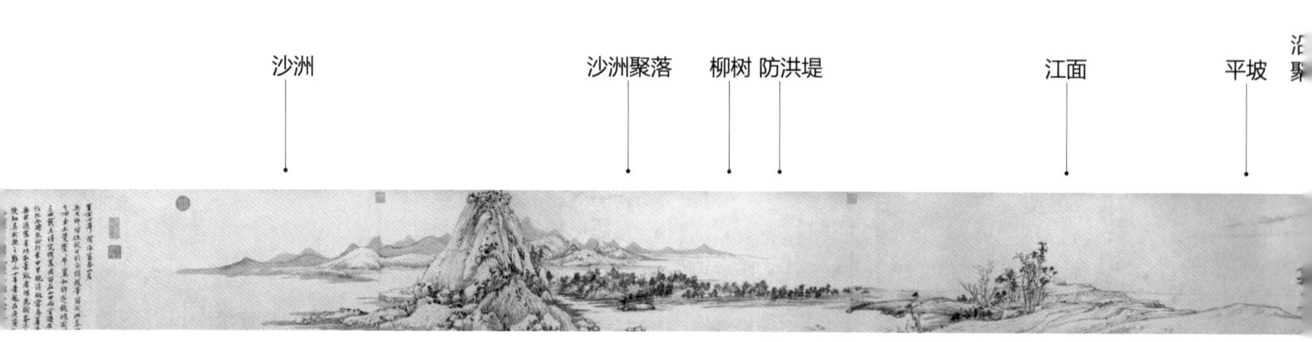

图 13-4　《富春山居图》，黄公望

丘陵
丘陵山地聚落
谷地
片林
芦苇

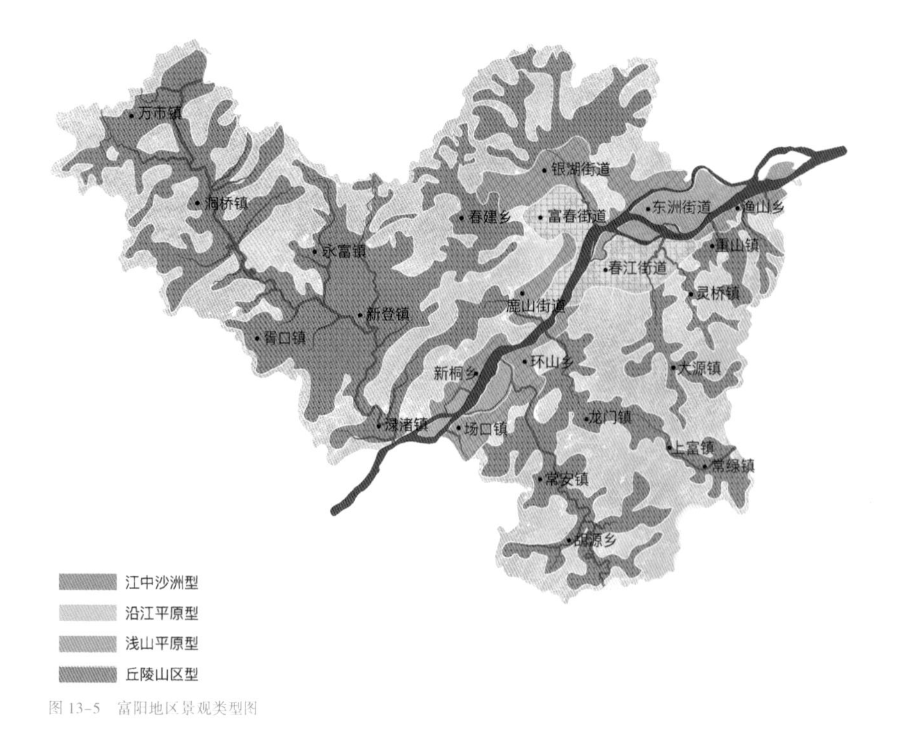

图 13-5 富阳地区景观类型图

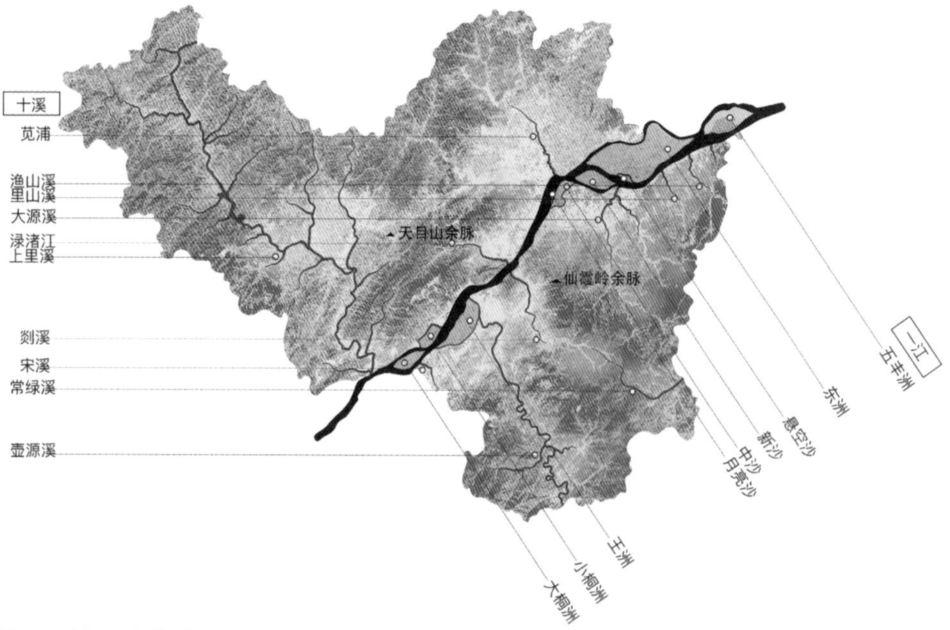

图 13-6 富阳地区山形水系图

图片来源：作者根据富阳地区市域总体规划 2007—2020 高程因子分析图及水系规划改绘

泠泠作响；好鸟相鸣，嘤嘤成韵。蝉则千转不穷，猿则百叫无绝。” 这是南梁文学家吴均在《与朱元思书》中描绘的富春江山水美景（图 13–4、图 13–5）。

（1）丘陵景观

由于受富春江切割，江两岸形成东南低山和西北丘陵两大区块，天目山余脉绵亘西北，仙霞岭余脉延绵东南，山地、丘陵面积占市境总面积的 78.61%[5]。江两岸延绵起伏的丘陵尺度宜人，山形柔和，形成的山谷深幽宁静。

西北部天目山余脉向东南地势逐级下降到盆地，呈波状起伏，缓缓延至江边，丘顶海拔 400 ~ 500m。山丘间岗地众多，土层深厚。

东南部仙霞岭余脉由东南向西北延伸，直逼江岸，淹于江底。区内山势挺拔，丘顶海拔大于 400m，山体连绵，重峦叠嶂。一脉由萧山入境，向北偏西延伸，形成渔山、里山；一脉由诸暨入境，向北偏西伸展，与渔山、里山相连，构成整个东南山区。

作为隐士的黄公望，也借富春江两岸的丘陵地貌抒发内心的情感。根据实景地考察及黄公望研究者研究推断，《富春山居图》卷首山形参照了流域内鹳山一带景致；卷中具奔腾之势的群山丘壑、密林沙洲可能参照了中埠、汤家埠后山及流域内各大小沙洲；卷尾一峰独立，则参照了黄公望隐居的庙山坞背后的孤峰“主人峰”，黄公望自号一峰道人，将自身形象隐喻于卷尾一峰之中[1]。

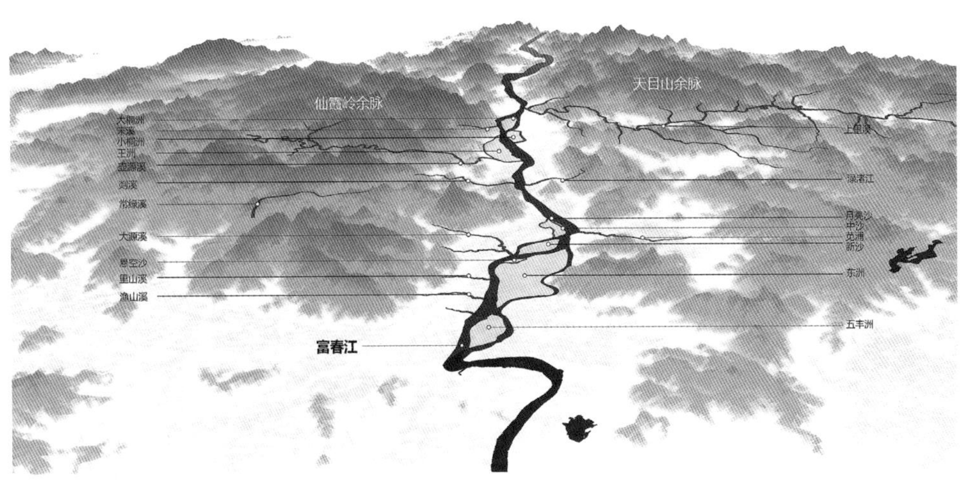

图 13–7　富春江山水关系图

（2）溪流江州

富春江流域内水系资源充沛，主要为“一江十溪”[5]（图 13–6）。“一江”即富春江，“十溪”是富春江主要或重要支流，均在境内汇入富春江（图 13–7）。

清《富阳地区县志》“地理篇”记载：“士人云潮汐夺流而上，近至富阳而回远至桐庐而止。以予观之富阳桐庐未尝有潮也。何也？渐之上流三路俱发地势高悬，水复有力，海潮自两山奔来行百余里至富阳界，强弩之末势不能相敌，亦废然而返耳。”[6]说明当钱塘江涌潮时，海潮溯流而上，与顺流而下的富春江水势均力敌，此时原本平缓的江面变得湍急。同时，由于流水作用，江水夹带的淤沙在潮水及潮水中盐分的作用下，逐渐在江中沉积形成数个沙洲，遂在该流域内形成独特的江中奇观，自江上游桐庐至下游往萧山方向，分布了十多个大小沙洲。沙洲生态环境优良，渐成富春“江洲鹭影”及“中沙落雁”景观。

（3）沿江平原

沿江多冲积平原，主要为富春江冲积河漫滩地，包括沿富春江两岸平原和皇天畈泻湖洼地，原始状态下平均海拔 7m，占全境面积的 19.46%。平原地区土壤深厚，土质肥沃。每当暴雨，富春江水位上涨，极易倒灌入平原，发生洪水灾害。地面广阔平坦，土壤深厚，土质肥沃，可耕地面积大[4]。江两岸延绵起伏的丘陵尺度宜人，山形柔和，形成的山谷深幽宁静，《与朱元思书》中句“鸢飞戾天者，望峰息心；经纶世务者，窥谷忘反”，即生动地反映出，人们在观览此地平缓的山峰及幽谷后，都感到身心舒展以至流连忘返，可见富春江之山形的清俊秀拔，与文人隐士追求内心的平和安乐相契合。

沿江平原自西南向北延伸，两侧宽窄不等，由南往北，直至南北丘陵浅山外围阶地，是日后境内主要的耕地及产粮区。

皇天畈平原东、西、北三面环山，南临富春江。坡度在 1° ～ 2° ，原为由谷地受富春江长期切割侵蚀不断扩展形成的泻湖洼地，后因海宁境内的鳖子门与杭州湾沟通，富春江水位下降，海相淤泥沉积深厚，加之富春江改道，使得泻湖逐渐演变成沿江平原。畈内河流弯曲，地势低洼，形似铁锅。

（4）丘陵谷地

画中富春江贯穿于两岸丘陵之间，江面时而宽广深远，时而狭窄细长。根据画中山麓沿岸江水波纹起伏状况，可判断江面时而烟波荡漾，时而水流湍急冲刷沿岸。两山之间形成水湾，江中绘有大小沙洲，近水岸水禽栖戏其间。

通过实地调研，找到与图中所绘景象对应的真实景观，并根据视觉效果，

	富春山居图中的山水景观	实景	取景信息		
			取景对象	取景地点	取景距离
丘陵	a	a.主人峰	a	30°03′55.53″N 119°59′18.51″E	4.4KM
	b&c	b.新沙	b	30°03′03.90″N 119°58′22.35″E	0.8KM
		c.富春平原	c	30°01′19.79″N 119°56′26.93″E	1.5KM
沙洲	d	d.汤家埠后山	d	30°01′19.79″N 119°56′26.93″E	5.5KM
平坡	e	e.鹳山	e	30°03′03.90″N 119°58′22.35″E	1.2KM
水体	f	f.富春江湾	f	30°02′45.13″N 119°57′47.24″E	1.3KM
	g	g.大桐洲	g	29°53′47.58″N 119°48′38.92″E	0.5KM

图 13-8　上部：从实景到相应拍摄位置的距离在地图上进行标记；下部：画中图像自然山水景观与现实景观调研分析图
图片来源：（元）黄公望，《富春山居图》

将拍摄对应的坐标位置进行标注，测量拍摄点与真实景点所在位置的距离，绘制视线范围图（图 13–8）。

2. 水利设施干预自然重塑水环境景观

水是农业的基础，但自然中的水环境并不完全符合农业生产要求，因此需要通过修建水利工程，控制和调配自然界地表水和地下水，以实现消除水害和开发利用水资源的目的。每一地区的地域景观都有着自身独特的水利发展史，通过水利对水的管理和利用，使得自然景观中的沼泽、洼地、林地、坡地逐渐演变为阡陌纵横的沃野，聚落也就地顺势而成[6]。

富春江在滋养两岸百姓的同时，也常有水患发生。洪水泛滥时，“庐舍漂没，民几为鱼”；旱灾发生时，“禾木尽枯，民苦无食”[5]。因此，先民们长期以人工干预自然的方式，对环境进行改造，以创造宜产宜居的条件。人工结合自然的景观干预方式，影响了乡村聚落的选址及聚落内部格局，为创造和谐的人居环境奠定基础，同时丰富了地域景观。

（1）以防洪为目的形成的人工水环境景观

由于历史上富春江常水位高，水涨之时极易倒灌两岸农田聚落，因此在聚落外围沿江或河岸砌筑防洪堤，同时也为保护耕田而设农防堤，促进了圩田的发展。境内防洪工程起始于唐朝，护城防洪堤“富春堤”修筑最早，在保护聚落的同时，也为城基永固打下基础。

为护土固堤，河流沿岸陆地常植有片林，沿岸植柳，在水陆交接处种大片芦苇。无独有偶，在太湖流域江河及运河河堤，若是土岸也常栽植乔木，水中植芦苇，通过植物的根系护土增强堤岸的牢固性。由此可见，这是农耕文明时期江浙地区常见的护土固堤方式。画卷中也对此做了相应的描绘，在沿岸或绘片林，或绘杨柳，呈现了人类干预自然的滨江景观。

随着对安全需求的增加，又在江岸砌筑防洪堤，并在堤上设闸口控制进出水量。境内防洪工程起始于唐朝（696 年），护城防洪堤“富春堤”修筑最早，东起于鹳山，西至苋浦，全长约 1000m，在保护聚落的同时，也为城基永固打下基础；同年，又在苋浦左岸培土筑造东自海湖、西至苋浦的苋浦堤，全长约 500m，并与春江堤相连，保护富春江北岸的聚落与农田。随着聚落沿江扩展，该堤在之后成为聚落内部主要交通道路的路基。另筑有专门为保护耕田的农防堤，最早起始于清朝（1681 年），随着劳动力的增加，至 20 世纪 50 年代成规

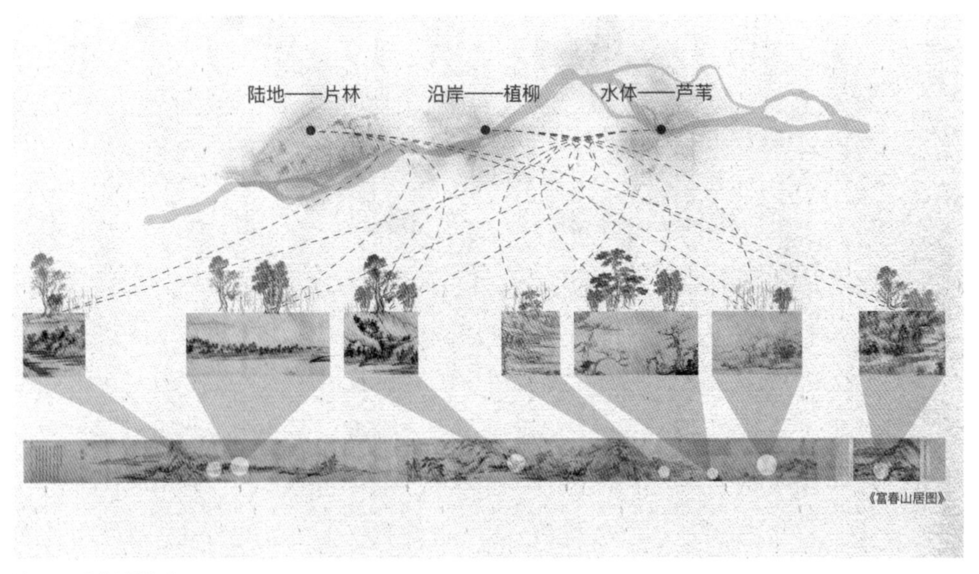

图 13-9　聚落驳岸处理
图片来源：（元）黄公望，《富春山居图》

模建设，促进了圩田的兴建，为逐水而居、以农为本的聚落进一步发展提供保障（图 13-9）。

（2）以灌溉引用为目的形成的人工水环境景观

境内多山，山溪密布，源短流急，在雨季极易造成山洪灾害。居丘陵山区的百姓常筑堤修坝、开渠引流以疏浚河道。清《富阳地区县志》记载，明天顺年至清同治元年（1862 年）先后筑渠引水疏浚葛溪 8 次，将溪水引入溪流周边聚落的护城河及灌溉渠中。除此以外，古人常进行溪流改道工程，将溪流部分阻碍泄洪的弯道改造成直道，以缩短流程，并拓宽行洪区，调节雨季时山溪洪峰的下洪速度，同时改善了灌溉条件。

当旱季发生时，富春江水位下降，难以靠江河自然灌溉满足农田生产，同时地处山坳的农田往往因远离水源而灌溉困难。因此，古人在农田附近筑陂塘塘坝及众多河浦池塘来蓄水，以防旱灌溉，同时用于百姓日常生活饮用。此外，古人还进行了与蓄水设施相配套的水利设施建设，开渠引水并在坝上设闸调节水位，筑堰以分流江水引入灌溉渠道。堰多以石材筑造，另有筑于小溪上的浮堰（草堰），从唐永淳年间至明成化十一年（1475 年），县内有堰坝 73 条。古人常用竹材或木材制造水车，靠人力引取乡土聚落中湖、浦、池、塘、泉、澳、井里的水，用于人们日常生产与生活[5]。湖、浦、池、塘及引水设施构成了地域景观中最具亲和力的要素之一。

（3）配套设施

1）**提水设施**

历史上，境内的提水工具主要为水车，靠人力和畜力引取江、河浦、塘、泉的水。丘陵山区与半山区水源紧缺的地方则挖井，并造戽斗、桔槔等汲取井里的水。

桔槔，也称吊杆，是提水灌溉用农具。在境内上官、龙门、环山及新登等地多用，在旱季时发挥了重要的灌溉作用。

戽斗，灌田汲水用的旧式农具，形似畚箕。但因劳动强度大、效率低，未在境内普及，只在丘陵区的龙门、环山使用较多。

水车，又称龙骨车，用于提水和排水。最初主要采用手摇水车，后因其效率低，而改进为脚踏水车。脚踏水车利用滚轮及轴承的惯性取水，扬程高时可用几部脚踏水车连接提水，减轻了劳动力。之后又以畜力代替人力，进一步提高了耕作效率。

2）**沟渠**

沟渠一般与上述水利设施配套使用，将各蓄水设施连接成整体的水环境调节系统，往往兼具引水和排水的双重作用；而在丘陵山区地带，往往沿山体边缘开挖沟渠，连接水系统的同时，起到防山洪灾害的作用。富阳地区水利史上比较著名的渠有皇天畈南渠、东洲灌渠、红渠、大妃畈渠等。

3. 因地制宜开垦形成农田景观

农业与特殊的地理位置紧密相关，既需要适应土地生产能力，也需要面对地方生态系统的挑战人们为了获取食物来源，经过长期的经验积累，在不同地理环境下，通过改造环境，并采用与自然相适应的耕作生产方式，形成占地表面积最大且最能反映人与土地交互作用的农田景观。日复一日地在土地上耕作养殖是农耕社会村落百姓生产的核心，体现出地域景观的“日常性”与“乡土性”。农田景观是构成地域景观的核心。

富阳地区农业源远流长，据出土的文物表明，早在5000年前，境内已有人居住和原始的农牧业生产活动。水利设施的建设为聚落发展及农田耕作提供了基本保障，随着人口的进一步增长及劳动力的增加，人们由原有的小范围农田耕种或水产捕捞，转向根据自然地理条件进行成规模的农作物及渔业生产，至唐朝时，农业已相当发达。这促进了水利设施的完善及不同农业生产耕作类型的形成，从而呈现出圩田、鱼塘、平田与梯田等不同的农田景观。

（1）平原平田景观

在广阔的平原地区，集中布置大片平田。平田因不同种植单元的形状不同，而形成条田与方田。划分单元的田垄则作为小农经济时期，划分每家田地及不同种植品种的界线，同时作为田间小路用于交通作业。与田垄相配套开挖灌溉渠道，于就近水源引水灌溉。

（2）滨水圩田景观

在易受水患的滨水区及江中沙洲上，人们设法在耕作田地外围，用土石等材料修筑堤坝或围堰，以阻挡水侵袭，堤上设闸以灵活控水排水，从而形成圩田。

（3）丘陵梯田景观

在丘陵地带，依山势修建水平梯地（旱田）及坡式梯地（旱田），并将山顶蓄水池中的水，引入倚山开挖的沟渠中，或利用山涧溪水的高差对梯田逐级灌溉。

4. 依山傍水布局形成乡土聚落景观

（1）聚落布局

聚落是人类聚居和生活的场所，是人类完全适应自然、利用自然而形成的，是完全人工的产物，最能体现地域景观的“文化性”。聚落的形态、组织方式与自然环境、水利设施的水环境调节及农田耕作生产紧密联系。将研究尺度从单个聚落放大到较大尺度的聚落组群，将其作为一个整体，来研究其在整体环境中的形态与组织方式可能更具有现实意义[6]。

境内传统聚落以耕读传家的汉族姓氏宗族村落为主，人们拥有“天人合一”的传统自然生态观，聚落的选址、布局、朝向、层高讲求与环境相适应，因此在不同的地理环境下形成不同类型的聚落。

江河流域的乡村聚落因囿于地形，聚落的形成往往与自然河流的走向及山谷线、山脊线的走向有着密切联系，并最大限度地利用地形，同时考虑农业生产。画中对村落人家的描画，充分反映了先人营建的家园与环境相融合。流域内的聚落，因所处地貌环境不同，可分为沿江平原聚落、沙洲聚落及丘陵山地聚落（图13–10）。

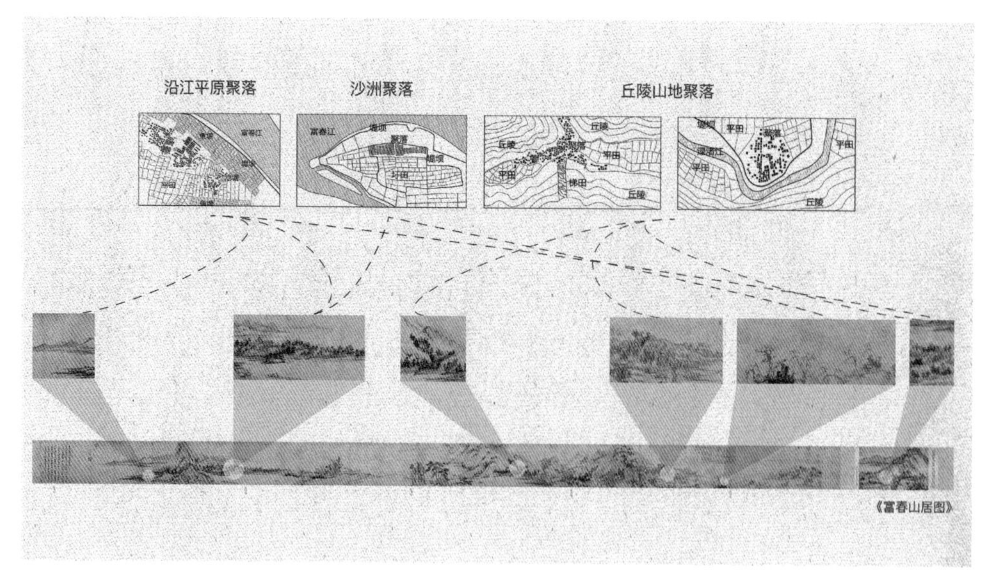

图 13-10　聚落布局与实景地对应图
图片来源：（元）黄公望，《富春山居图》

1）**沿江平原聚落**

沿江平原聚落首选靠近水源充足的江河，或靠近山麓平原地区分布，尽可能保留大片相连的农田。由于平原聚落受空间限制小，因此规模较大，聚落间相对分散，多呈不规则形。

2）**沙洲聚落**

沙洲聚落选址于地势高爽处，因为高处土层厚实，不易塌陷及受潮，有利于聚落营建；又因境内常降雨，高处不易积水；涨潮时，江水面升高，不易被淹没。聚落沿沙洲长向方向展开布局而多呈狭长形，采用这样顺应山形水系的布局方式，既适应了地域地形，又使得聚落最大限度地面向江面，从而获得良好的视线。

3）**丘陵山地聚落**

丘陵山地聚落多分布于富春江重要支流流经处，并主要紧靠河流岸线布局，局部聚落沿着山麓或在低矮山丘上布局。由于受两侧山体对空间的限制，聚落多呈线型且规模较小，只有在河谷地较开阔的区域，才有呈块状且规模较大的聚落。

（2）聚落建筑

1）聚落民宅

画卷中的民宅建筑，多为一家一户的单栋式，建筑由阶基、屋身、屋顶三部分组成。底层阶基由砖石砌筑，高于室外并承托整座房屋。屋身立于阶基之上，由抬梁式木质结构做骨架，多为单层或双层，柱间安装门窗槅扇，棂条花格形式以柳条式为主。建筑顶层是由木结构屋架做成的屋顶，屋面为民宅中常见的硬山式，便于雨季屋面排水[7]。

2）游憩建筑

游憩建筑主要为亭台楼阁，多沿江布局或设于山坡上，便于观览江景，同时为书生提供了良好的读书环境。建于江畔的半江亭，下设伸入江中的木结构平台，具有良好的亲水性，而建于半山上的半山亭视野更佳。在临水视野开阔的半山上，如在鹳山上，常筑有楼阁，建筑为双层至三层，并在顶层设围栏，用于室外凭栏远眺江景或观察险情。画中所描绘的四处亭子及一处半山楼阁，如实反映了实景地的游憩建筑景观。

5．物质环境孕育渔樵耕读农耕文化景观（图 13–11）

（1）渔：合理利用江水资源

富春江临近东海，水质清澈，渔业资源丰富，是全国淡水鱼的主要分布流域之一，也是闻名于天下的洄游鱼鲥鱼的产卵地，此地渔业发达。除了到江中直接捕捞水产外，另有渔业养殖的生产方式。据宋《避暑录话》记载，宋末浙江地区开始用陂塘养鱼，人们将购买的鱼苗用木桶运回，放于陂塘饲养。而到了元朝，临近水源的人家都会凿池养鱼。还有将农林种植与渔业生产相结合，如在水田中养殖泥蚶，营建果基鱼塘，从而形成鱼塘与水田相间布局，或在每个鱼塘外围塘基处种植果木的农业景观。

《富春山居图》所画的是秋季，村民刚结束稻田收割，而此时江中鱼群，经过春夏两季的生长及繁殖，最为肥美，数量也多，正值捕鱼旺季，此时劳动力转向渔业，以此作为增加家庭收入的另一种手段。画卷中明确画有渔翁两人，另有成组的两人也似结伴到江中捕鱼的村民，他们头戴笠帽，泛舟江上，构成了一派渔舟唱晚的江南水乡景观。

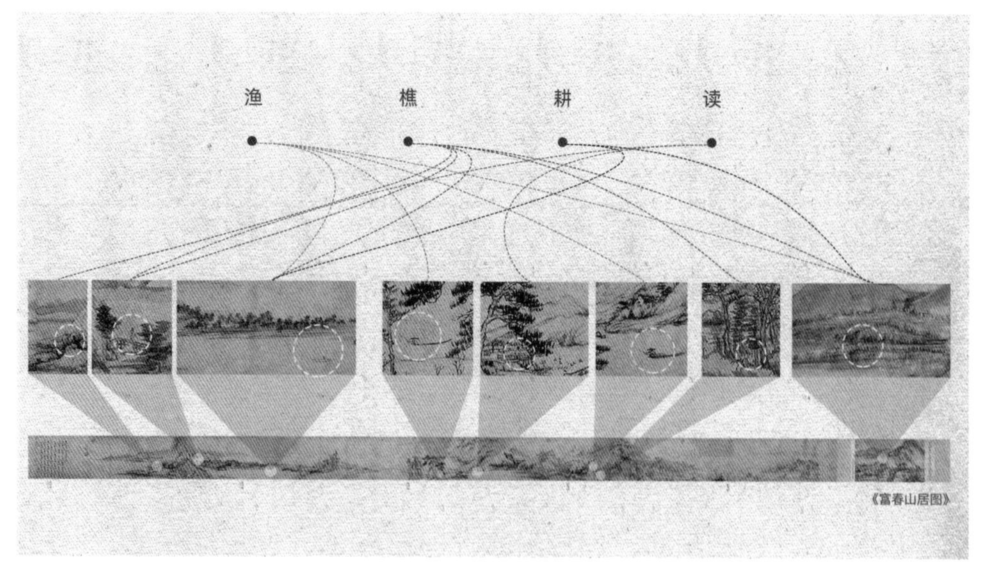

图 13-11 农耕渔樵农业文化景观图
图片来源：（元）黄公望，《富春山居图》

（2）樵：适度攫取山林树木

农耕文明时期，百姓吃、住、行等都需大量柴、木，因此日常生活均依赖于栖息的山林。流域内树木繁茂，物种丰富，多速生树种如杉木或松树，古人开辟山径，便于取木或采药，同时也形成了靠卖柴或中草药为生的传统职业。古人通常首选砍伐灌木或乔木的树枝，其次选择砍伐速生树种，并为非集中式的分散砍伐，以保证山林常年繁茂，生生不息。画卷中山径呈抱揽山体之势回环于山脚，蜿蜒曲折。黄公望匠心独运地在山林小径之上，描绘了一位正挑柴满载而归的樵夫，桥上则另有两人似手拿扁担，准备砍柴去。

（3）耕：适地耕种农业作物

流域内的大片平田用于集中式种植水稻、油菜花、玉米等高产且需求量高的农作物。在丘陵地带的梯田常种植茶叶，形成具一定规模的茶园，并形成地域特产；此外，在丘陵山坡上种植大片桃树以食其果。江中沙洲土壤肥沃疏松，特别适宜桑树及乌桕种植，据清《富阳地区县志》记载，岛上主要生产桑树以养蚕，种植乌桕作为燃料及榨油。桑树的大量种植促进了桑蚕养殖技术，带动了流域内手工业发展。

富阳地区桑树树高而叶大，因此被当地人形象地称为荷叶桑；而乌桕树高冠大，秋季红叶片片；茶树则四季常绿，不落叶；桃李在春季婀娜芬芳，落英缤纷。康熙时期的县令牛奂也曾作诗道：“江流绵渺曲围沙，村落纷纷聚水涯。

荷锸翠移雪后竹，携筐青摘雨前茶。谁家客泛三春酿？无数莺啼十里花。本是太平饶气象，桃源久与种桑麻。”[8]

黄公望选取了流域内最具特色的沙洲圩田景观，以此为创作素材，以写意的手法绘于卷上：岛上沃土良田，田间沿着田埂植有具观赏性或冠大荫浓的乔木，护土的同时，也为耕作的村民提供田间纳凉及休憩的小环境，形成了犹如世外桃源般的田园生活。

（4）读：寄情山水精神追求

元时，汉人难以得到重用，读书人往往仕途渺茫，因此将心中郁结转向对道教的精神寄托，隐于平淡天真的山水之间。黄公望也不例外，清初书画家吴历曾评述他：绘事以逃名，悠悠自适，老于林泉矣。在画中也可看到隐士的身影，他惬意地坐于江畔草亭中，倚身围栏，观望江中自由栖息的水禽，寄情于景，物我两忘，也许黄公望描绘的正是自身。

三、保护传承——依托山水构建“新富春山居图”

被后人誉为“画中兰亭”的《富春山居图》，呈现了富春江流域的生态人居环境之美，这种美由自然山水环境孕育，并自秦朝开始，经人与自然不断的相互作用、相互协调发展形成。古人对自然环境进行适当干预，从而在山水自然中营造适宜的居住生产环境，进而使得聚落在流域内落地生根，百姓生产生活得以永续，生生不息，形成人与天调的区域山水与美丽生态人居。这种美得天独厚，延续了数千年的历史，是富阳地区宝贵的景观资源。富阳地区城镇化建设应保留流域内的山水佳构，汲取古人世代传承的营建智慧，对自然进行循序渐进的人工干预，并合理利用自然与人文资源（图 13-12）。

注释：

1 蒋金乐．黄公望和《富春山居图》八题 [M]. 北京：文物出版社，2011.

2 图像学研究分为三方面：关注艺术形式要素，解释原始或自然题材中的物理事实及视觉事实的前图像志描述；对图像中人物身份、故事内容、历史背景等进行知识性解释的图像志分析；对图像创作涉及的文化、政治、经济、宗教、社会习俗等创作背景及反映作品从属的特定世界观进行阐述的图像学解释。

3 杨宗贤．潘诺夫斯基图像学方法的根源与适用范围 [J]. 新美术，2010（6）：38-41.

4 文华宝．画为心印——黄公望《富春山居图》研究 [D]. 杭州：中国美术学院，2009.

5 倪志刚．富阳地区市水利志 [M]. 南京：河海大学出版社，2008.

6 侯晓蕾，郭巍．圩田景观研究形态、功能及影响探讨 [J]. 风景园林，2015（6）：123-128.

7 梁思成．中国建筑史 [M]. 北京：百花文艺出版社，1998.

8 汪文炳，蒋敬时．光绪富阳地区县志 [M]. 上海：上海古籍出版社，2010.

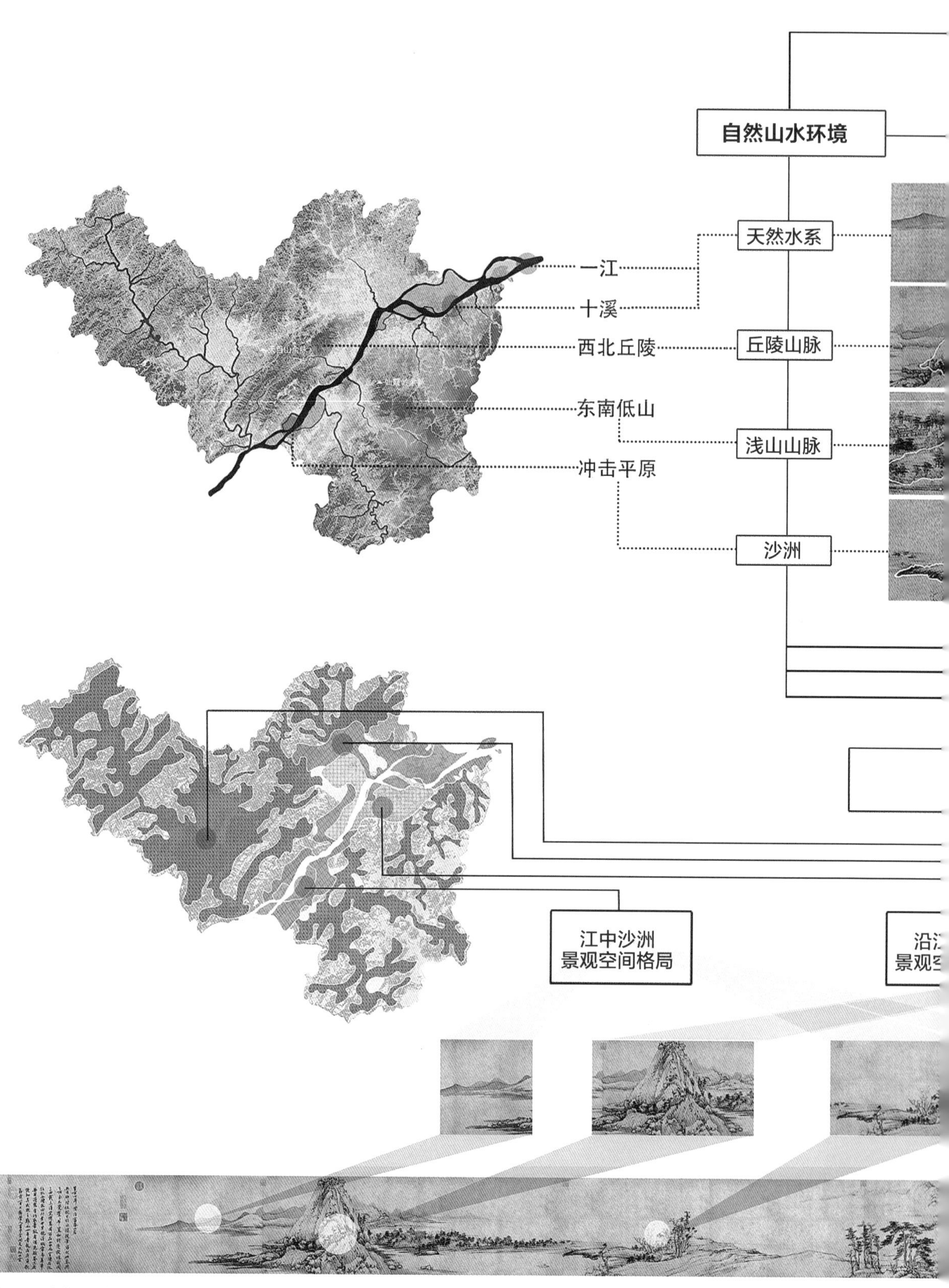

图 13-12　富春江流域区域景观系统的构成要素及聚落发展关系框图
图片来源：（元）黄公望，《富春山居图》

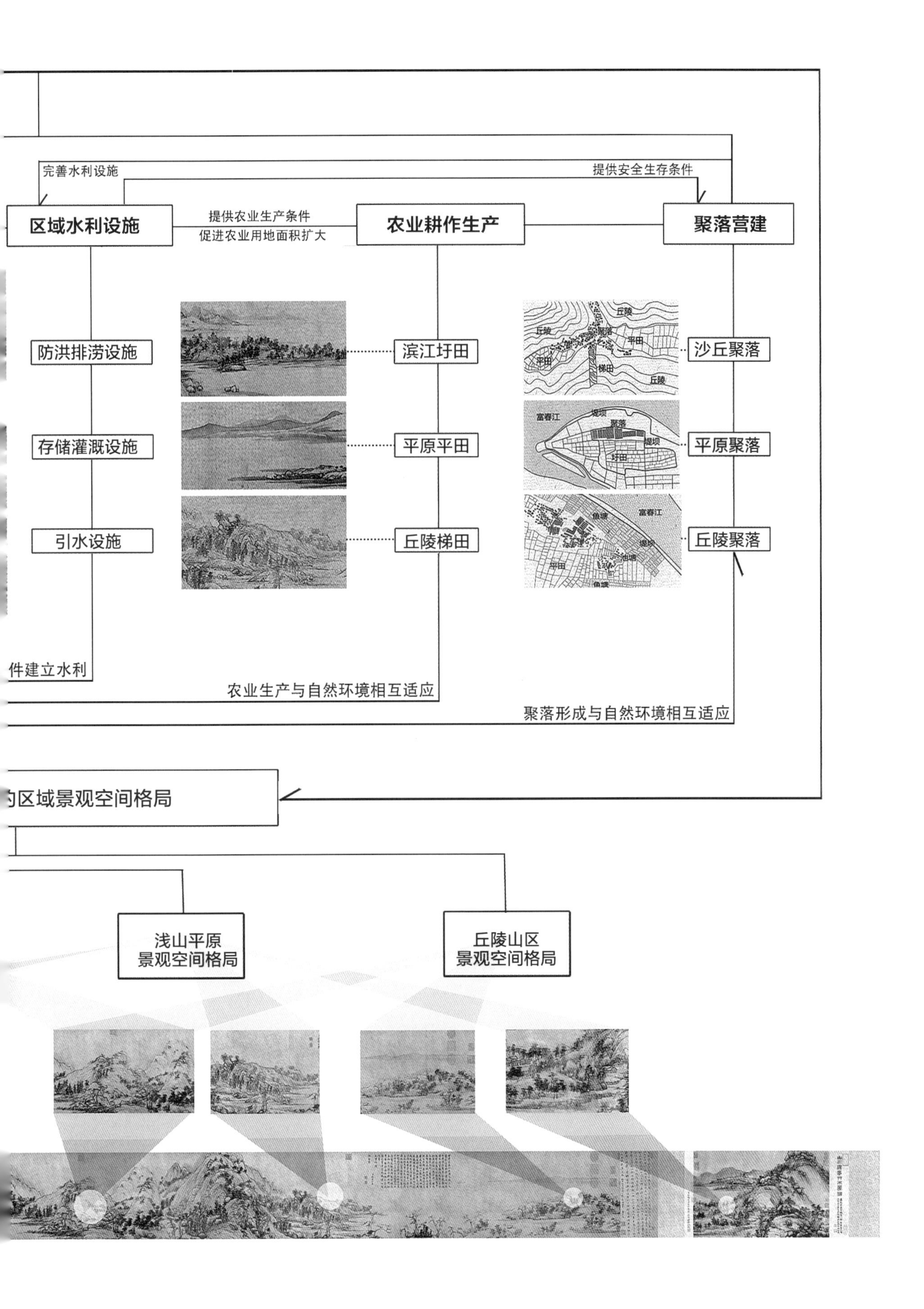

完善水利设施
提供安全生存条件
区域水利设施
提供农业生产条件
促进农业用地面积扩大
农业耕作生产
聚落营建
防洪排涝设施
存储灌溉设施
引水设施
滨江圩田
平原平田
丘陵梯田
丘陵
聚落
平田
梯田
富春江
堤坝
圩田
鱼塘
池塘
沙丘聚落
平原聚落
丘陵聚落
件建立水利
农业生产与自然环境相互适应
聚落形成与自然环境相互适应
的区域景观空间格局
浅山平原
景观空间格局
丘陵山区
景观空间格局

结语

本书从区域视角审视人居环境的发展，用具体的实例解释区域景观系统的构成、演变及构建在其上的城市营建过程，并把这一过程称为“山水都市化”，解析蕴含其中的生态智慧与文化品格，提出了“山水都市化”的研究框架。书中将区域景观系统作为城市发展的媒介，以景观的构建作为协调自然与人工的重要手段，支撑城市的选址与分区营建，以区域的发展观与动态的适应观分析山水环境促进城市空间形态永续发展的过程。

城市存在于自然之中，自然资源是城市赖以生存的基础，而天然的环境并不完全适于人类栖居，所以人工对自然的持久干预，能够在顺应自然的基础上有效地梳理并重塑自然，向着利于人居方向进行引导与建构，形成区域景观系统。主要包括了自近郊延伸至城市的浅山体系、经人工干预整理沟通城市内外的水网河湖体系等，构成了城市发展的生态本底。城市依托于区域景观系统发展，主要包括了选址、分区营建以及进行城内园林和城外风景营造。这样的区域景观系统称为“山水”，山水环境向着利于城市发展的方向演变，并促进城—郊一体化营建的过程称为“都市化”。“都市化”表达了城市发展在顺应自然的基础上进行人工建构，并随着城市的发展不断做出调试以应对新的挑战，人工构建与自然系统达到动态平衡的过程。

“山水都市化”中城市选址与分区营建（包括市肆商业、衙署、住宅、寺观宝塔、漕运码头、风景名胜与园林等）紧密依托于区域景观系统，如运河和漕运发展形成水岸商业市肆，毗邻城市水网营造园林，或在浅山地区经营风景名胜，在景观控制上通过寺观宝塔等制高点形成沟通城市内外的风景与园林系统。“山水都市化”表明了人们利用自然、改造自然的方式，让自然环境与人工环境相互适应、相互耦合。“山水都市化”促进形成了“山—水—城”一体化模式的诗意景致、韧性结构与持久的生命力。

“山水都市化”的目标是构建“山水城市”，文化产生于人与自然的相互作用，山水城市正是我国传统文化的重要载体。本书希望从区域景观层面与文化传承层面，探讨中国独特的山水城市发展的机制，以区域景观系统的构成、要素为载体，阅读和解释我国古代城市发展进程与所处山水环境之间的互动关系，以构建自然与人文交织、风景与文化并存的人居生态环境共同体。

我国有很多名城在不同历史时期都非常繁荣，到今天依旧具有蓬勃的活力并展现出永续发展的潜力，如苏州、杭州、北京、南京等。在历史的发展中，这些城市会经历这样或那样的灾难，仍然一次次崛起。城市政治、社会、经济、人口、规模、形态都在变化的过程中，“山—水—城”模式构成抵御风雨与灾害并永续发展的韧性体系。城市周边得天独厚的自然山水环境，体现生态智慧中人工对自然的梳理，为城市的兴起和持久发展奠定了坚实的自然与生态支撑系统和诗意栖居与文化依存系统。

城市不是脱离自然而孤立的单体，城市应该遵循自然的山水格局，尊重自然、利用自然，在其发展脉络与动态平衡的系统中寻求不变的规律，指导城市的特色保护与建设。同时在城市发展的过程中，需要从区域景观系统的视角将城市与周边自然环境有机结合，将城市的规划提升到区域景观系统的范畴，使城市浸润在自然山水之中。在城市扩张的过程中，需要保证城—郊一体的区域景观系统的完整性，以实现持久繁荣发展。

城市发展在不同的阶段，随着自然禀赋的不同，我国每一座城市仍然具有建立起完整的城市内外区域景观系统的机会，每一座城市仍然具有成为与自然和谐共处、人文价值独特、尺度宜人、充满诗意、富有活力的城市的条件[1]。

从区域尺度审视城市，在“山水都市化”的概念下，总结传统城市营建的智慧，维护城市所在环境的山水关系，保持城市中浓厚的生活气息，保护城市内外独具自然特色和文化价值的区域，构建完整的、融合渗透的区域景观系统。

研今必习古，无古不成今。对传统城市体系的研究有助于为面向未来的当代城市建设提供借鉴，有助于从区域景观系统的视角审视城市与地区发展，有助于传承“天人合一”的传统哲学思想。正如北京林业大学孟兆祯院士所强调的：城镇化建设应“依山水而行”“城镇规划应以治山、治水为基础”。城镇化和自然环境不应该是针锋相对的，而应是相互适应、相互促进的。城镇化建设需要把区域景观系统的构建和发展上升到城市战略层面，以景观的营造有效整合多层次、多功能复杂关系，作为协调自然与人工的重要手段，维护自然资源的合理空间格局，统筹生态空间与建设空间，促进城市空间形态的塑造与社会经济文化的持久健康发展。

注释：

1 王向荣. 风景园林之于城市设计 [J]. 风景园林，2017（4）：2-3